国家自然科学基金面上项目成果（项目批准号40571040）
获2010年中央高校基本科研业务费专项资金资助

Spatial Expansion and Restructuring in
the Urban Fringe of Beijing

北京城市边缘区
空间结构演化与重组

宋金平 赵西君 于 伟／著

科学出版社

北 京

图书在版编目（CIP）数据

北京城市边缘区空间结构演化与重组/宋金平，赵西君，于伟著．—北京：科学出版社，2012.6

ISBN 978-7-03-034352-9

Ⅰ．①北…　Ⅱ．①宋…　②赵…　③于…　Ⅲ．①城市空间-空间结构-研究-北京市　Ⅳ．①TU984.21

中国版本图书馆 CIP 数据核字（2012）第 098216 号

责任编辑：牛　玲　侯俊琳　陈　超　王昌凤／责任校对：刘小梅
责任印制：赵德静／封面设计：无极书装
编辑部电话：010-64035853
E-mail：houjunlin@mail.sciencep.com

科学出版社 出版
北京东黄城根北街 16 号
邮政编码：100717
http://www.sciencep.com

铭洁彩色印装有限公司印刷
科学出版社发行　各地新华书店经销

*

2012 年 6 月第　一　版　开本：B5（720×1000）
2012 年 6 月第一次印刷　印张：17 1/2
字数：350 000

定价：**55.00 元**

（如有印装质量问题，我社负责调换）

前　言

改革开放以后，我国经济、社会开始步入转型期，经济结构和社会结构逐步呈现整体性的快速跃迁，城市作为经济发展和社会职能履行的重要载体正在发生前所未有的变化。我国城市化水平由 1982 年的 20.6% 上升到 2010 年的 49.7%，年均增长超过 1 个百分点。城市建成区面积由改革开放初期的 7438.0 平方公里，扩展到 2009 年 30 318 平方公里，年均增长近 1000 平方公里。城市边缘区是城市化过程中最敏感、变化最大、变化最迅速的地区。在城市土地使用制度进行市场化改革后，房地产业、新兴社会服务业等在空间上获得空前发展，出现了一批大型居住区和零售商业网点。占地面积大、效益低的工业企业被迫迁向郊区，一大批工业园区、经济技术开发区和高新技术产业园区如雨后春笋应运而生，城市边缘区的空间结构发生了重大变化。在郊区住宅开发和旧城改造中，外来资金和地方资金使当前的城市居住区空间布局呈现出许多新的特点，城市居住空间分异现象日趋明显。

北京是全国的政治、经济、文化、教育和国际交往中心，是拥有 3000 多年建城史和 800 多年建都史的世界文化名城。改革开放 30 多年来，北京经历了人口、经济和城市建设的高速增长，常住人口从 1978 年的 870 多万人增加到 2010 年的 1961 万人，GDP 从 1978 年的 108.8 亿元增加到 2010 年的 13 778 亿元，城市建成区面积从 1981 年的 346 平方公里增加到 2009 年的 1350 平方公里。在经济全球化与信息化的宏观背景下，北京经济持续快速发展，产业结构调整力度加大，城市郊区化进入一个新的历史时期，这是城市发展过程中的一个重要转折。随着人口与产业的扩散，城市边缘区出现了一些"区域性功能区"，如经济技术开发区、高新技术产业园区、工业小区、居住小区、空港、物流仓储区、区域性游憩地等，它们正成为城市经济社会发展、功能成长最活跃的区位。同时，伴随着城市边缘区的大规模开发，一系列区域性的矛盾与冲突也接踵而至，如重复建设、环境污染、大量占地等，出现了芒福德（L. Mumford）曾引以为忧的"四大爆炸"现象，即人口爆炸、近郊区爆炸、快速干道爆炸和游憩地爆炸。

新时期，北京市致力于建设"世界城市"，城市空间结构调整与布局优化不可避免，城市空间拓展将持续。但是，人多地少的基本格局以及不合理的开发，给城市边缘区带来了一系列的矛盾与问题。

（1）大量地侵占宝贵的耕地，大面积污染生态环境，激化了城市土地利用扩展与耕地保护之间的矛盾。1984~1992 年，北京核心区面积年均扩展 7.5 平方公里，20 世纪 90 年代后，城市扩展尤为迅速，年均扩展达 19.9 平方公里。近几年，北京房价居高不下，与此同时，商品房空置率很高，新房地产项目不断涌现。"房地产热"造成了巨大的土地浪费、资金沉淀以及繁多的社会、生态问题。

（2）城市"摊大饼"式扩张蔓延，以老城为单一中心，城区一环环向外扩张，给城市核心区带来的压力越来越大，城市交通拥堵现象突出。北京城市扩展不断蚕食城市绿化隔离带，分散集团模式名存实亡。

（3）居住区与产业布局空间错位（spatial mismatch）。住宅郊区化速度加快，但是产业配套滞后。大量的人口在郊区居住，到城里上班，比如，望京、回龙观、天通苑都是 20 多万人的居住区，是功能单一的"卧城"，缺乏产业支撑与就业机会，居住和就业不平衡，所以这些人口每天早晚必须进出城，交通压力很大。

（4）城市边缘区缺乏统一规划，用地混乱，功能分区不明显。

（5）产业布局相对分散，相互缺乏产业联系，缺乏集聚效益与规模效益，基础设施重复建设加大了建设成本。

（6）外来人口集中，棚户区面积越来越大。城市边缘区居民在经济利益驱动下，违法乱建、扩建出租房屋，居住环境条件恶劣，形成了事实上的贫民窟。城市边缘区的产业布局与土地利用问题非常突出，土地利用选择、空间划分以及控制与规划都直接影响着人们的生产和生活，人们的经济活动对不同地区土地利用结构的变化又起着决定性作用，因此，必须对居住区、工业区等功能性小区进行合理布局，解决好居住与就业、耕地保护与城市扩展、经济发展与环境保护之间的关系问题。

自 20 世纪 80 年代末期至今，我国学者已对城市边缘区进行了广泛的研究，并取得了丰硕的成果。研究内容包括城市边缘区的概念、界定、特征与功能、发展模式总结、形成机制演变、土地利用与管理、旅游开发、生态景观等方面。较为系统的城市边缘区研究以顾朝林等的《中国大城市边缘区研究》（科学出版社，1995 年）为代表。然而，随着十几年来我国城市化进程的加快，大城市边缘区的社会和经济空间结构、土地利用、景观格局等已出现了巨大变化，在这种背景下，深入系统地研究转型期，尤其是加快对转型期中国大城市边缘区的空间组织特性、演变规律与机制、演变模式的探讨，对丰富和发展我国城市边缘区空间结构理论的研究具有重要的价值。

北京作为中国的首都，伴随着城区的快速扩张，呈现出以郊区化为主要特征的城市边缘区大规模城市空间格局演变。这种变化，既有特殊性，又有代表性，为我们认识和理解城市边缘区空间结构演变规律和机制提供了有效平台。目前，北京城市边缘区在人口、用地、经济、社会、生态和管理等方面存在着诸多问题，势必会影响北京的有序和谐发展，也会影响首都国际化大都市的形象。积极开展北京城市边缘区土地利用的空间组织演进规律的研究，探索符合市场经济和城市发展规律的空间重组途径，对于城市居民安居乐业、实现土地资源优化配置、优化北京城市空间结构和完善城市功能、实现城市可持续发展而言，都极为迫切和至关重要。因此，以北京城市边缘区为研究对象，着重研究边缘区的人口空间结构、产业空间结构、空间结构优化与重组等问题，从狭义上说，可以为北京城市边缘区的规划、土地利用与管理提供科学依据，达到优化北京城市边缘区的空间组织的目的；从广义上说，可为我国其他大城市边缘区的合理发展提供间接指导和参考作用，最终实现我国大城市的"精明增长"（smart growth）和可持续发展。

本书拟从城市地理学、经济地理学、城市规划学及管理学等角度对城市边缘区空间组织进行研究。首先，在总结前人对城市边缘区空间组织的研究的基础上，结合当前城市边缘区出现的新特征、新规律进行理论总结和提升，探索城市边缘区空间组织的演化机制、运行规律和趋势预测。其次，在理论探索的基础上，本书以北京市为例，以遥感影像为依托，深入剖析城市空间在不同时段的扩张过程与规律；从城市边缘区空间组织的重要组成部分，即社会和经济的缩影——人口和产业两大切入点出发，重点从大型居住区、产业园区、零售商业网点等要素出发探索其对北京城市空间组织的影响。最后，本书在借鉴国外大城市空间结构优化经验的基础上，根据研究中发现的问题寻求北京城市空间重组的有效途径，以期解决城市边缘区存在的问题，优化城市空间结构，为城市建设和管理提供科学依据。

本书的研究重点主要包括三大方面：一是从理论上试图通过总结和分析国内外城市边缘区空间组织的理论与实践，对城市边缘区空间组织运行规律进行挖掘；二是从实践上对北京城市边缘区人口和产业的空间组织予以梳理分析，进而找出其存在的问题；三是剖析国外城市边缘区空间结构优化的案例，构建合理的北京空间组织模式，优化城市空间结构。

城市边缘区是混杂、动态、多变的系统，包含的研究内容异常丰富，本书是在作者的国家自然科学基金项目成果基础上进行提炼与深化而成的，研究内容难以面面俱到。由于水平所限，疏漏之处在所难免，希望广大同行多提宝贵意见，欢迎读者批评指正，共同为推动我国城乡一体化的健康发展、构建社会主义和谐社会而奋斗。

宋金平

2011 年 8 月

目　录

表目录

图目录

第一章
城市边缘区的特征与理论研究进展

第一节　城市边缘区的内涵与特征

城市边缘区的研究源于西方国家城市郊区化带来的土地利用问题和社会问题。郊区化是城市在经历了中心区绝对集中、相对集中以后的一种离心分散阶段，表现为人口、工业、商业等先后从城市中心区向郊区外迁。郊区化导致城市用地不断侵入外围的农业用地，城市景观逐步替代乡村景观，在城市建成区与乡村地区相联结的部位，形成了城市边缘区。1936 年，德国地理学家赫伯特·路易斯（H. Louis）首次明确提出城市边缘带的概念，成为近现代城市边缘区研究的开端。在此之前，德国学者杜能（Johann Hienrich von Thunen）的农业区位论、美国社会学家 E. W. 伯吉斯（E. W. Burgess）的同心圆模式、美国经济学家 H. 霍伊特（H. Hoyt）的扇形模式，以及美国地理学家 C. D. 哈里斯（C. D. Harris）和 E. L. 乌尔曼（E. L. Ullman）的多核心模式都涉及了城市边缘区的土地利用问题。改革开放以来，我国的城镇化和工业化发展迅速，城市快速扩张，城市边缘区成为城乡联动的新经济增长带，也是各种矛盾集中的区域。城市边缘区位于"城"与"乡"两种系统之间，是城市化最敏感、变化最大、变化最迅速的地区，表现出动态多变性、过渡性和复杂性等特征。20 世纪 80 年代末期以来，城市边缘区受到国内学者的关注，成为研究的热点，研究视角涉及地理、经济、社会、土地管理、城市规划、生态景观等。

一、城市边缘区的内涵

城市边缘区是介于城市与农村之间的具有特殊的社会、经济、人口等要素特征的融合渐变的地域。它是在城市要素扩散与乡村要素集聚且彼此相互渗透、相互作用下逐渐形成的，其紧紧依附于母城且深受农村地域的影响而存在，具有独特的空间组织特性，是统筹城乡发展、实现城乡一体化、解决"三农"问题的前沿阵地。

自 20 世纪 80 年代末我国学者开始城市边缘区的相关研究以来，研究背景、研究角度的差异以及地域本身的千差万别，导致城市边缘区概念名称的多样化，出现了"城市边缘区"、"城乡边缘区"、"城市边缘带"、"城乡交错带"、"城乡过渡带"、"城乡结合部"、"郊区"等不同称谓。本书采用"城市边缘区"这一概念，原因有三：第一，"城市边缘区"这一概念在我国提出时间较早，已被人们普遍接受，并且可以较好地与国际理论研究接轨；第二，"城市边缘区"能直接反映城乡过渡带的"动态性"和"过渡性"，快速城市化阶段的典型特征之一就是城市连续扩张，"边缘"一词可以非常直观和动态地表现出城市发展的态势；第三，目前我国城乡二元结构仍较突出，而城市边缘区兼有城市和乡村的众多特性，又不完全等同于两者，可以作为一个独立的单元进行研究，"城市边缘区"这一概念比较符合我国城乡关系的历史与现状。

城市边缘区在地域空间上可分为内缘区和外缘区。内缘区是紧邻城市的一侧，受城市扩散影响强烈，与中心城市联系密切，体现着城市的居住、生产、商业服务等功能，各种高新技术产业开发区和经济技术开发区分布较多，市政基础设施、社会化服务体系均比较完善。建设用地已较多地侵入农业用地，用地景观破碎化程度较为严重。外边缘区更多地表现出乡村景观的特征，聚集了一些相对独立的卫星小城镇。总体而言，由于位于"城"与"乡"两种系统之间，城市边缘区在社会、经济、土地利用和景观生态等方面表现出自己的特征。

二、城市边缘区的特征

第一，从社会角度看，在城市边缘区，城市社区与农村社区并存，人口结构复杂，流动人口较多，存在就业与居住分离现象。

社区一般分为城市与乡村两种基本类型，城市边缘区社区兼具两者的特征，这类社区的形成源于我国的土地征用制度和户籍管理制度。城市边缘区社区的形成是城市社区不断侵入农村社区，并使农村社区转化、渐变为城市社区的过程，同时带来了居民的生活方式、就业结构、消费观念、社会文化等特征的变化。城市边缘区人口密度一般介于城市中心区和乡村地带之间，呈现过渡性的特征。城市边缘区的人口包括户籍非农业人口、户籍农业人口和外来流动人口三大部分，成分复杂，而且职业多样，收入差异较大，受教育程度不同，具有比较明显的社会分异现象。边缘区流动人口较集中，因为城市边缘区简单劳动就业机会较多，房价便宜，房租较低。城市边缘区存在居民的工作地点和生活地点分离现象，很多城市边缘区社区因房价相对较低，吸引了较多人口的集聚，但就业岗位仍然在中心城区，造成了这一地带人们工作地点和生活地点的分离，伴随上下班的通勤，增加了城市交通的压力。另外，城市边缘区还具有性别比例偏高、年龄结构偏轻、犯罪率较高等特点。

第二，从经济角度看，城市边缘区经济发展起点高、速度快，产业结构综合，就业形式多样。

城市边缘区因紧靠城市中心区的优越区位优势，便于承接城市中心区经济的辐射带动作用，容易得到城市资金、技术、设备及人才等多方面的支持，加上边缘区廉价的土地资源和劳动力资源，因此与乡村地区相比，城市边缘区发展起点高、速度快。

城乡边缘区经济系统在原有农业经济基础上叠加非农业要素形成，产业结构具有明显的多样化特点。城市边缘区农业不同于传统的乡村农业，其商品化和集约化水平较高。根据杜能的农业区位理论，在城市周围地区农业呈环带状布局，靠近城市的最内层主要生产易腐、难运的产品，如蔬菜、鲜奶。1980年，我国学者对上海市和北京市郊区的农业类型进行了实证研究，大致反映出了杜能的圈层结构，其中距离城市最近的圈层的产品以蔬菜、奶牛、花卉为主，属典型的都市型农业。蔬菜、花卉等产品具有消费量大、易腐变、难储运等特点，布局区位属典型的市场导向型，以缩短运输距离。城市边缘区毗邻城区，交通快捷，成为大城市蔬菜、花卉等产品的优先发展地带。

城市边缘区是城市工业比较集中的地带，因为很多工业生产企业占地面积较大，对周围环境干扰较大，而城市边缘区拥有大面积平整土地，地价与城区相比要低得多，所以工业区多位于城市外围。但如果规划不合理，容易产生工业包围城市、居民居住与工作空间分离、周围社会服务设施不配套等问题。大城市边缘区处于城市与外部交流的门户位置，便于建设各种批发市场、集贸市场和物流集散中心等，因此边缘区交通运输、物流业比较发达，特别是高速公路出入口两侧，物流业集聚较为明显。城市边缘区因其产业结构的复杂性和综合性，能够提供多种工作岗位，适合不同层次劳动力的需求，因此就业形式灵活多样。

第三，从土地利用角度看，城市边缘区土地利用变化剧烈，矛盾较集中。

城市边缘区是土地利用格局演变最快、最显著的地域之一，由于二元土地管理制度的存在，城市边缘区是土地利用矛盾集中的地带。城市边缘区土地利用主要存在以下几个方面的问题：一是耕地数量锐减，质量降低，人地矛盾日益突出。城市边缘区处于城市化前沿，是农用地非农化流转最集中的地区，伴随产业和人口向城市边缘区转移，城市建设侵吞大量优质农田，加剧了人地矛盾。二是建设用地配置效率低，存在土地荒芜现象。边缘区产业结构偏低，布局混乱，土地利用效率低下。村镇建设盲目占地，村落内部结构疏松，宅基地面积超标。农用地相对收益偏低，农民种植农作物积极性不高，农地被撂荒。三是城区扩展肢解连片农田系统，侵占绿地和水面，边缘区生态支撑功能降低。工业废水、生活污水、化肥农药引发地力下降、土壤污染，土地生态环境遭破坏。四是土地布局混乱。城市边缘区是"城尾乡头"，缺乏统一规划，非农业用地和农业用地相互穿插干扰，呈现"农村包围城市，城市又包围农村"的混乱局面。乡村用地被城市用地分割，不利于农田规模化和集约化利用，容易引发土地权属争议。五是土地违法现象严重，表现在违法占地建设、小产权房建设、以租代征等方面。存在的征地权滥用、补偿费用偏低、补偿费分配不合理、失地农民缺乏长远保障等问题，导致农民权益受损，土地暴力和上访事件时有发生，影响社会稳定。

第四，从生态景观角度看，城市边缘区是城市与乡村复合生态系统，具有景观异质性和特殊的生态界面效应（马涛等，2004）。

城市边缘区位于城市生态系统与乡村生态系统之间，是城市和乡村间物质、能量、信息交流的通道，同时包含城市和乡村景观，具有高度的异质性。从景观构成与功能看，城市边缘区可以分为内缘区和外缘区。内缘区紧靠城市，与中心城区社会经济联系紧密，其人口密度较大、建筑密度大，容积率高，市政基础设施和社会化服务体系比较完善，农业生产已退居次要地位，以蔬菜、副食品生产为主，有能量和物质的输入和输出，对外界的依赖性强。外缘区人口相对稀疏，建筑密度小，农业比重较大，基本可以维护自身的平衡与运作，外缘区的农业用地不仅具有经济价值，大面积连片的农田系统具有更重要的生态价值。

城市边缘区作为城市与乡村要素相互渗透、相互作用的融合地带，具有特殊的界面效应：①缓冲效应。城市边缘区将城市和农村隔离为不同的景观单元，是城市化过程对农村冲击的一个缓冲地带。②梯度效应。城市边缘区的人口密度、生物多样性、经济结构、工农业污染、能耗水耗、交通网络等在空间上存在巨大的差异，生态要素变化存在着从城市端向农村端的梯度。③廊道效应。城市边缘区作为连接城乡的廊道，有巨大的物质流、能量流、信息流、人流和资金流。④复合效应。各种生态流重新组合，形成自然和人工结合的城市边缘区景观，并且导致多样性和异质性的改变，景观聚集度增加。⑤极化效应。商业、大型公共建筑设施等会形成核心，通过同化、异化、协同等过程改变城市边缘区的景观。

第二节 城市边缘区理论研究进展

城市空间组织是城市各种人类活动和功能在地域空间上的投影，是城市的人口、经济、社会、文化生活、自然条件以及各类建筑空间的组合，是城市发展程度、阶段与过程的反映（谢守红，2004）。城市空间组织是城市地理学、城市规划学、城市经济学、经济地理学的重要研究内容，其研究成果较多，而对城市边缘区空间组织的研究则相对较少。下面对城市边缘区空间组织的相关研究进行总结和阐述。

一、城市边缘区研究进展

（一）国外研究进展

城市边缘区的研究可以追溯到 19 世纪 20 年代德国经济学家杜能的农业区位论，霍华德（Ebenezer Howard）的"田园城市"理论也涉及了城市边缘区的研究。1936 年，德国地理学家赫伯特·路易斯从城市形态学的角度研究了柏林的城市地域结构，首次提出"城市边缘区"（stadtrandzonen）的概念，指出这一地带与城市建成区有许多显著差异，其空间结构、住宅类型、服务设施等具有独特性。此后，部分学者对边缘区也进行了定义（Andrews，1942），但不同学者研究城市边缘区使用的名称不一致，如"边缘区"（fringe）、"内缘区"（inner-fringe）、"乡村-城市边缘区"（rural-urban fringe）、"城市影响区"（urban shadow zone）等。比较权威的定义是由 Andrews（1942）提出、Pryor 定义的"乡村-城市边缘带"：它是一种土地利用、社会和人口特征的过渡地带，位于中心城的连续建成区与外围几乎没有城市居民住宅、非农土地利用的纯农业腹地之间，兼具城市与乡村两方面的特征，人口密度低于中心城，但高于周围的农村地区。此时的研究处于初步探索阶段。

20 世纪 50 年代以来，随着大城市的不断膨胀，城市边缘不断扩大，在核心城市以外形成了与城市有密切关系的地域，奎恩（Queen）和托马斯（Thomas）将其称为大都市区（metropolitan region），并将这种地域结构分解为内城区（inner city）、城市边缘区（urban fringe）和城市腹地（urban hinterland）三个部分。G. S. Wahrwem 首先将城市边缘区定义为城市土地利用与专用于农业的地区之间的用地转变区域。直到 60 年代末，城市边缘区的研究仍集中于城市地域结构自然界限划分及其特性的讨论上（顾朝林和熊江波，1989）。

从 20 世纪 70 年代开始，城市边缘区开始了真正的理论与应用研究，产生了大量的研究成果，出现了一个研究高峰期。Russwurm（1975）发现在城市地区和乡村腹地之间存在着一个连续的统一体，并将现代社会的城市区域划分为核心区、城市边缘区、城市影响区和乡村腹地。20 世纪 70 年代中期，以卡特（H. Carter）与威特雷（S. Wheatley）为代表的学者们认为边缘区是一个特殊的区域，应对它进行多种角度的研究。Clark 对城乡边缘带的社区结构的形成机制作了研究，认为职业、社会阶层和种族是决定城乡边缘带居住区位和社会作用的重要因素。

20 世纪 80 年代以后，随着城市郊区化趋势的减弱，对城市边缘区的研究进入了平稳期，研究成果相对减少，但研究更加深入，研究手段更加现代化。此时的研究倾向于更加全面地对城市边缘区进行界定和对不同边缘区进行比较研究。茹哈列维奇把城市边缘区定义为一面反映错综复杂的城市化过程的特殊镜子，既客观地反映一系列长期形成的异常深刻的居民迁移规律，又是城乡融合的先锋地区（张建明和许学强，1997）。1995 年 John. O Browder、James R. Bohland 和 Losephl Scarpaci 在对曼谷、雅加达和圣地亚哥的边缘带社区进行比较后，认为城市边缘在形态和功能方面的多样性使其成为社会经济的多面体，不能仅用社会经济或严格的空间标准轻易地对其进行分类。Lopez 等（2001）利用航片对墨西哥城附近快速城市化地区近 35 年的土地利用作了定量研究，并用马尔可夫模型对该地区接下来 20 年的土地利用作了预测。Yuji Hara 等（2005）应用地理信息系统（GIS）研究了泰国首都曼谷市边缘区固有农业景观对稻田转化为居住用地的影响。Zahda（2009）以约旦希伯伦市为对象，研究了地缘政治因素与边缘区土地扩展密度之间的关系。

从研究领域来看，前期的研究侧重于城市边缘区的概念、范围界定和基本功能等方面，研究学科主要涉及生态学、环境学、地理学（Andrews，1942）。之后，学者开始探讨城市边缘区的形成、演化机制、边缘区效应及人为调控。还有学者对城市边缘区的人口、产业及各种设施布局进行了研究（Desai and Cupta，1987）。总之，从经济、空间、功能等多角度综合分析城市边缘区的问题成为共识（张晓军，2005）。除了前面提到的研究内容外，很多学者在其他方面进行了有益的探索：有些学者对城市边缘区土地利用规律进行了研究，如德国经济学家杜能深入研究了土地区位与地租之间的关系，阿隆索（William Alonson）和杜能建立起土地价值模式，对土地经济学产生了深远的影响。

国外城市边缘区的研究比我国早 50 多年，到目前为止，已形成相对成熟的理论体系，呈现出研究领域较广、研究视角较全面、研究深度不断增强的特点，但西方国家的城市化或郊区化进程和驱动力与我国存在显著差异，城市边缘区的空间组织也明显有别于我国，因此，我们不可能完全照搬西方城市边缘区的理论，只能从研究方法、研究范式和研究视角等方面加以借鉴。

（二）国内研究进展

中国城乡边缘区研究开始于 20 世纪 80 年代末期，到 90 年代中后期达到高峰。相比国外的研究，国内研究进度明显滞后，但是起点较高，发展较快。80 年代末，随着户籍制度的放宽和市场经济的逐步确立，大量农业人口流向城市，我国城市化飞速发展，城市规模和用地不断外延，出现了一系列的城市问题。此时，城市边缘区成为学术界关注的焦点，取得了一些研究成果（崔功豪和武进，1990；顾朝林，1995），城市边缘区理论框架基本形成（罗彦和周春山，2005）。这一时期的研究内容主要集中在城市边缘区的概念、特征、土地利用、形成演变机制、界限划分、产业布局、资源利用、问题与对策等方面（崔功豪和武进，1990；顾朝林，1995）。此后，城市边缘区的研究内容逐步细化，出现大量的研究成果，涉及边缘区社会、经济、规划建设、环境和可持续发展等多方面问题，研究深度、应用性和可操作性也得到了提高，发展势头良好，中国城乡边缘区的研究开始进入一个快速发展阶段。近年来，国内学者对大城市边缘区的研究热点转向了土地管理和可持续利用问题，并取得了一系列研究成果。针对城市化和生态环境破坏并存这一现象，城乡生态经济交错区也是一个重要的研究主题。本书根据与主要研究内容的相关性，尝试从城市边缘区形成的动力机制、空间扩展规律、边缘区人口与产业等方面进行总结。

1. 城市边缘区形成动力机制研究

较早进行城市边缘区形成动力机制研究的有崔功豪、武进和马清亮。他们认为我国城市边缘区的形成与城乡经济发展水平、城市发展对土地日益增长的需求、交通运输条件的变化、土地市场、政策与行政管理体制、社会文化心理等因素有关，其中，交通因素、区位因素、规划与政治因素和社会文化心理因素与行为模式等起了很大作用（崔功豪和武进，1990）。

刘君德和彭再德（1997）认为城乡边缘区空间演化动力主要有三个方面：一是自上而下的扩散力，如通过开发区建设、中心城市扩展、城郊工业整合；二是自下而上的集聚力，如乡镇企业的发展、城镇体系发展规划、农民集资建设等；三是对外开发的外力，包括乡镇企业、民营经济和外资企业等。臧淑英（1998）认为，经济活动是城市边缘区形成的决定性因素。杨山（1998）指出城市是经济活动的中心，经济活动主宰城市的演化，城市边缘区空间动态演化与经济成长阶段相对应。社会经济发展是城市边缘区空间演变的最根本的主导因素。除经济因素外，城市规划、城乡经济差异、行政区划和社会文化心理也影响城市边缘区的演化。

陈佑启（1998）认为，城市边缘区的形成、结构与功能演替主要受制于来自城市与乡村两方面的作用力。城市作用力是城市边缘区土地利用的主导机制，根据作用力的强度，城市边缘区土地利用可以大致划分为三个环带。城市边缘区土地利用是在乡村土地利用的基础上，叠加城市土地利用的结果，其形成过程不仅受城市发展的影响，而且与乡村地区原有的基础及其发展水平有关。

胡序威等（2000）从集聚与扩散的角度揭示了城市空间结构的演变机制，认为人口迁移、房地产开发政策、土地有偿使用制度、住房制度改革、交通条件改善等是激发城市边缘区形成的主要因素。李世峰（2005b）则从传导机制、促进机制、保障机制、实现机制角度研究了城市边缘区形成演变的机理。

2. 城市边缘区空间扩展规律研究

顾朝林（1995）比较完整地总结了城乡边缘区空间扩展演化规律：一是地域分异与职能演化规律，如北京经历了早期的城郊分异萌芽时期，郊区化形成时期，农牧园艺区形成时期，近远郊游览区建设时期，文教区、工业区萌芽时期，城乡边缘区分化、职能差异形成时期等演化过程；二是从内向外逐渐推移规律，即开始由内向外、渐进扩散到同心圆圈层式发展等三个过程，具有比较明显的"年轮"现象；三是指状生长—填充—蔓延空间扩展规律；四是轮形团块—分散组团—带形城市空间演化规律。

随着中心城区用地日益紧张，城市部分功能开始转移到城市边缘区。首先是一些大型的公共服务设施，如区域性对外交通、污水处理厂、体育馆以及会展馆等，其次是城市工业和居住功能，再次是商业功能等（罗彦和周春山，2005）。土地利用类型基本上表现出近郊农业用地→工业用地→居住用地填充→商业服务设施用地配套的演变过程（卢武强等，2000）。

杨新刚（2006）根据城市空间增长模式，综合分析边缘区空间特点和交通、区位和用地扩展等因素，认为城市边缘区空间扩展主要有轴向延展式、片状蔓延式和跳跃膨胀式等三种扩展模式。钱紫华等（2005）从边缘区土地组成要素角度将国内大城市边缘区发展模式归为产业园区发展亚模式、房地产发展亚模式、大学城发展亚模式和旅游发展亚模式等。吴铮争和宋金平（2008）将北京市大兴区分为城市化高速扩展带、城市化快速扩展带和城市化低速扩展带，认为城市化高速扩展带土地利用空间以集中连片式扩展为主，城市化快速发展带以轴向扩展模式为主,城市化低速扩展带以独立发展模式为主。

土地利用变化模式是城市边缘区空间扩展最主要的表现形式,很多学者以此为切入点对土地利用模式进行了研究,以期找到城市边缘区空间扩展的规律。陈佑启(1998)在系统分析、评价杜能模式和辛克莱尔模式等有关城乡过渡地带土地利用的理论及其实用性基础上,总结出北京市城乡交错带土地利用的布局模式。晋秀龙认为,城市边缘区空间扩展模式可概括为轴向扩展模式与外向扩展模式两种,前者包括居住走廊式、工业走廊式和综合走廊式,后者包括集中连片式、独立发展式和渐进发展式。刘盛和(2002)系统总结了国内外研究城市土地利用扩展模式的学派,并将其分成历史形态模式、区位经济模式、决策行为模式、政治经济学模式四大类。

3. 城市边缘区人口研究

城市边缘区具有城市和乡村的社会组织形式,由于职业、经济收入、社会地位等方面的不同,出现了相对集中的农民、工人、知识分子和干部居住区。边缘区人口结构复杂,表现为来源地多样、语言多样、职业多样、收入阶层多样、受教育程度不齐等,具有比较明显的社会分化现象(顾朝林,1995;李伟梁,2002),边缘区人口特征因此也成为学者研究的热点。有学者通过研究认为,流动人口对城市发展有一定的积极意义,包括作为劳动力资源、是边缘区市场消费的主要群体、促进第三产业的发展、加快城市化进程等(郭开怡,2004)。

胡兆量和福琴研究指出,北京人口的迁移存在着明显的圈层结构,内圈层人口净迁出,边缘区人口增长。周春山(1996)在广州人口分布与迁居的研究中发现了类似的现象。顾朝林和陈田(1993)研究了上海城市边缘区人口密度、人口构成及人口演变的特征。周婕和王静文(2002)以武汉为例分析了边缘区人口组织、空间分布等的变迁及其演进的内在机制,认为人口空间组织存在着三种力量的驱动:核心区人口的离心迁移、城市区外及远郊区的向心迁移和暂住农业人口边缘区的集聚。郭永昌(2006)研究了上海市闵行区外来人口空间集聚的成因,认为产业结构调整与转移、较低的成本、居住区位、社会接纳、相对宽松的城市管制等是促成上海市外来人口空间集聚的主要因素。城市边缘区的犯罪问题及其社会保障权益问题也是一个重要研究领域。

4. 城市边缘区产业研究

随着人口与产业的扩散,城市边缘区出现了一些"区域性功能区",如经济技术开发区、高新技术产业园区、工业小区、居住小区、空港、物流仓储区、区域性游憩地等,它们正成为城市经济社会发展、功能成长最活跃的区位。城市边缘区不仅有第二、第三产业，还有第一产业，表现出混合交融的过渡性经济特征。城市边缘区以城市需求为主要发展动力，更多地发展成为具有多种功能的综合区（杨山，1998）。城市边缘区房地产业逐步发展起来，其开发模式主要有政府包办、无序扩张、中心企业支点型、卫星城镇、开发区、交通依托、风景名胜区、会展辐射型等。一些具有中高层收入的通勤人士在边缘区买房（周春山，1996），同时也增强了城乡边缘区零售商业的功能。

随着城市经济的发展和人民生活水平的提高，居民休闲和旅游的要求也越来越高，因此，城乡边缘区的旅游功能得到了加强，可以通过发展周末度假、会议旅游、观光农业、主题活动等促进城市旅游的发展（宋红和马勇，2002；王林和张文祥，2003）。就发展阶段来看，边缘区经济可分为农业型发展阶段、半工业型发展阶段和工业型发展阶段（崔功豪和武进，1990）。宋金平和李丽平（2000）以北京市为例，分析了边缘区产业结构的演化过程，总体趋势是第一产业逐渐下降，第二产业稳步增长，第三产业快速发展。第二产业中轻工业发展最快，第三产业以商业饮食服务业及新型第三产业如信息、咨询、房地产等产业的发展为主。

二、城市郊区化研究进展

城市边缘区是城市郊区化和乡村城市化的热点地区（顾朝林，1995）。城市边缘区伴随着城市化不断形成发展，郊区化对城市边缘区空间组织的影响十分深刻。西方的城市实体地域包括中心市（central city）和城市外缘（urban fringe），中心市为城市中心区，而郊区则是指中心市以外的建成区或都市区（冯健，2004）。

20 世纪 20 年代，西方发达国家的大城市开始出现郊区化。这一时期，西方发达国家的城市中心趋于饱和并急剧蔓延，带来环境、交通的不断恶化和一系列的社会问题，使得居住和工业用地开始到主城区以外寻找新的发展空间，出现了城市的分散化发展趋势。20 世纪 60～70 年代，西方学者对郊区化进行了大量研究。此时，也正是西方城市边缘区研究较为集中的阶段。在西方国家，郊区化的主要表现形式有居住、工业、零售业、办公业的郊区化。人口数量及其空间变动是衡量郊区化的最主要的指标和方法（周一星，1996），Jordan 等根据美国东北部、中西部、南部和西部近 80 个大都市区人口密度的翔实数据，通过建立模型，精确地度量了 20 世纪 80 年代美国郊区化的强度（Jordan et al.，1998）。就工业郊区化而言，Steed（1973）最早研究了温哥华工业活动的空间转移现象，Scott（1982）探讨了城市工业郊区化的机制；就零售业郊区化而言，第二次世界大战期间，过去长期由 CBD（中央商务区）垄断的大规模零售业，已经开始从城市中心向外转移（Jackson，1985），到 20 世纪 90 年代末期，美国已拥有 4 万多个大型购物商场，它们已成为郊区景观不可分割的一部分（Palen，1997）；就办公业郊区化而言，20世纪 80 年代，西方发达国家办公业郊区化加速发展，这一时期出现了大量相关研究成果。在 20 世纪 80 年代，西方发达国家出现了绅士化现象（gentrification），即富裕者重新塑造城市中心的邻里社区，他们替代了低收入群体，并且改善了原先破旧的建筑环境。

中国的郊区化是在城市化水平比较低的基础上起步的，首先是源于工业的外迁。改革开放以后，污染大的企业开始外迁，由于郊区相应的生活配套设施没有跟上，企业职工暂时没有外迁，随着郊区生活服务与基础设施的配套和人们思想观念的转变，越来越多的职工考虑生活居住在郊区。到目前为止，中国的商业及办公郊区化还不明显，或者说还没有真正出现。因此，关于中国的郊区化存在很大争议：一种观点认为中国不存在郊区化，实际上是一种假象，是迸发性、粗放式城市发展方式下城市用地向外的空间蔓延；另一种观点则截然相反，承认并实证郊区化，运用大量的数据证实了我国城市从 1982 年到 1990 年已经逐渐开始了郊区化，并主张对这种形式要"因势利导"，城市规划和管理工作要从适应城市以向心集聚为主的发展模式转变到以离心扩散为主的发展模式上来（周一星，1996）；再一种观点则是承认我国已经出现郊区化，但作为西方国家的前车之鉴应积极遏制郊区化的继续发展。

人口和工业郊区化无疑对城市边缘区的空间组织产生了重大影响。土地有偿使用制度的建立推动了城市土地功能置换，它和交通等基础设施、危旧房改造和新住宅区建设、内资和外资的投入一起推动了人口和工业郊区化的发展。郊区化理论的应用是一个重要研究方向，运用郊区化理论有效地揭示了城市人口密度的变化和基于人口分布的城市系统的演化问题，以及城市形态与土地利用结构的时空演化过程。郊区化理论对城市边缘区空间组织的研究也具有很强的指导作用。

三、城市空间结构理论研究进展

（一）西方城市空间结构理论

20 世纪初，美国城市化飞速发展，城市大规模扩张，带来了很多城市问题。美国社会学家伯吉斯（Burgess，1925）根据芝加哥的土地利用结构提炼了著名的同心圆模型，在该模型中，核心地带是中心商业区，向外依次是过渡地带、独立的工人居住区、中等住宅区和高收入阶层居住区。但是该模型过于理想化，并且该模型适用于当时国外不同种族移民集聚促使城市人口急剧增长的特殊背景，并不具有普适性。尽管如此，由于模型中许多土地利用的要素在今天仍然存在，因此备受推崇。霍伊特（Hoyt，1939）提出了扇形理论。该理论是在对同心圆模型进行批判的基础上形成的。该理论认为，城市的发展总是从市中心向外沿主要交通干线或沿阻碍最小的路线向外延伸，城市地域的扩展应是扇形的。该模型的缺点在于过分强调地带的经济特征而忽视其他的诸如种族类型等重要的因素。哈里斯与乌尔曼发现了美国城市呈现多中心发展的态势，意识到伯吉斯和霍伊特理论的局限性，提出了多核心理论模式。在现代城市地域结构中颇具影响力，至今仍被广泛应用的理论是洛斯乌姆（L. H. Russwurm）于 1975 年提出的"区域城市结构"。洛斯乌姆认为在城市地区和乡村腹地之间存在着一个连续的统一体，他将城市区域从城市建成区向外划分为城市核心区、城市边缘区、城市影响区和乡村腹地（图 1-1）。

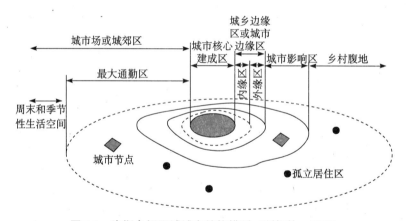

图 1-1　洛斯乌姆区域城市结构模型（顾朝林，1995）

其他国家的学者根据自己国家的实际情况，也提出了一些城市空间结构模型。Mann（1965）提出了一个典型的英国中等城市的空间结构模式，加拿大地理学家 McGee 提出了有二元结构特色的殖民地和发展中国家的城市空间结构模式，Yeats 和 Garner 提出了北美现代城市的空间结构模式（顾朝林，1995）。但由于这些城市空间结构研究和空间模式都是基于不同类型国家具体的城市进行的，具有显著的地域性和明显的局限性，因而，对中国城市空间结构研究，特别是城市边缘区的空间组织的构建只具有参考作用。

第二次世界大战以后，随着经济的发展和收入的增加，美国、加拿大等国的城市开始"摊大饼式"地快速扩张，侵占了大量农业用地。"摊大饼式"

的增长是一种以分散、无计划、低密度和相邻土地间在功能上互不相干为特征的发展模式，地方政府在基础设施建设方面投入高、效率低。1960 年的"巴黎地区国土开发与空间组织计划"（PADOG）提出建立多中心的城市结构，即在城市建设区内建设新的发展极核，与巴黎共同组成多中心的城市聚集区，以抑制城市聚集区的蔓延扩张，追求城市的整体均衡发展。随着西方城市人口和就业的空间扩散以及郊区化的发展，城市多核心空间结构及其演化、城市扩散形态成为西方城市地理学的研究热点（Filion et al.，1999；Carlino，2000），"边缘城市"、"郊区次级就业中心"等不断出现，城市与边缘、城市与郊区甚至城市与乡村间的差异已不明显。Glendening 首先提出精明增长，试图重塑城市和郊区的发展模式，鼓励土地紧凑利用，强调对城市外围有所限制，反对城市蔓延，鼓励在现有城区及社区中填充式发展，提倡土地混合使用，住房类型和价格多样化（Urban Land Institute，1999；张京祥，2005）。就城市边缘区扩张而言，Conzen（1960）发现，城市边缘区土地利用景观具有周期性演变的特点。Erichson 1983 年的研究将城市边缘区土地利用空间结构的演变划分为三个不同的阶段，即外溢-专业化阶段、分散-多样化阶段与填充-多核化阶段。日本学者山鹿诚次根据城市边缘区农业土地利用接触变质作用的强度，通过对 80 年代日本城市郊区演变的历史分析，提出了土地利用演变的三个阶段，分别是产品的商品化阶段、劳动的商品化阶段和土地的商品化阶段（陈佑启，1998）。

（二）我国城市空间结构理论

在我国，边缘区空间结构的研究大多数依附于城市整体空间结构的研究，因此，以下仅对我国城市空间结构体系的研究作简要回顾。

国内学者从城市经济空间、人口与社会空间和城市空间形态三个方面对我国城市空间结构进行了大量研究。城市经济空间结构的研究始于 20 世纪80 年代，主要集中在对商业、制造业和高新技术产业空间结构的研究。由于制造业在我国城市经济中具有重要地位，其空间结构的演化极其显著并直接影响了其他产业空间结构的演变，因此引起学术界的广泛关注，并取得了一定的研究成果。周一星（1996）在研究北京郊区化时提出了制造业的郊区化现象；冯健（2002）利用城市内部制造业用地的动态变化研究了杭州制造业的郊区化现象。此外，段杰和闫小培（2003）还从集聚经济和企业行为的角度研究了转型期制造业空间结构的演化规律。

城市人口与社会空间结构是转型期国内研究的热点。在计划经济时代，城镇住房实行实物无偿分配制度，住房由国家统一建设、统一分配，这不仅制约了住房建设的发展，而且未从根本上解决城镇居民住房困难的问题。转型期我国经济的持续快速发展、城市化的快速推进和住房制度改革带来大量的住房需求，以住宅为主的房地产开发进入了快速发展期，城镇住房面积大幅度增加。此时，一大批学者将研究重点转向居住空间的重构，吴启焰和崔功豪（1999）以南京为例对大城市居住空间分异进行了研究，高向东和张善余（2002）以上海为例对大城市人口分布变动与郊区化进行了研究。李志刚和吴缚龙（2006）采用 2000 年第五次全国人口普查数据库中居民委员会尺度的数据，对转型期上海城市空间重构与分异展开研究。

城市空间形态方面的研究成果更为丰富，具有代表性的研究成果包括胡俊的《中国城市：模式与演进》（1995）、姚士谋的《中国大都市的空间扩展》（1998）、顾朝林的《集聚与扩散——城市空间结构新论》（2000）、朱喜钢的《集中与分散：城市空间结构演化与机制研究——以南京为例》（2002）、增杉（2002）的《上海城市空间结构的演进：基于 GIS 的实证分析》和段进的《城市空间发展论》（1999）等。这些研究成果表明，在转型期城市用地快速扩张的背景下，我国的城市空间形态正在发生深刻变化，产业和人口两大因素是决定城市形态变化的关键因素，集聚与扩散机制是变化的内在机制。

四、北京城市边缘区研究进展

在城市土地使用制度改革、城市道路大量修建、住房制度改革和郊区危旧房改造等力量的作用下，北京城区人口大量外迁，1982～1990 年已经进入了郊区化过程，是我国较早进入郊区化过程的大城市之一。伴随着郊区化的快速推进，"摊大饼"式的空间扩张尤为突出，国内学者从多方面对北京城市边缘区进行了研究，研究领域涉及人口、土地利用、形成机制、空间结构、产业结构、范围界定、景观评价、社会环境、居住与就业空间错位等。主要研究领域及观点简介如下。

冯健和周一星利用第五次人口普查数据，研究了 1982～2000 年北京都市区人口增长与分布规律。研究发现：北京城市人口郊区化在 20 世纪 90 年代幅度加大，80 年代北京都市区人口空间增长过程的相似性大于差异性，整体上呈现出一定的同质性特点；而 90 年代这种差异性大于相似性，异质性特征日渐突出。他们同时指出，1990 年都市区双中心结构刚刚发育，2000 年多核心结构比较明显但并不成熟；主要的次中心在影响人口分布方面起到重要作用；近郊区对外来人口具有较大的吸引力，外来人口有向若干条件较好的远郊区县发展的趋势；北京市的人口郊区化与居住用地的空间扩散过程是一种互动的效应关系。

陈佑启（1998）从经济发展的年轮效应、工业化的先导作用、空间区位的边缘效应、城市扩展的影响、交通运输的催化效应、政治及社会因素的影响、自然条件的作用等方面分析了北京市城乡交错带土地利用的主要影响因素，揭示其形成机制与作用过程，为该地区土地资源的合理开发利用提供参考。陈浮等（2001）探讨了边缘区土地利用变化的人文驱动力机制，以建设用地面积和农田为因变量，总人口、国民经济总值、固定资产投资额、外资利用额，以及第一、第二、第三产业比重，农副产品价格指数为自变量，建立多元线性回归模型，进行逐步回归分析，得出人口增长、第三产业的发展、外资的利用和规定资产投资增加是建设用地急速扩大的主要人文驱动力的结论。陈晓军等（2003）在土地用途转换基本驱动模式的基础上，构建北京城市边缘区土地用途转换宏观动因机制的理论框架模型，结合土地利用动态变化中的基本情况，对土地用途转换的宏观动因机制进行综合分析，较为全面和综合地认识"市场力"、"政府力"等由社会体制塑造的驱动力在土地利用变化中的作用，在揭示主因力作用的同时，着重阐明了各种驱动因素之间的相互作用。当然，在这样的理论框架下能否实现"驱动力的综合"、"尺度的综合"，还需要进一步的探讨和检验，特别是还要对土地用途转换的微观动因机制进行大量的研究和综合。

方修琦等（2002）以 TM（Thematic Mapper）影像和历史地形图为基础，分析了北京城市空间扩展的规律。研究认为：北京城市的扩展可分为三个阶段：20 世纪上半叶，城市扩展十分缓慢，过渡带范围较小；50 年代到80 年代初，城市扩展明显加快，过渡带扩展速度明显快于核心区；80 年代中期以后，城市扩展最为快速，过渡带发展成为城市地域中一个不可或缺的宽广实体，城市空间结构与 20 世纪初时有了很大不同。陆军（2002）认为，在现代区域经济中，空间经济关联单元之间的生产要素传递速度加快，"即时生产"方式成为决定经济活动在特定的地域范围内进行空间组合的重要因素。

宋金平和王恩儒（2007）研究了住宅郊区化与就业空间错位，从四个方面提出了北京的居住和空间错位现象与美国的不同之处：一是不存在种族隔离现象；二是就业郊区化尚不明显；三是低收入阶层离市中心较远；四是交通工具还比较落后，增加了通勤的时间成本。其认为北京居住与就业的空间错位主要表现在两个方面：一是由于北京城市内部空间结构不合理，出现了居住与就业的空间错位现象；二是住宅郊区化的发展，吸引了大量人口在郊区购房，但郊区住宅区功能单一，工作岗位和社会服务主要集中在市区，形成了居住与就业的空间错位。

五、研究评价

（一）研究内容多元化，研究方法多样化

尽管城市边缘区的称谓不一致，但对城市边缘区的概念与内涵认识基本统一。20 世纪 90 年代之前的研究集中在边缘区的概念及范围界定、地域结构特征、边缘区组成与功能、人口特征、社会特征、经济特征、土地利用及空间扩展模式等方面，研究内容侧重理论探讨，以城市地理学者为主。研究文献数量不多，但很多至今仍被广泛引用，如《中国城市边缘区空间结构特征及其发展》、《中国大城市边缘区特性研究》、《简论大城市边缘区》、《城市边缘区空间结构演化的机制分析》等（罗彦和周春山，2005；班茂盛和方创琳，2007）。

20 世纪 90 年代之后，我国城市化进入快速发展阶段，部分特大城市边缘区的问题日益突出，引起了越来越多的关注，此间相关的研究成果数量迅速增加，研究的内容更加广泛，涉及地理学、城市规划、土地管理、生态学、经济学等多个学科。研究内容除仍注重部分传统领域外，边缘区城市规划建设管理、土地利用管理、环境保护与生态景观等受到重视。研究方法逐渐丰富，特别是 GIS 和遥感（remote sense，RS）等空间分析方法得到广泛应用，形成了定性分析与定量评价相结合的有利局面（罗彦和周春山，2005；班茂盛和方创琳，2007）。

（二）侧重案例研究，理论总结不强

我国城市边缘区的研究涉及众多学科，诸如管理学、社会学、地理学、经济学和土地学等，其研究内容呈现多元化局面。但 90 年代末期以来的研究大多针对某一问题，选取典型城市的边缘区进行案例研究，代表性的理论总结，特别是关于城市边缘区规律性的理论总结较少。在案例选取方面，北京、上海、广州、南京、深圳等特大城市是研究的热点区域。

以空间结构为例，目前，多数研究成果只局限于从形态角度归纳城市边缘区土地利用扩张的空间模式，如将其归纳为轴向扩展模式、外推扩展模式和圈层扩散模式等，偏于表象化，缺少理论支撑，并且对于信息时代城市边缘区空间组织的理论探讨也相对较少。

（三）尚未形成完整的理论体系

由于西方国家进入郊区化的时间比我国早，城市边缘区的研究成果也颇

多，理论体系已相对完备。20 世纪 80 年代，我国进入快速城市化阶段，城市边缘区的研究曾一度引起学者的关注，并产生了一系列研究成果，最具代表性的专著是顾朝林等于 1995 年编著的《中国大城市边缘区研究》，从边缘区划分、功能要素、人口特性、社会特性、经济特性、土地利用特性以及演化规律角度进行了较为系统的探讨。此后，城市边缘区的研究则显得较为零乱。目前，我国城市边缘区的研究尚未形成一个完整的理论体系。并且，经过十余年的快速城市化，特别是我国进入加速转型期后，城市空间结构发生了新的变化，城市边缘区的各种问题也日益凸显，急需重新系统地审视和研究城市边缘区的空间重组问题，以便更好地引导我国城市的有序合理发展。

国外郊区化与我国郊区化的动力机制不尽相同。国外郊区化源于人们追求更高的生活质量，人口主动向郊外迁移；而我国的郊区化是人们追求较低的房价，在经济驱动力的作用下被动迁往郊区，这也导致了我国城市边缘区的空间组织与国外存在明显差异。因此，具有中国特色的、比较完备的城市边缘区空间组织理论体系尚需要进一步构建。

（四）城市边缘区空间组织方面的研究仍比较薄弱

1. 城市边缘区空间组织系统

长期以来，城市边缘区被作为城市的重要组成部分对其进行规划、设计、布局，其在功能和地域上的独特性却被忽视了，专门对城市边缘区进行空间组织的研究相对较少。目前，对城市边缘区空间方面的研究主要集中于静态的空间结构和动态的空间演变两大主题，而对如何组织城市边缘区现有的空间资源、优化空间结构的研究较少。特别是在快速转型期，城市边缘区扩展的内容与方式、边缘区土地利用与空间结构都发生了新的变化，在这种情况下，更应该加强对城市边缘区的空间组织的研究，以引导更多城市在快速城市化中有序扩张，优化配置空间资源要素，最终形成合理的地域空间结构。

2. 空间组织的运行规律

随着信息技术等新要素的不断出现和城市形态的不断变化，空间组织必然会出现新的特征、扩展方式和运行规律。因此，研究转型期特别是研究 21 世纪以来城市边缘区空间组织运动规律，不仅能够丰富城市空间结构理论，也可以对快速城市化进程中的城市空间有序扩张给予有力指导。

3. 新形势下的人口空间组织

目前，人口郊区化的研究已经相对成熟，形成了一套研究规范（冯健，2004）。然而，随着城市化进程的加快，人口空间组织出现了新的形态，这也是以往研究较少涉及的，尚需要进一步补充。比如，北京住宅郊区化速度明显加快，但是产业配套滞后，致使居住区与产业布局空间明显错位。因此，进一步研究转型期中新型的人口空间组织形态，对指导我国郊区化的健康推进具有重要的现实意义。

4. 产业空间组织

对工业郊区化的研究还处于对典型搬迁企业进行案例分析的阶段（冯健，2004）。当前，对城市边缘区产业的研究主要集中在产业结构，以及各种产业的选择、发展方式等方面，而对如何优化组织产业布局及如何建立产业间的联系等空间组织方面的研究较为薄弱。

第三节　北京城市边缘区空间组织演变

当西方发达国家处于轰轰烈烈的城市化阶段时，我国仍处在内忧外患的时期。由于当时的经济不发达、工业化未起步，城市一般自由发展，缺少有目的的空间组织。新中国成立后，经济逐步恢复，西方国家的城市规划思想开始引入我国，有的城市虽然制定城市规划，但未得到真正实施，这种局面一直维持到改革开放。改革开放前，我国城市的设置方式以"切块设市"为主，并实施严格的户籍管理政策，城乡二元结构明显，城市边缘区不发育。改革开放后，我国开始了迅猛的城市化进程，城市飞速发展，城市边缘区问题逐步凸显。为引导城市健康发展，1984 年国务院通过了《城市规划条例》，1989 年颁布了《城市规划法》，城市空间组织逐步成为研究热点。2008 年 1 月正式实行的《城乡规划法》为城市边缘区的空间组织提供了依据。

就首都北京而言，20 世纪 50 年代"卫星城"的思想就被引入北京的城市规划中，而北京明确提出要建设卫星城则是在 20 世纪 80 年代。当时，随着北京市区人口规模的膨胀和郊区经济的快速发展，建设卫星城成为北京城市发展的需要。1982 年《北京城市建设总体规划方案》提出要重点建设燕化、通县、黄村、昌平四个卫星城；1984 年出台了《北京市加快卫星城建设的几项暂行规定》；1993 年的《北京城市总体规划（1991—2010 年）》中又提出了北京市要建设 14 个卫星城，即通州镇、亦庄、黄村、良乡、房山（含燕山）、长辛店、门城镇、沙河、昌平（含南口、捻头）、延庆、怀柔（含桥梓、庙城）、密云、平谷和顺义（含牛栏山、马坡）。规划提出"两个战略转移"，即"城市建设重点要逐步从市区向远郊区战略转移，市区建设要从外延扩展向调整改造转移"，明确了"卫星城既承担由市区延伸的部分功能，也是郊县（区）政府所在地，是其所辖县（区）的政治、经济和文化中心，具有相对独立性"。

经过多年的发展，这些卫星城取得了较大的发展，但也存在很多不足和偏差，主要表现在：第一，原来以疏解市区职能为发展目标的卫星城，未与市区发展形成错位分工的发展态势，市区职能和人口仍过于密集，卫星城本身产业发展和城市服务功能与人口居住区不匹配，城市各项服务设施水平难以吸引市区功能的外迁。第二，由于未能真正疏解市区职能，卫星城就业增长低于人口增长。同时，由于卫星城交通等市政基础设施和公共服务设施（尤其是教育、医疗 文化和商业服务设施）与市区相比有一定差距，不能吸引更多的市区人口外迁。虽然近年来卫星城的人口增长较快，但主要来自卫星城周边和外省市人口，并不能有效缓解市区的人口压力。第三，卫星城与市区、卫星城之间的外部交通条件虽有较大改善，但快速、大容量、低成本的公共交通系统尚未建立。

同时，《北京城市总体规划（1991—2010 年）》提出了 10 个边缘集团，目的是使其在城市向外扩张的过程中承担中心区的产业转移，分化过度负荷的中心区功能，并以绿化隔离带的形式控制中心区的继续蔓延。然而时至今日，这些绿化隔离带逐渐被蚕食掉，建成区联结为一个整体。出现这种情况，主要是由于北京处于城市化快速发展阶段，城市的集聚效应占主导地位，处于向心集聚阶段，加上边缘集团规模小，功能单一，与母城距离近，实施效果不好，城市没有得到控制，相反，在更大空间上蔓延。这也正验证了城市化快速发展阶段世界绝大多数城市空间扩展的规律。

鉴于以上问题，2005 年通过的《北京城市总体规划（2004—2020 年）》提出了"两轴-两带-多中心"的城市空间新格局。"两轴"，是指沿长安街的东西轴和以北京传统中轴线为核心的南北轴；"两带"是指北起怀柔、密云，重点为顺义、通州、亦庄的"东部发展带"，以及包括延庆、昌平、良乡、黄村等在内的"西部生态带"；"多中心"则指的是在市区范围内建设中央商务区、奥运公园、中关村等 8 个综合服务区，并在市域范围内的"两带"上建设若干个新城。不同于以往的"子母城"和"卫星城"构成的北京市域空间格局。"两轴-两带-多中心"的空间格局，体现出新的城市发展理念。

北京城市边缘区空间组织的演进过程在我国具有代表性。演进过程可归纳为三个阶段：第一，先期总结或照搬了国外城市化发展的经验，提出了一些控制城市蔓延的设想，但实践中这些设想未受到重视；第二，在快速城市化阶段，为防止中心区过度蔓延扩张，提出了卫星城、边缘集团及绿化隔离带等规划措施，但成效甚微，在此基础上探索了城市空间组织的经验；第三，进行空间组织方式创新，建设职能综合、辐射带动能力强的新城。具体如表1-1 所示。

表 1-1　北京大都市边缘区空间组织方式的演化

时期	标志性事件	边缘区空间组织方式	实施评价
1949～1958	北京市都市计划委员会成立	棋盘式与环路、放射路相结合的方式	设想阶段
1959～1982	《北京城市建设总体规划初步方案》	第一次提出了市区"分散集团式"的布局形式，再次强调了在远郊区卫星城镇发展工业的设想	处于设想阶段，一直没有实施，这种状况持续到 20 世纪 80 年代
1983～1993	《北京城市建设总体规划方案》和《北京市加快卫星城建设的几项暂行规定》	适当重点发展建设条件较好的卫星城镇的规划思路	一定程度上推进了卫星城的建设，但没有实现预期的分散中心区功能的目标
1994～2004	《北京城市总体规划（1991—2010 年）》	规划建设 14 个卫星城，并确立了 10 个边缘集团	此时规划的卫星城改变了过去只注重工业发展的思路，功能更趋于综合。然而，这些卫星城虽有所发展，但对人口、经济的吸引力远远不够，作用甚小；同时边缘集团也被突破
2005～	《北京城市总体规划（2004—2020 年）》	"两轴-两带-多中心"的新空间格局，并确定了新城建设的思想	吸取了以往卫星城建设的教训；新城具有职能综合、辐射力强的特点。目前，通州、顺义、亦庄建设具有一定规模

主 要 参 考 文 献

白旭飞，刘春成，侯汉坡．2007．大都市卫星城空间布局模式的启示．科技管理研究，（10）：129-131.

班茂盛，方创琳．2007．国内城市边缘区研究进展与未来研究方向．城市规划学刊，（3）：49-54.

蔡栋，李满春，陈振杰，等．2010．基于信息熵的城市边缘区的界定方法研究——以南京市为例．测绘科学，35（3）：106-109.

蔡良娃．2006．信息化空间观念与信息化城市的空间发展趋势研究．天津大学博士学位论文.

曹广忠，柴彦威．1998．大连市内部地域结构转型与郊区化．地理科学，18（3）：234-241.

曹广忠，缪杨兵，刘涛，等．2009．基于产业活动的城市边缘区空间划分方法——以北京主城区为例．地理研究，28（3）：771-780.

陈浮，葛小平，陈刚，等．2001．城市边缘区景观变化与人为影响的空间分开研究，地理科学，21（3）：210-215.

陈晓军，张宏业，任国柱 . 2003. 北京城市边缘区建设用地空间格局与区域生态环境效应——以房山区平原地区为例 . 城市环境与城市生态，（12）：292-294.

陈修颖 . 2004. 转型时期中国区域空间结构重组探论 . 经济经纬，（6）：52-54.

陈瑛 . 2005. 城市 CBD 与 CBD 系统 . 北京：科学出版社 .

陈勇 . 2005. 新区域主义评析 . 财经论丛，（6）：54-61.

陈佑启 . 1998. 城市边缘土地利用的演变过程与空间布局模式 . 国外城市规划，（4）：28-32.

陈佑启，周建明 . 1998. 城市边缘区土地利用的演变过程与空间布局模式 . 国外城市规划，（1）：10-17.

程连生，赵红英 . 1995. 北京城市边缘带探讨 . 北京师范大学学报，（1）：127-133.

崔功豪，王兴平 . 2006. 当代区域规划导论 . 南京：东南大学出版社 .

崔功豪，武进 . 1990. 中国城市边缘区空间结构特征及其发展 . 地理学报，45（4）：399-410.

丁成日 . 2006. 土地政策改革时期的城市空间发展：北京的实证分析 . 城市发展研究，13（2）：42-52.

丁成日，宋彦 . 2005. 城市规划与空间结构——城市可持续发展战略 . 北京：中国建筑工业出版社 .

段杰，闫小培 . 2003. 粤港生产性服务业合作发展研究 . 地域研究与开发，22（3）：26-30.

段进 . 2000. 城市空间发展论 . 南京：江苏科学技术出版社 .

范磊 . 1998. 城乡边缘区概念和理论的探讨 . 天津商学院学报，（3）：28-33.

方创琳，祁巍锋 . 2007. 紧凑城市理念与测度研究进展及思考 . 城市规划学刊，（4）：65-73.

方晓 . 1999. 浅议上海城市边缘区的界定 . 地域研究与开发，18（4）：65-67.

方修琦，章文波，张兰生，等 . 2002. 近百年来北京城市空间扩展与城乡过渡带演变 . 城市规划，26（4）：56-60.

冯健 . 2002. 杭州城市工业的空间扩散与郊区化研究 . 城市规划汇刊，（2）：42-47.

冯健 . 2004. 转型期中国城市内部空间重构 . 北京：科学出版社 .

冯云廷 . 2001. 城市聚集经济 . 大连：东北财经大学出版社 .

傅伯杰，陈利顶 . 2005. 景观生态学原理及应用 . 北京：科学出版社 .

高向东 . 张善余 . 2002. 上海城市人口郊区化及其发展趋势研究 . 华东师范大学学报（哲学社会科学报），34（2）：118-124.

顾朝林 . 1995. 中国大都市边缘区研究 . 北京：科学出版社 .

顾朝林,熊江波.1989.简论城市边缘区研究.地理研究,8(3):95-101.

顾朝林,陈田.1993.中国大城市边缘区特性研究.地理学报,48(4): 317-328.

郭爱请,王月霞.2004.城乡结合部特征及划分方法.经济论坛,(1):132-133.

郭开怡.2004.重庆市城乡结合部外来流动人口特点及影响.重庆师范大学学报,(1):94-98.

郭永昌.2006.大城市边缘区外来人口的空间集聚与重构.地域研究与开发, 25(5):32-35.

何彬.2002.机遇关注边缘——浅析大型主题活动对城市边缘区发展的影响. 规划师,(4):77-80.

何玉宏.2006.社会学视野下的城市交通问题.南京:南京出版社.

侯鑫.2006.基于文化生态学的城市空间理论——以天津、青岛、大连研究为例.南京:东南大学出版社.

胡序威,周一星,顾朝林.2000.中国沿海城镇密集地区空间集聚与扩散研究. 北京:科学出版社.

黄荣清.2007.北京的区域功能和城市布局.首都经济贸易大学学报,(4): 49-54.

黄志宏.2007.世界城市居住区空间结构模式的历史演变.经济地理,(3): 245-249.

李强,李晓林.2007.北京市近郊大型居住区居民上班出行特征分析.城市问题,(7):55-59.

李世峰.2005a.北京城市边缘区发展的乡村要素集聚与扩散规律探索.农业现代化研究,(2):105-115.

李世峰.2005b.大城市边缘区的形成演变机理及发展策略研究.中国农业大学博士学位论文.

李伟梁.2002.论城乡结合部社区的居民分化.广西社会科学,(6):207-209.

李志刚,吴缚龙.2006.转型期上海社会空间分异研究.地理学报,61 (2):199-211.

刘君德,彭再德.1997.上海郊区乡村——城市转型与协调发展.城市规划, (5):44-47.

刘茂松,张明娟.2004.景观生态学——原理与方法.北京:化学工业出版社.

刘盛和.2002.城市土地利用扩展的空间模式与地理机制.地理科学进展,21 (1):43-50.

刘盛和,吴传钧.2000.基于GIS的北京城市土地利用扩展模式.地理学报,

55（4）：408-416.

刘卫东，彭俊．1999.城市化地区非农开发．北京：科学出版社．

刘玉．2003.信息时代城乡互动与区域空间结构演进研究．现代城市研究，（1）：33-36.

卢武强．石崧．卫东．2000.武汉市洪山区土地利用探讨．华中师范大学学报（自然科学版），34（2）：229-232.

陆军．2002.论京津冀城市经济区域的空间扩散运动．经济地理，22（5）：574-578.

吕斌，张忠国．2005.美国城市成长管理政策研究及其借鉴．国外规划研究，29（3）：44-48.

罗静．2005.区域空间结构与经济发展．华中科技大学博士学位论文．

罗彦，周春山．2005.中国城乡边缘区研究的回顾与展望．城市发展研究，12（1）：25-30.

马清裕，张文尝．2006.北京市居住郊区化分布特征及其影响因素．地理研究，5（1）：121-129.

马涛，杨凤辉，等．2004.城乡交错带——特殊的生态区．城市环境与城市生态，17（1）：37-39.

戚本超，周达．2007.北京城乡结合部的发展演变及启示．城市问题，（1）：61-64.

齐童，白振平，郑怀文．2005.北京市城乡结合部功能分析．城市问题，（2）：26-29.

钱紫华，孟强，陈晓键．2005.国内大城市边缘区发展模式．城市问题，（6）：11-15.

任春洋．2003.新开发大学城地区土地空间布局规划模式探析．城市规划汇刊，（4）：90-94.

石忆邵，张翔．1997.城市郊区化研究述要．城市规划汇刊，（3）：56-58.

宋红，马勇．2002.大城市边缘区观光农业发展研究．经济地理，（3）：376-379.

宋金平，李丽平．2000.北京市城乡过渡地带产业结构演化研究．地理科学，20（1）：20-26.

宋金平，王恩儒．2007.北京住宅郊区化与就业空间错位．地理学报，62（4），387-396.

苏伟忠，杨英宝．2007.基于景观生态学的城市空间结构研究．北京：科学出版社．

孙中伟，金凤君．2008.信息化对区域经济发展的组织作用．地理与地理信息科学，（7）：44-49.

覃成林，金学良.1996.区域经济空间组织原理.武汉：湖北教育出版社.

唐秀美，陈百明，路庆斌，等.2010.城市边缘区土地利用景观格局变化分析.
　　中国人口·资源与环境，20（8）：159-163.

王发曾，唐乐乐.2009.郑州城市边缘区的空间演变、扩展与优化.地域研究
　　与开发，28（16）：51-57.

王海鹰，张新长，康停军，等.2011.基于多准则判断的城市边缘区界定及其
　　特征.自然资源学报，26（4）：703-714.

王海鹰，张新长，赵元.2010.基于逻辑回归模型的城市边缘区界定方法研究.
　　测绘通报，（10）：7-10.

王静爱，何春阳，董艳春，等.2002.北京城乡过渡区土地利用变化驱动力
　　分析.地球科学进展，17（2）：201-209.

王莉霞，张杰.2010.浅析城市边缘区的特征与功能.干旱区地理，33（5）：
　　825-829.

王林，张文祥.2003.浅谈边缘效应与城市边缘地区旅游的开发.桂林旅游高
　　等专科学校，（1）：21-26.

王玲慧.2008.大城市边缘地区空间整合与社区发展.北京：中国建筑工业出
　　版社.

王兴平.2005.中国城市新产业空间——发展机制与空间组织.北京：科学出
　　版社.

王秀兰，李雪瑞，冯仲科.2010.基于 TM 影像的北京城市边缘带范围界定方
　　法研究.遥感应用，（4）：100-104，134.

文新.2003.中国城市郊区化研究的评价与展望.城市规划汇刊，（1）：55-58.

吴启焰，崔功豪.1999.南京市居住空间合并特征及其形成机制.城市规划，
　　23（12）：23-26.

吴铮争，宋金平.2008.北京城市边缘区城市化过程与空间扩展——以大兴区
　　为例.地理研究，27（2）：285-293.

武进.1990.城市形态：结构、特征及增长.南京：江苏科学技术出版社.

谢守红.2003.大都市区空间组织的形成演变研究.华东师范大学博士学位论
　　文.

谢守红.2004.大都市区的空间组织.北京：科学出版社.

邢海峰，柴彦威.2003.大城市边缘新兴城区地域空间结构的形成与演化趋
　　势——以天津滨海新区为例.地域研究与开发，（2）：21-25.

徐晓霞.2001.城乡结合部土地利用与城市农副产品供应——以开封市为例.
　　经济地理，（4）：461-467.

许新国，陈佑启，姚艳敏，等.2010.城乡交错带空间边界界定方法的研

究——以北京市为例. 安徽农业科学, 38 (2): 995-998, 1048.

杨家文. 1999. 信息时代城市结构变迁的思考. 城市发展研究, 6 (4): 15-18.

杨山. 1998. 城市边缘区空间动态演变及机制研究. 地理学与国土研究, (3): 19-23.

杨新刚. 2006. 城市边缘区空间扩展模式分析. 安徽建筑工业学院学报, 14 (6): 75-79.

姚永玲. 2010. 北京市城乡结合部管理研究. 北京: 中国人民大学出版社.

臧淑英. 1998. 试论大城市边缘区的成长机制. 人文地理, (1): 30-33.

张建明, 许学强. 1997. 城乡边缘带研究的回顾与展望. 人文地理, 12 (3): 5-8, 33.

张京祥. 2005. 西方城市规划思想史纲. 南京: 东南大学出版社.

张宁, 宋金平. 2010. 北京城市边缘区空间扩展特征及驱动机制地理研究, 29 (3): 471-480.

张小军, 韩增林. 2001. 大连市城市空间组织演进分析. 辽宁师范大学学报 (自然科学版), (9): 314-318.

张晓军. 2005. 国外城市边缘区研究发展的回顾及启示. 国外城市规划, (4). 72-75.

张衍毓, 刘彦随. 2010. 大城市边缘区统筹城乡土地利用战略探讨——以天津市东丽区为例. 中国土地科学, 24 (2): 3-8.

张宇星, 韩晶. 2005. 城镇空间的演替与功能聚散效应研究. 新建筑, (1): 8-11.

赵西君, 宋金平. 2008. 城市边缘区土地利用时空变化过程及预测研究. 水土保持研究, (10): 11-14.

甄峰. 2004. 信息时代的区域空间结构. 北京: 商务印书馆.

郑柯炮, 张建民. 1999. 广州城乡结合部土地利用的问题及对策. 城市问题, (3): 46-49.

周潮, 刘科伟, 陈宗兴. 2011. 省际边缘区城市空间辐射范围研究. 人文地理, (3): 60-64.

周春山. 1996. 改革开放以来大都市人口分布与迁居研究——以广州市为例. 广州: 广东高等教育出版社.

周大鸣, 高崇. 2001. 城乡结合部社区的研究——广州南景村 50 年的变迁. 社会学研究, (4): 99-109.

周婕, 王静文. 2002. 城市边缘区社会空间演进的研究. 武汉大学学报 (工学版), (5): 16-21.

周婕, 朱定国. 2002. 大城市边缘区演进及发展的实证研究. 武汉大学学报, (5): 22-29.

周一星. 1996. 北京的郊区化及引发的思考. 地理科学，16（3）：198-205.

朱英明，姚士谋，李玉见. 2000. 我国城市化进程中的城市空间演化研究. 地理学与国土研究，16（2）：12-16.

宗跃光，周尚意. 2002. 北京郊区化空间特征与发展对策. 地理学报，57（2）：135-142.

邹德慈. 2004. 对中国城镇化问题的几点认识. 城市规划汇刊，（3）：3-5.

Andrews R B. 1942. Elements in the urban fringe pattern. Journal of Land and Public Utilities Economics，18（2）：69-83.

Archer R W. 1973. Land speculation and scattered development：failures in the urban fringe land market. Urban Studies，10（3）：367-372.

Azar C，Helmberg J，Lindgren K. 1996. Socio – ecological indicators for sustainbility. Ecological Economics，18（2）：89-112.

Brown H J，Philips R S，Roberts N A. 1981. Land markets at the urban fringe. Journal of the American Planning Association，4（1）：153-178.

Bryant C，Christopher R. 1995. The role of local actors in transforming the urban fringe. Journal of Rural Studies，（11）：255-267.

Bryant C R，Russwurm L H. 1979. The impact of nonagricultural development on agriculture：a synthesis. Plan Canada，19（2）122-139.

Bulte E H，Horan R D. 2003. Habitat. conservation wild life extraction and agricultural expansion. Journal of Enviromental Economics and Management，（45）：109-127.

Burgess E W. 1925. Urban Areas in Chicago：An Experiment in Social Science Research. Chicago：University of Chicago Press.

Carlino G A. 2000. From centralization to decentralization：people and jobs spread out. Business Review，（11）：15-27.

Conzen K R G. 1960 Alnwick，Northurmberland：A Study in Town – plan Analysis. Landon：Institute of British Geographers Publication.

Danitls T L. 2000. When City and Country Collide：Managing Growth in the Metropolitan Fringe. Washington DC：Island Press：397-398.

Desai A，Gupta S S. 1987. Problem of Changing Land Use Pattern in the Rural-Urban Fringe. New Delhi：Concept Publishing Company.

Feng Jian，Zhou Yixing，Wu Fulong. 2008. New trends of suburbanization in Beijing since 1990：from government – led to market – oriented . Regional Studies，42（1）：83-99.

Filion P，Bunting T，Warriner K. 1999. The entrenchment of urban dispersion: residential preference and location patterns in the dispersed city. Urban Studies, 36 (8): 1317-1347.

Gober P, Burns E K. 2002. The size and shape of phoenix's urban fringe. Journal of Planning Education and Research, (21): 379-390.

Hall P. 1984. The World Cities. 3rd Ed. London: Weidenfeld and Nicoson.

Harris C D, Ullman E L. 1945. The nature of cities. The Annals of the American Academy of Political and Social Science, (1): 7-17.

Hoyt H. 1939. The Structure and Growth of Residential Neighborhoods in American Cities. Washington DC: Federal Housing Administration.

Jackson K T. 1985. Crabgrass Frontier: the Suburbanization of the United States. Oxford: Oxford University Press.

Jordan S, Ross J P, Usowski K G. 1998. U. S. Suburbanization in the 1980's. Regional Science and Urban Economics, (28): 611-627.

Kirkey K, Forsyth A. 2001. Men in the valley: gay male life on the suburban—rural fringe. Journal of Rural Studies, (17): 421-441.

LeSage J P, Charles J S. 2008. Using home buyers' revealed preferences to define the urban—rural fringe. J Geograph Syst, (10): 1-21.

Lopez E, Bocco G, Mendoza M, et al. 2001. Predicting land-cover and land-use change in the urban fringe: a case in Morelia city, Mexico. Landscape and Urban Planning, 55 (4): 271-285.

Lopez R, Hynes H P. 2003. Sprawl in the 1990s: measurement, distribution, and trends. Urban Affairs Review, 38 (3): 325-355.

Mann P. 1965. An Introduction to Urban Sociology. London: Routledge.

Martin R W. 2004. Spatial mismatch and the structure of american metropolitan areas, 1970 - 2000. Journal of Regional Science, 44 (3): 467-488.

McDonald J F. 2000. Employment subcenters and subsequent real estate development in suburban Chicago. Journal of Urban Economics, 48: 135-157.

Morris A, Ubici S. 1996. Range management and production on the fringe: the caldenal. Journal of Rural Studies, (12): 413-425.

Nkambwe M, Arnberg W. 1996. Monitoring land use change in an African tribal village on the rural - urban fringe. Applied Geography, (16): 305-317.

Palen J J. 1997. The Urban World, 5th Ed. New York: MCGraw - Hill.

Rodeny A. 1983. Erickson. the evolution of the suburban space economy. Urban Geography, 4 (2): 95-121.

Russwurm L. 1975. Urban Fringe and Urban Shadow. Toronto：Holt，Rinehart and Winston：148-164.

Scott A J. 1982. Locational patterns and dynamics of industrial activity in the modern metropolis. Urban Studies，(19)：111-141.

Steed G D F. 1973. intrametropolitan manufacturing：spatial distribution and locational dynamics in greater Vancouver. Canadian Geographer，17 (3)：235-258.

Urban Land Institute. 1999. Smart Growth：Myth and Fact. Washington DC：ULI.

Yuji Hara，Kazuhiko Takeuchi，Satoru Okubo. 2005. urbanization linked with past agricultural patterns in the urban fringe of a deltaic Asian Mega-city：a case study in Bangkok. Landscape and Urban Planning，73 (1)：16-28.

Zahda N. 2009. Urban growth in complicated geopolitical urban context—Analyzing the growth patterns on fringe area in Hebroncity. Journal of Asian Architecture and Building Engineering，(8)：469-476.

Zhou Yixing，Ma L J C. 2000. Economic restructuring and suburbanization in China. Urban Geography，21 (3)：205-236.

第二章
城市边缘区空间结构的运行规律

"核心-边缘"理论是由约翰·弗里德曼（John Friedmann）在对发展中国家的空间规划进行研究基础上提出的。他认为，任何一个国家都是由核心区域和边缘区域组成的。核心区域由城市或城市集群及其周围地区组成，是城市集聚区，这里工业发达、技术水平高、资本集中、人口密集、经济增长速度快。边缘区域相对于核心区域来说，经济较为落后，其界限由核心与外围的关系来确定。核心区与外围区共同组成完整的空间系统，核心区在空间系统中居支配地位。在区域经济增长过程中，核心区与边缘区之间存在着不平等的发展关系。核心区与边缘区的空间结构地位不是一成不变的，核心区与边缘区的边界会发生变化，区域的空间关系会不断调整，最终实现区域空间一体化。

"核心-边缘"理论是建立在创新理论基础上的。弗里德曼认为，创新往往从大城市向外围地区进行扩散。核心区是具有较高创新变革能力的地域社会组织子系统，外围区则是根据与核心区所处的依附关系，由核心区决定的地域社会子系统。在空间系统发展过程中，弗里德曼认为，核心区的作用主要表现在以下几个方面：①核心区通过供给、市场和行政系统等途径来组织自己的外围依附区；②核心区系统地向其所支配的外围区传播创新成果；③核心区增长的自我强化特征有助于相关空间系统的发展壮大；④随着空间系统内部和相互之间信息交流的增加，创新将超越特定空间系统的承受范围，核心区不断扩展，外围区力量逐渐增强，导致新的核心区在外围区出现，引起核心区等级水平的降低。弗里德曼曾预言，核心区扩展的极限是全人类居住范围内只有一个核心区。

本书研究的城市边缘区虽与弗里德曼所提的边缘区范围不尽相同，却有着很大的相似性。这里的城市边缘区仅指某一城市的边缘，它不是一个独立存在的单体，受核心区的影响较大，因此，"核心-边缘"理论对城市边缘区空间组织演变具有借鉴意义。

第一节　边缘区、核心区和农村腹地的互动关系

一、三者是城市系统空间结构的有机体

城市是区域的政治、经济、文化、教育、科技和信息中心，是劳动力、资本、技术等生产要素和生产生活设施高度聚集的地区。城市系统是一个高度开放的系统，不断与外界进行着能源、原材料、产品、人员、资金和信息的交换。城市系统又是一个复杂的综合结构系统，系统的内部组成复杂多样，各个系统之间相互交叉、复合，组成结构网络。空间结构系统是城市系统结构的重要组成部分。从较大范围看，城市系统空间结构由核心区、边缘区和农村腹地组成，它们通过各种有形的和无形的"流"要素构成一个有机的空间结构网络体系。下面分析核心区、边缘区和农村腹地三者之间的关系。

二、核心区与边缘区的关系

1. 主导与依附关系

弗里德曼在"核心-边缘"理论中指出，核心区通过占有大量的资本、创新资源等先进生产要素而明显居于支配地位，边缘区则处于依附状态之中。与其类似，一个城市的核心区以其集聚规模的优势支配大量的资源从而维持其核心地位，城市边缘区则处于依赖地位，因此，城市核心区与边缘区的关系可以看成是一种主导与依附关系（李世峰，2005）。但核心区与边缘区的空间结构和相互关系并不是一成不变的，即城市边缘区与核心区将会经历"互不联系、孤立发展→彼此联系、发展不平衡→相互关联、平衡发展"的阶段，最终实现空间一体化。

2. 演替关系

对于城市的某一阶段来说，城市边缘区与核心区是辩证统一的两个对立面，今天的城市核心区很可能就是昨天的城市边缘区，今天的城市边缘区很可能就是明天的核心区，两者相互依存，共同发展。

本章将 TM 影像与突变理论相结合划分了北京 1994 年和 2004 年的城市边缘区。北京城市边缘区和核心区在这 10 年中一直都处于不断扩张中，邻近原核心区的城市内边缘区首先演替为核心区，农村腹地也不断被临近的城市

边缘区替代，周围农村因此演变为城市，局域城乡一体化出现。

3. 竞争关系

核心区与边缘区的竞争关系随着城市发展阶段不同，其竞争方式也不尽相同。初始阶段主要表现形式为对立竞争，核心区借助其明显的集聚优势大量吸收边缘区廉价的生产要素（原材料、能源、劳动力、资金等）和生活要素（粮食、蔬菜等），同时，又向边缘区排放工业污染物和生活垃圾，致使城市边缘区生态环境破坏。核心区的扩展，蚕食边缘区的土地和空间资源。北京市进入转型期以来，随着"退二进三"政策的推行，一些占地面积大、污染严重的工业企业迁向城市边缘区，致使边缘区大量农业用地转化为建设用地，绿化隔离带被占用，生态环境遭到破坏。

边缘区与核心区在发展中不断磨合，各自定位也日渐明晰，两者之间的相互合作也逐渐增多，此时便进入错位竞争阶段。中心区主要发展商业、金融业和服务业等，边缘区则积极兴建大学城和各类工业园区等占地面积较大的功能区，主动承接中心区转移出来的产业；同时，中心区向边缘区转移和疏散人口。此时核心区与边缘区的竞争方式已经由"空间资源争夺"的直接竞争转向了"企业和人才等资源争夺"的间接竞争（陈抗和郁明华，2006）。在竞争中，核心区利用自己的创新优势不断增强对企业和人才的吸引力，建立和强化自己的竞争优势。此时，边缘区正确认识到竞争对手的存在价值，并依托核心区的资金、技术、人才和信息等资源寻求新的发展。

4. 合作关系

由于得天独厚的区位优势，城市边缘区成为联结城市与乡村的纽带，各种城乡要素及其功能之间的物质能量交换十分频繁，主要表现在以下两个方面：一是便于吸收来自于城市和乡村的各种劳动力、资金、技术和信息等生产要素，并通过其内部的竞争共生关系进行加工、处理与转换，再反作用于城市和乡村；二是接受大城市的文化和生活方式，然后逐步渗透到广大乡村（李世峰，2005）。鉴于城市边缘区与核心区和农村相互作用的明显特点，城市边缘区与核心区的合作成为必然，其合作领域应涉及方方面面。城市边缘区为取得更好的发展需要大力提高自身的环境条件，以形成与核心区配套的各种功能设施，包括居住、商业、公共服务设施等。

三、边缘区与农村腹地的关系

本书所指的农村腹地主要是指近郊农村，因为近郊农村与城市边缘区接触最为紧密，也是最能影响城市边缘区空间组织的地域。这主要是由近郊农村的功能特征所决定的：一方面，近郊农村在农业生产功能上以服务于城市为主，主要为城市提供新鲜蔬菜；另一方面，近郊农村成为城市建设首当其冲的扩散地，农民土地被政府有计划地征用，土地利用变化迅速，影响城市边缘区的空间组织。

边缘区与近郊农村之间的关系主要表现在以下三个方面：第一，在空间区位上城市边缘区位于农村腹地与城市中心区之间，城市边缘区成为两者之间联系的中介桥梁。第二，在功能上城市边缘区和农村腹地共同服务于城市的发展，只是城市边缘区已经从近郊村演变为城市的一部分，农村腹地特别是近郊村仍处于备用状态，并且服务功能级别也较低。第三，城市边缘区与农村腹地的社会文化交流最为频繁，城市的文明扩散到乡村地区，引导乡村逐步演变为城镇，主动对接城市边缘区，悄然地改变着城市边缘区空间组织。

第二节　基于景观生态学的城市边缘区空间结构演化机制

一、相关概念的引入

景观是一种主要通过种种生态流（物质、能量、有机体、信息流）而彼此紧密联系在一起的若干生态系统构成的复杂系统，是一种依靠不间断负熵流维持其功能与结构特征的开放式非平衡系统（刘茂松和张明娟，2004）。景观的一个重要特征是空间异质性（spatial heterogeneity），它是由景观中生态客体空间不均匀分布所造成的。景观格局（landscape pattern）是斑块、廊道、基质在空间上的排列形式，是空间异质性的具体表现。景观的结构特征是景观中物质、能量、有机体等空间异质分布的结果，其特征与景观的总熵通量、干扰状况、环境背景密切相关，具有非平衡系统的自组织特性。总之，景观作为一个整体成为一个系统，具有一定的结构和功能，而其结构和功能在外界干扰和其本身自然演替的作用下，呈现出动态的特征。

为便于更好地用景观生态学的相关理论说明城市空间组织的动态演进机制，在此引入反映景观动态变化的竞争、演替和干扰等概念：①竞争就是运用某种优势，在有限资源的前提下，通过相互作用，获取生存和发展的机会，在时间和空间上选择、劣汰和发展的过程（段进，2000）。从生态学的观点分析，竞争是由资源有限、分布和质量的差异产生的。竞争可分为资源利用性竞争和相互干预性竞争。在资源利用性竞争中，空间类型之间不直接干涉，只是间接性影响，相互干预性竞争则直接对对方的空间进行干预或占有。相互干预性竞争的结果是一种战胜另一种，双方发生演替，或者是双方通过对资源利用方式的变化而产生协会。②植物群落的演替是指在植物群落发展变化过程中，由低级到高级、由简单到复杂，一个阶段接着一个阶段、一个群落代替另一个群落的自然演变现象，其本质是在客观作用力或者说是在自然作用力的推动下发生的一系列更替现象。③干扰是群落外部不连续存在，间断发生因子的突然作用或连续存在因子的超"正常"范围波动，这种作用或波动能引起有机体、种群或群落发生全部或部分明显变化，使生态系统的结构和功能发生位移，其本质可以理解为在外部作用力的不断干扰下，系统的稳定性会受到威胁，当突破系统的稳定性阈值时，系统就会发生根本性变化，或者结构功能重新调整或者形态发生变化。干扰的程度分为若干等级，中等程度的干扰对种群系统的发展最有利。演替与干扰对景观变化的影响具有很强的相关性，即与演替发生的速度、方向与景观的干扰状况密切相关。但在演替过程中，主要是自然因素在起作用，其速度相对较慢，但对物种的生存及生物多样性的维持影响深远。

二、竞争和干扰是城市边缘区空间组织演变的驱动力

从系统学理论上看，城市是一个开放式的耗散系统，其组成、结构在自组织等作用下处于不停的变化之中。在空间结构上，城市可以看成是由建成区、城市边缘区以及广大农村腹地三大板块以及由众多交通走廊组成的集合体，空间异质性突出，景观格局分类明显。根据这些特征，城市这一巨系统基本符合以上所说的景观的概念，在这一层面上城市可以被看做一个较大的景观系统，因此，其空间组织的动态变化也在某种程度上符合景观的部分特征，应用景观生态学"竞争"和"干扰"的概念能够清楚地说明城市边缘区空间组织的演进机制。

竞争和干扰是促使大城市边缘区空间组织演进的双驱动力。在城市空间发展规律的作用下，当某一空间类型的内外环境发生变化时，新的空间类型以更适应新环境的能力进行竞争，最终导致演替，这种内外环境的变化包括空间本身内部活动的改变、空间关系的变化、外部环境的变化。演替对于城市边缘区空间组织的作用主要来自于核心区与边缘区的经济社会发展差异所形成的位势差，在这一自然作用力的推动下，城市边缘区不断被核心区吞噬和侵占，城市边缘区又在位势差的作用下不断向外围农村腹地扩展，演替作用对城市边缘区空间组织的影响是渐进的。在竞争对城市边缘区空间组织发挥作用的同时，干扰也在发挥着巨大作用，干扰往往能迅速、深刻地改变系

统的结构与功能。在不同时期，干扰要素及其所发挥的作用强度是不同的，比如，干扰通过规划控制，促进、抑制、改变或引导空间演替，使演替朝着人为制定的目标发展。总之，竞争和干扰共同促使城市边缘空间组织发生变化（图 2-1）。

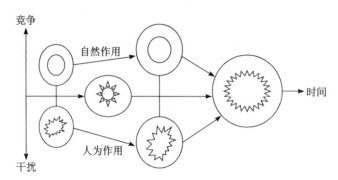

图 2-1 竞争与干扰对城市边缘区空间组织的影响

竞争对城市空间组织的作用不仅表现在时间序列上的替代过程上，而且表现为城市空间组织系统在空间上的动态演变，在形式上表现为一种有序的空间演替。演替的空间属性包括演替系列的格局、范围、尺度、演替方向和速率、稳定的程度、多样性以及在自然和人为干扰下的恢复等。城镇空间演替的重要特征是镶嵌性和等次性，如工业区和卫星城等。由于演替在本质上具有瞬时不可测性，一种镶嵌式演替能最大限度地满足未来可能产生的不同空间类型的需求，因而可看成一种空间格局上的进化对策。采取镶嵌式演替对策时，新的高竞争力类型可从低级类型中直接进化而来，从而大大节约能量。镶嵌演替牺牲旧类型中的某一部分在某一时段中的利益，使得新类型的建立具有最大效率，从而取得空间群体在演替过程中的长期稳定性。干扰则从更大程度上破坏了空间组织系统的稳定性，致使空间组织系统结构和功能受到损坏，使空间组织系统处于一种非稳定的过渡状态。从形式上看，干扰是空间组织系统演替的外在助推器，不断破坏空间组织系统的对称性，推动了组织系统的进化和演变。

在竞争和干扰作用下大城市边缘区空间组织发生演替的条件包括：

（1）空间类型的扩散性和定居性。任何一个区域均有可能接受扩散的新类型，或被新来的类型入侵。例如，某城市中不同类型人群迁居过程，必然伴随相应空间类型的演替。

（2）空间内部环境的变化。这种变化由空间本身的活动所造成，与外界条件变化没有直接关系。

（3）空间内部关系变化。空间群体中不同类型之间存在特定的相互关系，这种关系随着内外环境改变而不断进行调整，竞争力强的空间类型得以充分发展，而竞争力弱的类型逐步缩小自己地盘，最终被竞争力强的类型所取代。

（4）外界环境变化。外部条件诸如交通位势、周边地区的空间演变等常成为引起演替的重要因素，如大型铁路干线穿越，空港、海港的建设等都会使空间在更大尺度区域中的位势提高，从而诱发演替的发生。

（5）规划控制和人为干扰。空间演替受人为干扰因素的影响远远超过其他生态因子，因为规划控制、行政管理、经济开发作用，演替的方向发生改变，朝着人为制定的目标发展。例如，某城市内部空间演替，由于城市规划改变了道路网结构，引起了连锁反应，原衰败地段被新的有活力的空间代替，形成了新的空间机理（张宇星和韩晶，2005）。

竞争和干扰从根本上推动着城市边缘区空间组织的变化。竞争在空间上体现为主体对不同区位的选择，某种功能如居住、工业、商业等在区域内欲求得生存和发展，就必须选择最佳的区位，以达到成本最小、利润最大或市场最优。激烈的竞争促使城市边缘区成为这些事物的最佳选择区位，城市也因此形成了合理的地域空间结构，即城市边缘区与中心区、农村腹地之间形成了职能互补、规模合理、空间分离的暂时相对稳定的态势。在本质上，竞争使城市边缘区空间组织不断地发生变化，概括起来，竞争对于城市边缘区空间组织的演变表现在三个不同的层次：首先，在地域系统中，开发者对优势区位进行竞争，开创发展极与生长点，形成空间的集聚和中心化，城市单向功能的次级中心（如大型居住区、开发区等）往往在城市边缘区的形成就源于此；其次，中心区与边缘区在空间领域的竞争中，城市边缘区成为中心区的腹地、市场和影响区，与此同时，城市边缘区也在不断进行空间扩散并影响着农村腹地；再次，已形成的相对稳定的城市边缘区空间结构，又因城市整体系统的进化和发展，促使新的竞争产生，最终导致城市边缘区空间的功能、性质发生演替和更新。

干扰是发生在社会文化层面上的一种依附于生物层面的超结构，它具有抑制或助长竞争的能力，并悄然地改变着竞争格局。在既有的城市边缘区空间组织受到干扰的同时，城市空间的自组织①功能便发挥出重大作用。当受到的干扰较小时，城市边缘区空间系统通过自组织性调整的"自愈"功能来达到新的有序，城市边缘区结构随之调整。当城市边缘区空间系统受到的干扰超出这一级系统的"自愈"能力时，系统就会崩溃，或转化为新的结构，

---

① 城市作为一个开放、复杂的巨系统，明显地具有耗散结构的特征，具有自组织现象和进化功能。所谓耗散结构是一个开放的、非平衡系统，由于不断地同外界进行物质与能量的交换，产生自组织现象，使系统实现由混沌无序向有序的转化，并产生新的物质形态。

这就是自组织的进化功能，城市边缘区不断演变为中心区就是在这种条件下发生的。城市边缘区的进化具体表现为人口城市化过程、产业结构调整、交通体系变化、社会意识形态的转变等，这一系列的"过程"都具有物种群落发展"过程"中的竞争和选择现象。新的人口集聚形式、经济行为、生产方式和文化意识等的"侵入"导致旧的组织形式解体，相应产生新的空间与社会组织。新的空间组织形式一次又一次地涌现，也正说明了在城市发展中，城市空间在更高层次上自组织的作用，一次次形成新的有机秩序。竞争和干扰两大作用力形影不离地作用于城市边缘区空间组织，或助其加速演变或抑制其功能结构进一步发生变化，两者不断推动城市边缘区演变。

竞争和干扰驱动了城市空间结构的演变，空间结构的演变也必然产生空间的不适应性，空间组织则是在掌握影响空间结构竞争和干扰两大驱动力的基础上，运用各种手段对空间结构进行有序的安排和合理的组织。因此，竞争和干扰也是城市空间组织的根本因素。

三、城市边缘区空间组织演化的机理模型

以上只是从景观生态学较为抽象的概念角度揭示了城市边缘区空间组织的演化机制，而在实际作用中，竞争和干扰又可以分解成很多要素，这些要素按照各自的运行机理在城市发展的不同阶段对城市边缘区空间组织的演进发挥着不同作用。基于对景观生态学的理解和前人对城市边缘区形成演变机制的研究，本书认为，城市空间组织中的竞争和干扰要素应包括城市所在区域的基础自然条件、经济发展的推动、科技进步的驱使、人们认知观的转变、交通网络的形成、空间政策法规的制定、城乡规划的实施和资金投入等。城市边缘区就是在这些自然竞争和人为干扰要素作用下实现其空间组织的演化的，由原本以边缘区为主导的组织特性逐渐转变为以中心区为主导的组织特性。从空间形态上看主要表现在两点：一是中心区地域空间不断向外蔓延与扩展，城市边缘区的边界随之向农村腹地扩张，在这一过程中农业用地不断转变为建设用地；二是边缘区内分布着众多小城镇，这些小城镇同样在竞争和干扰作用下不断向周围农村扩展、蔓延，逐渐接近核心区。总之，在两者的作用力下，城市边缘区空间组织系统不断被打破、空间形态不断发生变化，直至城乡一体化的实现。

如图 2-2 所示，从景观生态学的角度来看，在大城市边缘区空间组织的演变、重构过程中，竞争和干扰这两大作用力时刻起着重要作用，两者相互促进、互动发展。但竞争和干扰从本质上来讲是通过功能流作用于城市空间组织的，这些功能流包括人口流、物质流、能量流、技术流、信息流和资本

流等，其中，人口流是核心，物质流是基础，能量流是动力，信息流是主导，资本流是其他流实现的媒介和体现（李秀珍和肖笃宁，1995；顾朝林，2000）。这些功能流的运行方式主要表现为人口和物质从分散向集中高密度集聚，能量从低质向高质、高强度运转，信息从无序向有序连续积累，资本在流通中增值等几个方面。功能流高效的运行在很大程度上取决于干扰强度，干扰强度的变化决定了城市发展的剧烈程度。在转型期中，不断高效运行的功能流直接导致城市边缘区功能和结构发生变化，从一个与环境较好适应的顶级状态向另一种顶级状态转变。在 1990 年之前，特别是土地市场未形成之前，影响城市空间组织系统的干扰强度较小，我国城市演替速率较低，环境变化与结构形态的演化保持了良好的对应关系，空间组织体系保持了相对均衡状态。近十多年来，随着城市经济的快速发展，全球一体化、土地级差地租效益及规划政策等新的高强度干扰的出现，城市核心区显现出极大的经济价值。在这种经济利益的驱动下，核心区成为政府支持下的开发商的首选用地，从而为城市边缘区空间组织的剧烈演变拉开了序幕。

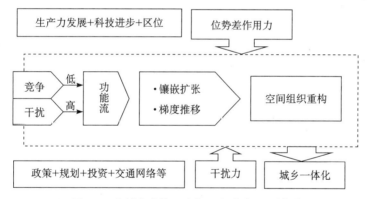

图 2-2　大城市边缘区空间组织演变机理模型

1990 年以来，城市边缘区的扩张表现为两种形式：一是城市核心区不断向外围郊区蔓延的梯度推移模式；二是城市边缘区中以开发区和卫星城镇为主的镶嵌体不断向核心区靠拢，直至与核心区连成一片。例如，20 世纪 60 年代初，北京确定了 12 个分散组团布局在近郊区，自转型期到来后，城市外向蔓延愈加明显，整个城市沿主干道向城市边缘区和近郊区扩展，分散组团逐步连成一片。北京卫星城镇建设开始于 1958 年，先后在远郊 11 个区县扩建、新建了 50 多个城镇和工业点，其中规模较大的有 24 个，即通镇、燕山良乡、龙各庄等，这 50 多个乡镇分布在距市中心 20～70 公里半径的地域内，这两种扩展形式不断改变着城市边缘区空间组织结构（图 2-3）。

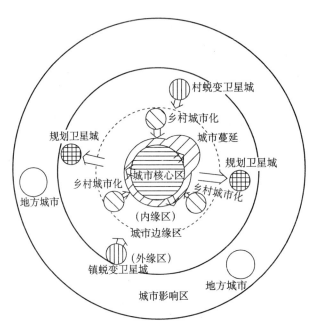

图 2-3　大城市边缘区增长的空间过程（顾朝林，1995）

四、竞争与干扰对城市边缘区空间组织的影响分析

通过上面的分析可以看出，竞争和干扰两大驱动力本身又包含众多因子，如经济、科技、政策等，现实中，这两类驱动力所含的因子很难严格区分，而是这些因子之间相互联系相互影响共同组成"你中有我，我中有你"的有机网络系统（图 2-4），共同推动着城市发展、影响着城市空间结构，城市边缘区的空间组织在这一过程中也不断地发展演变。

（一）生产力发展——城市边缘区空间演化的根本动力

生产力是一切社会因素中最活跃的因素，是社会变革的根本动力，社会的全面发展水平的高低归根到底取决于社会生产力发展水平的高低。从内涵上看，生产力发展具有四个方面的含义：一是数量的增加，表现为劳动者、劳动资料和劳动对象数量的增加；二是质量的提高，表现为劳动者知识的丰富、智力的提高、素质的改善和能力的增强，劳动工具的先进性、经济性、可靠性的提高，劳动对象的广度和深度的扩展与深化；三是结构的改善，表现为生产力诸要素在地域空间分布上的调整和优化；四是流动性的提高，表现为生产力要素在城乡间更大范围和更高层次上的合理流动。从地域上看，生产力发展包括城市生产力发展和乡村生产力发展。

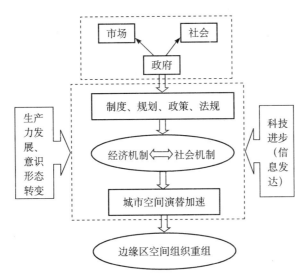

图 2-4　竞争因子与干扰因子的内在关系

　　生产力的发展促使外部整体环境不断发生变化，空间组织的稳定性也不断受到挑战，最终导致更有竞争力的新秩序不断替代旧有的秩序成为空间组织的主流。生产力的发展最重要的表现形式是社会经济的发展，社会经济发展又是导致城市边缘区空间组织演变的最显著的作用力。首先，社会经济的发展导致城市各组成部分的功能变化，即城市中出现了新的功能或原有的功能衰退，破坏了功能空间的适应性关系，加剧了城市功能与空间的矛盾运动，从而产生了逐渐变化的内应力；其次，社会经济的发展促使政治体制、城市社会生活以及城市运输条件和技术手段、土地市场等外部影响因素发生变化，增强了城市空间演变的适应能力（武进，1990）。因此，从根本上说，城市空间组织的演化是不断适应经济功能变化的过程。随着城市功能由早期的农业自然经济到市场经济的演替，我国城市边缘区也经历了从无到有、从相对稳定到快速变化的发展阶段。

　　从产业演替和土地利用变化来看，经济的发展促使产业结构直接发生变化，非农产业产值比重逐步提高，农业劳动力逐步向第二、第三产业转化，带动了城市发展。第二、第三产业的增加对农业土地利用产生压力，导致更多的农业用地转化为建设用地。景观生态学中，土地利用变化也是反映景观动态变化的重要指标之一，表 2-1 显示了 1992～2008 年北京城市边缘区丰台区的土地利用变化。可以看出，丰台区在十多年的发展过程中，农用地成为其他用地的重要补给来源，1992～2008 年，丰台区农用地总计减少 4524.02公顷，未利用地减少 328.31 公顷，建设用地增加了 5411.41 公顷。

表 2-1　北京市丰台区 1992~2008 年土地利用变化表

土地利用结构	1992 年		2008 年	
	面积/公顷	比重/%	面积/公顷	比重/%
耕地	8 768	29.21	3 160.9	10.34
园地	1 566.22	5.22	936.4	3.06
林地	801.7	2.67	3 064.3	10.02
牧草地	4.73	0.02	0.0	0.00
其他农用地	1 257.87	4.19	712.9	2.33
居民点及工矿用地	13 241.85	44.11	17 322.3	56.65
交通用地	1 644.58	5.48	2 693.9	8.81
水利设施用地	28.26	0.09	309.9	1.01
未利用地	2 707.85	9.02	2 379.5	7.78

资料来源：根据北京市国土资源局相关资料整理得到。

总之，城市经济的发展、产业结构的转变，必然会带来经济功能的调整，从而城市空间的外部形态和内部结构也将得到重组。这种关系可以表述为经济增长→产业结构转变→土地利用频繁转换→经济功能调整→城市边缘区不断被填充→空间结构的重组。

（二）现代交通通信——城市边缘区空间演化的助推器

廊道是景观生态流发生的主要通道，其结构特征与其功能密切相关。主要结构特征包括宽度、连通性、密度指数等（马明国和曹宇，2002）。其中，廊道连通性用于度量廊道的空间连续程度，它是确定通道和屏障功能效率的重要因素。

自工业革命以来，科学技术飞速发展，整个世界在现代交通通信的作用下联系日益紧密，尤其是信息时代的到来，各国之间的联系更以"地球村"称之，同时，信息化社会改变了人们传统的生活习惯和生产方式，导致了区域空间结构新格局的出现。信息技术延展了人们的行为发生空间，方便了远程交流与合作，缩短了技术创新与产品更新换代的周期，加大了社会消费与市场需求变化的速度和广度，从而对产业区位的空间变动、思想理念的转化途径产生深刻的影响。从更深层次来看，信息社会深刻地改变了重要因素或资源聚集的传统形式，即由生产要素在空间上的有形集聚发展到在更大时空范围内由信息网络连接着的无形集中（冯云廷，2001）。也就是说，信息技术的发展使得空间相互作用强度变得越来越强，距离越来越远。生产要素之所以能够发生快速的流动，主要是现代交通通信为其提供了便捷舒畅的廊道，廊道的连通性、密度指数、宽度都远非传统社会所能比拟的，如图 2-5 所示。

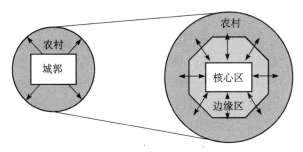

图 2-5 农业社会时期与信息时代中城市边缘区空间组织的变化

城市边缘区是连接中心区与农村的中间过渡地带，聚集于城市中的巨大的物质流、能量流、信息流、人流和资金流通过现代化的道路交通设施（如高速公路、轻轨、地铁等）不断地向城市边缘区继而向广大农村腹地扩散，同时两地所拥有的其他生产要素如劳动力、原料等可以更便捷地向城市集聚，城乡通过这些现代化的廊道形成了良好的互动态势。同时，先进的通信技术这一"隐形"廊道极大地提高了信息传递的数量、速度、效率和质量，能够实现信息在政府、企业和居民间的快速传递、有效沟通和共享，降低信息成本，间接地增加了城乡要素的扩散效益和集聚效益。总之，信息社会的到来使得城乡之间的廊道连通性大大提高，也使得两地之间的集聚与扩散进行得更加顺利，城市边缘区就在区域间各种"流"的频繁交互作用下，其空间组织发生了新一轮的动态变化和调整。

北京城市边缘区空间组织在现代交通通信作用下发生了明显变化。自1982 年以后，北京的城市道路和通信设施建设逐步进入全面发展阶段，新建、改造和扩建了三环路、四环路和五环路，在一些重要道路之间的交叉路口修建了多座立交桥，基本形成了功能齐全的城市道路系统。同时，通信设施也大大加强。边缘区交通通信条件的改善，有利于城乡过渡地带接受中心区的辐射和扩散，使城市的许多地域要素（如人口、产业等）向边缘区迁移，城市边缘区就在这些要素的不断侵入下，其空间组织发生着连续变化。

（三）城市规划——城市边缘区空间演化的看得见的手

干扰是通过规划控制来促进、抑制、改变或引导空间演替发生的措施，使演替朝着人为制定的目标发展。城市规划正是政府运用政策这只看得见的手，不断干扰着城市的无序蔓延并科学性地将城市空间组织引向有序化、合理化和最优化。为了使城市空间组织真正实现资源的高效配置、实现人们理想化的目标（适宜人们居住、工作、学习等），城市规划学者不断探索合理的城市空间发展模式，霍华德的"田园城市"、盖迪斯（P. Geddes）的"有机区域规划"、赖特（Wright）的"广亩城市"、佩里（Perry）的"邻里小区"

等理论陆续出现。20 世纪 50 年代后，为了解决大城市的无序蔓延，实现城市可持续发展，以"传统邻里发展模式"（TND）和"公交主导发展模式"（TOD）为代表的"新城市主义"和"精明增长"以及"紧凑城市"（compact city）的理念不断被应用于城市规划理论中。目前，我国城市规划在吸收国外城市规划先进理论的基础上，对城市发展起着越来越重要的指导作用，2008 年《城乡规划法》的颁布实施意味着我国城市发展有了坚实的法律依据。一些城市的空间组织在城市规划引导下步入了有序发展阶段。因此，城市规划是影响城市边缘区乃至城市空间组织的最有力的外部因素，它能使空间组织朝着人们既定的目标发展。

然而，城市是一个复杂的巨系统，城市规划的理论和方法不可能解决全部的城市问题，其在指导城市空间发展的同时也暴露出一些缺点。例如，在北京昌平规划了几个大型的居住区，而人们的就业仍然集中于中心区，直接导致上下班时间的严重交通堵塞，出现了"空间错位"现象，浪费了资源。同时，在过去很长的一段时间内，我国的城市规划法制化建设步伐落后，城市规划成果成为"纸上画画、墙上挂挂"的形象工程，为了招商引资，政府随意调整规划，甚至无视规划的存在，任意给企业划拨土地，直接导致土地利用的散乱无序，造成空间资源配置失调，并给城市未来的发展留下了后遗症。另外，由于我国处于转型期，经济发展速度较快，城市规划很难准确预测未来的人口、产业发展的规模，往往造成城市规划中的土地利用界限不断被突破，空间资源配置再次失调。

（四）利益驱动——空间组织演变的内在驱动力

利益的追逐往往是竞争的出发点所在，城市边缘区经济空间组织也毫不例外，但它的表现形式主要是其实体——企业、政府在利益的追逐中所实现的。企业为了追求利润最大化，往往在选址时要从区位、交通、外部性（如信息收集、劳动力获得、公共资源获取的便捷性等）等方面进行全面衡量。在工业和信息产业发达的今天，企业的数量也越来越多，不仅有本地的企业，也有外地的企业，发达国家的跨国企业的子公司也正不断将产业链延伸到北京这样的大都市。因此，在这种情况下，利益的追逐就表现出来了，一部分利润小、占地面积大的企业就不断被推向城市边缘区，一些大型的工业园区和开发区纷纷成立，边缘区空间组织发生了新的变化。与此同时，在地租利益的驱动下，一些大型居住区也在城市边缘区不断建立起来。工业与大型居住业以及配套设施的建立改变了人们的空间倾向，空间联系也发生了根本性的变化，空间结构也随之发生了变化。

区域经济空间组织的利益动机是从三个方面取得的：其一，形成区域经济空间组织实体；其二，维持区域经济空间组织的存在；其三，促进区域经济空间组织实体的发展（覃成林，1996）。在这些过程中，区域经济空间组织可表现出多种多样的行为。政府对空间组织的利益动机不完全像企业那样单纯从经济利益的角度考虑，为了谋求经济与社会的协调发展，环境利益和社会利益也是政府需要考虑的。因此，政府在这些综合利益的驱动下会运用行政手段进行干扰，以期改变在自由竞争下的城市状态，实现空间组织的优化。

因此可以说，城市边缘区的空间组织既是企业在自由竞争下对经济利益追求的结果，也是政府在权衡经济利益、社会利益和环境利益的基础上进行干扰后形成的状态。

（五）科技进步——空间组织演变的加速器

科技进步是第一生产力，是经济格局转换的动力，直接影响着生产力要素在数量、质量、结构和流向等的变化方式与速度。信息技术的进步是科技进步的主要表现形式。信息技术对城市区域空间结构演化的作用方式，主要表现在促进城市区域空间结构的分散与集中上。信息技术可以使传统的城市生产要素更加集聚，中心区功能得到强化。然而，科技进步更重要的作用方式是促进了城市功能的更加分散化，中心城市的一些功能大规模地向周边地区呈现空间梯度转移，推动了城市规模的扩大，城市边缘区在功能的扩散过程中加速形成。随着扩散效应的不断增强，城市区域资金、技术、信息等要素将呈现出合理化的空间流动，长期的要素与产业的扩散会强化中心城市的辐射带动功能，进而促进城市区域其他功能空间以及各城镇整体发展质量的提高，从而带动城市区域空间单元网络化联系的形成与作用强度的提高。同时，由于通信和交通方式的进步，城市中心区可以在更大范围内与城市外围地区更加紧密地联系在一起，城市区域空间结构也完全具备了由单一中心向多中心结构演化的条件。

科技进步促生了很多新兴产业的发展，这些产业会在柔性产业组织的作用下集群式发展，它们对区位的要求不同于传统产业，更加倾向于外围自然环境较好的区位。因此，一些高新技术产业往往布局于环境相对优美的城市边缘区，借助于发达的通信设施与中心区保持密切的联系，形成了空间区位不邻接而经济联系更加紧密的特性。这些新兴产业的布局方式从某种程度上扩大了城市的空间结构，也逐渐实现了城市区域空间单元之间的社会、经济、文化的整合，进而推动城市区域空间结构的不断演化。从城市发展历史上看，三次产业革命都不同程度地推动了城市空间结构的演变，城市边缘区也伴随着第二次产业革命（以电的发明为标志）和第三次产业革命（以电子计算机的出现为标志）经历了从无到有、从小到大的过程，期间，城市边缘区的空间组织也在不断发生变化。

总之，科技进步本身不仅为城市边缘区空间组织的变化提供了便捷的基础条件，而且科技进步所衍生出来的一系列新兴产业也为边缘区空间组织变化提供了直接动力。

（六）其他因素

除了上面提到的主要因素外，影响城市边缘区空间组织演变的竞争因子和干扰因子数量还有很多，如全球化、社会意识形态、居民行为等，本书不可能面面俱到地分析它们所起的作用。但应该肯定的是，这些因子都会不同程度地影响边缘区空间组织，只不过在不同的时期各个因子的影响力度不同，影响深度也不一样。

第三节　城市边缘区空间组织模式

空间组织是指人类为实现自身的发展目标而实施的一系列空间建构行为及其所产生的空间关联关系。城市空间组织，就是对城市中各种物质要素进行组织安排，从而促进城市系统从无序到有序、从低级向高级的演化。为了能准确总结城市边缘区空间组织模式，下面先从一般的区域经济空间组织模式研究入手。

一、区域经济空间组织模式

在区域层面上，经济空间组织的实现主要考虑两方面：一方面要以各种经济活动主体的利益目标、经济特性及空间行为为根据，兼顾社会利益与环境利益；另一方面则要考虑到区域经济发展阶段、区域经济发展条件、区际经济关系、国家经济发展的总体要求等多种综合因素。目前，主要的区域经济空间组织方式包括极核式空间结构、点轴式空间结构和网络式空间结构三种（李小建，2009）。

（一）极核式空间结构

在区域发展的早期，不同地区经济发展差异较小，空间结构呈现低水平的均衡状态。由于各地区之间的资源禀赋的不同、区位条件的差异，一些在空间分布上有集聚需求的经济部门及组织就会选择区位条件相对好的地方作为发展场所。这样，就产生了经济活动的集聚地，也就是经济增长的点。

经过一定时期的发展，区域中形成了若干个经济活动集聚的点，这些集聚点在经济活动的行业构成、经济发展的资源禀赋、区位条件等方面存在差异，因此，它们的发展潜力不同，它们之间的经济发展将出现快慢之分。在这样的背景下，如果有个别经济发展比较好的点得到了良好的发展机遇（例如，区域的行政机关设立于此，开辟了通往区外的交通线路），那么，它的经济发展将步入"快车道"，在若干个点中异军突起，实现经济快速增长。最终，它的经济规模和居民点规模都明显超过其他发展据点，成为区域的增长极。

增长极形成之后，通过极化和扩散作用对区域内的经济活动分布格局产生重大影响。由于增长极的投资环境优于区域中的其他地方，投资的收益率高，发展的机会多，因此，会对周围地区的资金、劳动力、技术等生产要素产生吸引力，这些要素为追求高收益和寻找更好的发展机会而向增长极集聚。它们的集聚必然伴随区域内各种自然和人文资源的集聚。于是，就出现了区域要素流动的极化过程。在极化过程中，区域的资源和要素不断向增长极集聚，各种经济组织、社会组织和人口也向增长极集中，从而导致区域的空间分异。从发展水平观察，增长极的经济和社会发展水平都比其他地方高出许多，二者之间形成明显的发展差异。增长极成为区域经济和社会活动的极核，对其他地方的经济和社会发展产生着主导作用。增长极发展到一定程度，中心区低价上升，环境恶化，生产要素开始向周围地区流动，经济活动也向外输出，扩散作用占据主导，从而刺激和推动周围地区的经济发展。

（二）点轴式空间结构

点轴式空间结构是在极核式空间结构的基础上发展起来的。在区域发展的初期，虽然出现了增长极，但是也还存在其他的点，这些点也是经济活动相对集中的地方。增长极在发展过程中，将会对周围的点的发展产生多种积极的影响：其一，增长极发展速度快，不断从周围的点集纳劳动力、资金等生产要素，客观上就释放了这些点所蕴藏的经济增长潜力，使它们在向增长极提供资源和要素的同时增加了经济收益；其二，增长极在开发周围市场的同时也给周围的点输送了发展所需的生产资料和相应的生产技术，带去了新的信息、新的观念，这就刺激了它们的发展欲望，提高了它们的发展能力，同时，也给了它们发展的机会；其三，伴随着经济联系的增强，增长极与周围点的社会联系也会密切起来，从而带动和促进这些点的发展。

增长极与周围点社会经济联系的增加，必然产生越来越多的商品、人员、资金、技术和信息等的运输或联系。从供需关系看，就意味着增长极与周围的点之间建立起了互补关系。为了实现它们之间的互补性，就会建设连接它们的各种交通线路、通信线路、动力供给线路等。这些线路的建成，一方面更加有利于增长极和相关点的发展，另一方面又改善了沿线地区的区位条件，刺激了沿线地区的经济发展。区域的资源和要素在继续向增长极及相关点集聚的同时，也开始向沿线地区集中。于是，沿线地区就逐渐发展成区域的经济活动密集区，成了区域发展所依托的轴线。

轴线形成后，位于轴线上的点将因发展条件的改善而使发展加速。增长极和轴线上点的规模不断增大，轴线的规模也随之扩大，它们又会向外进行经济和社会扩散，在新的地区与新的点之间再现上述点轴形成的过程。这样，就在区域中形成了不同等级的点和轴线。它们相互连接构成了分布有序的点轴空间结构。

（三）网络式空间结构

网络式空间结构在点轴系统上发展形成。在点轴系统的发展过程中，位于轴线上的不同等级的点之间的联系会进一步加强，一个点可能与周围的多个点发生联系，以满足获取资源和要素、开拓市场的需要。相应地，在点与点之间就会建设多路径的联系通道，形成纵横交错的交通、通信、动力供给网络。网络上的各个点对周围农村地区的经济和社会发展产生组织和带动作用，并通过网络而构成区域的增长中心体系。同时，网络沟通了区域内各地区之间的联系，在全区范围内传输各种资源和要素，于是就构成了区域的网络空间结构。

网络式空间结构是区域经济和社会活动进行空间分布与组合的框架。依托网络空间结构，充分利用各种经济社会联系就能够把区域内分散的资源、要素、企业、经济部门及地区，组织成为一个具有不同层次、功能各异、分工合作的区域经济系统。

二、典型空间组织模式分析

城市边缘区作为依附于城市中心区而又相对独立的地理单元，其地理空间范围比上述所说的区域空间范围要小，然而，其空间组织方式在本质上应当遵循区域经济空间组织的规律。城市边缘区空间组织的目的也是为实现边缘区空间资源的优化配置，更好地承担起在整个城市组织系统内应有的职能分工，并实现与城市中心区、农村腹地的最佳协作。所以，城市边缘区空间组织的实现方式，一方面，要考虑与外部空间，特别是与中心区乃至整个区域的空间组织；另一方面，要考虑城市边缘区内部各个功能区之间的自组织。代表性的城市边缘区空间组织模式可以总结为簇群式、轮轴式、推移式和混合式，各种模式的组织方式、功能、代表形式及评价见表2-2。在这里，城市边缘区空间组织主要以人们对城市功能发展定位的认识和城市发展规律的判断为基础，以城市政府为组织主体，以城市规划为组织手段，因地制宜，统筹协调城市内各政府之间的利益，最终实现空间要素资源优化配置的目标。

表 2-2 城市边缘区空间组织模式

空间组织模式	组织方式	功能	代表形式	评价
簇群式	首先建立边缘区增长极，随着城市组织的需要建立交通走廊、信息走廊、水源走廊等轴线，以此更便捷地连接城市中心区或边缘区中的其他增长极	分担城市中心区功能，缓解城市化过快带来的压力，如承载一些产业结构升级后的较落后产业、分散中心区过多的人口等	卫星城市和在郊区的各种开发区，如北京原先实行的10个分散集团，不过这种分散方式已逐步与中心城区连为一体	这种空间组织方式可有效地疏散中心区发展带来的各种压力，有的可能形成城市副中心，或其他职能的中心。但要有力引导和有效控制
轮轴式	为引导城市向某特定方向发展或城市为对外联系的方便开通多条轴线，比如高速公路等，在这些轴线附近往往形成各种功能区，将边缘区很好地组织在一起	城市中心区部分职能在市场竞争中被迫或主动迁向距离中心区较近且联系便捷的边缘区。这些功能通过轴线较好地组织在一起，如同轮轴一般	大型居住区的这种空间组织形式较为普遍。如北京在石景山路、京汤路、机场高速公路和京通快速路旁分布了大量的住宅区	边缘区轮轴式的空间组织主要依靠"轴线"而生，所以对轴线的依赖性很大，往往因为轴线"流"不能满足需求而造成各种问题，如上下班交通堵塞等
推移式	随着转型期城市化的快速发展，在邻近中心区周围有着更健全、更完善的配套设施，部分城市功能和建筑物首先向此扩散，并围绕中心区形成新的空间组织，同时不停地向外推移	此时的城市边缘区是承担中心区扩展及中心区功能转移的最直接的地区，更能体现出地租对城市边缘区空间组织的推动作用	单中心城市的圈层式扩张大部分就是如此。如北京城市边缘区空间组织的形成从整体上看就是源于圈层式的推移扩展	任何城市边缘区空间组织的形成都离不开城市的外延推移扩展，但单中心城市边缘区表现得更为明显些。这种推移式扩展是建立在对于中心区过度依附下生成的，因此，中心区会因此而形成很大的外部压力，从而出现问题
混合式	兼有簇群、轮轴和推移式空间组织的各种痕迹。城市边缘区最终形成一个较为完善的空间组织形态	分散城市中心区功能、缓解城市压力，与城市中心区形成良好的协作关系	大多数城市边缘区的形成，尤其是成长中的特大城市边缘区的形成尤为如此	这种空间组织方式是最为普遍的，也是最接近实际情况的。在空间组织上表现为有的是增长极首先形成，有的是轴线延伸首先形成，但都伴随着城市的外延推移

三、城市边缘区空间扩展模式

空间扩展是城市生长的需求和体现。城市建设用地的空间扩展推动了城市边缘区的空间变化。城市边缘区空间随城市空间增长而扩展,边缘区空间扩展模式和速度反映了城市空间扩展的状态。城市空间扩展基本上是城市空间组织的影射和外部表现,良好的城市空间组织会形成对城市发展有促进作用的空间形态,而良好的空间形态也会促进城市空间组织更好地发挥作用,两者相互作用、互为一体。此外,城市的空间扩展一般首先发生在城市边缘区,因为边缘区有最佳的区位优势,可以通过便捷的交通通信与中心区组合成一个有机整体,从而为中心区分担部分功能和提供各种服务保障,实现整个城市空间资源配置的最佳组合。因此,城市空间的扩展从微观区域层面上看就是城市边缘区空间的扩展,其扩展模式也是相对应的。以上城市边缘区的空间组织方式,决定了其在城市扩展中表现出以下几种模式。

(一) 同心圆扩展模式

集中型同心圆模式是以主城区为核心,以同心圆式的环形道路与放射形道路作为基本骨架的"圈层式"分层扩展模式,俗称"摊大饼式"的扩展,它是我国城市空间扩张的典型模式。在此类城市空间扩张中,许多不同功能的用地为争取到有利的区位和发展机会,会在不断扩展的边缘区选址,利用城市公用设施和生活福利设施,求得自身发展所具有弹性的外部条件。城市边缘区地域空间不断由农业用地向工业、居住和商业等城市建设用地转变。本书的研究案例北京市就是这种模式的典型代表。这种空间组织模式的优点是:城市布局紧凑,节约用地,集聚效益明显;基础设施配套成本比较低;城市氛围浓郁,便于市民的出行。但是"摊大饼式"的圈层蔓延也有明显弊端,表现在城市功能分区不明确;城市近期与远期发展的关系较难处理;不利于交通的组织,容易产生拥挤,城市越大这些症结就越明显。

同心圆式的城市边缘区空间扩张模式,由里向外表现出一定的规律。工厂、交通设施、公用设施、校园、特殊医院等先行布局于城市边缘区,随后相继建设生活居住区和商业中心。从城市内部向外部表现为以下用地类型渐变或交替的过程:商业或行政中心→城市住宅区→边缘区城市设施选址地区→工业企业集聚区→次级居住、商业、服务业区→近郊农村地区→普通农村地区。

（二）带状扩展模式

带状扩展是由交通沿线具有较高经济发展潜力的特性所决定的，因为沿交通线路布局可以降低人或货物移动的成本。同时，城市发展可能受地形地物的限制，城市空间扩展过程中主要沿着对外交通体系的轴线方向成带状发展，如兰州、深圳等城市。在建设用地外移的同时，城市对周边地区辐射影响区也将沿交通线向外增大，城市边缘区扩展变化主要表现为沿交通线向外延展。城市边缘区轴线带状扩展模式的优点是：能缓解成块连片扩大市区带来的交通拥挤等矛盾和压力；城市沿对外交通线路走廊式放射扩展，可以在扩展轴间留出农田、森林等形成楔形绿地，有利于城市生态环境的保护；在交通沿线的上下游可以分别布置不同的功能，便于空间的组织。城市边缘区轴向延展具有工业走廊、居住走廊和综合发展走廊三种引导类型（顾朝林，1995）。城市边缘区的轴向延展扩展模式在具有放射状或带状城市格局的城市表现最为显著。

（三）主次中心组团模式

该模式主要指在远离核心区的外缘区建立相对独立的增长极，目的是分担城市的部分职能，缓解城市中心区压力。它主要有三种表现形式。一是跳跃式组团模式。这是一种不连续的城市扩展方式。这种模式的特点是打破原有的圈层模式，变集中为分散，培育和发展几个城市分中心，并结合它们各自原有的优势和特点制定其发展战略，以实现城市地域功能结构的合理重组。二是卫星城模式。在城市发展中，随着城市辐射力增强和城市中心区负荷加重，城市边缘区外侧的小城镇逐步发展扩大，条件较好的小城镇将会被建设成为城市的卫星城，用于承载母城转移的人口和产业。它常与城市圈层划分及环行绿带控制同时实施。卫星城既分担中心城市的部分功能，又承担本地区的综合功能，和中心城市形成分工与协作的关系，从而构成功能强大的整体。三是开发区模式。它是依托现有城市，采用成片开发成新区形式的建设，主要类型有经济技术开发区、高新技术开发区、保税区、国家级旅游度假区。自 20 世纪 80 年代后期，我国许多城市为适应快速经济发展需求开始新建开发区，它是在远离城市建成区的边缘地带开辟建设相对独立的新区，规模由几十公顷到几十平方公里不等，作为城市招商引资项目的首选地，成为当前城市开发建设的"主战场"。开发区是城市边缘区空间的重要组成要素，与城市主城区一般保持着一定的距离，它们之间一般是城市边缘区的农业用地和山体水系等绿色开敞空间，开发区与主城区有便捷的交通联系，但随着城市的发展，若规划管理不力，这一绿色空间就极易被新的开发建设所填充。

（四）簇状城市（边缘新城）模式

随着卫星城公共服务设施、市政基础设施的完善和生态环境的改善，其城市职能更加丰富，竞争力越来越强，对中心城市的职能提出了挑战，这标志着边缘新城的出现。它的主要内涵包括：位于大都市的郊区；发展极快，就业岗位多；制造业、商业等较发达；对中心城市依赖性较小，独立性增强。在北京市的城市总体规划中，北京将建延庆、昌平、门头沟、怀柔、密云、平谷、顺义、房山、大兴、亦庄、通州11座新城，其中，通州、顺义和亦庄是北京市"十一五"时期新城打造的重点。

通州新城是面向区域可持续发展的综合服务新城，也是北京参与环渤海区域合作发展的重要基地，即区域服务中心、文化产业基地、滨水宜居新城；顺义新城是面向国际的首都枢纽空港，是带动区域发展的临空产业中心和先进制造业基地，即现代国际空港、区域产业引擎、绿色宜居新城；亦庄新城是以高新技术产业和先进制造业集聚发展为依托的综合产业新城，是辐射并带动京津城镇走廊产业发展的区域产业中心，即高新技术产业中心、高端产业服务基地、国际宜业宜居新城。这些新城在区位上与中心区距离较远，位于城市边缘区外缘区，在功能上虽在一定程度上服务于城市中心区，但却在更大程度上拥有自己独特的定位，独立性较强。边缘新城是城市边缘区形成的新的增长极，它能对周围资源起到吸聚、优化配置的作用，从而形成新的空间组织。

第四节　转型期城市边缘区空间组织演变趋势

一、转型期与城市空间组织

党的十一届三中全会做出了改革开放的伟大决策，经过30多年的努力，我国所有制结构实现了由单一的公有制向多种所有制共同发展的重大转变，经济体制也由高度集中的计划经济转向了社会主义市场经济，本书将这一时期称为转型期。转型期中各项制度发生了巨大变化，如土地利用制度、户籍管理制度等，这些制度的变革深刻地影响了城市的经济格局，进而促进了城市空间结构和空间组织的演变。

（一）制度转型

1. 土地制度转型为空间组织演变提供了利益驱动力

改革开放前，中国城镇国有土地实行的是单一行政划拨制度，国家将土地使用权无偿、无限期提供给用地者，土地使用权不能在土地使用者之间流转，造成了土地资源的浪费和闲置。改革开放后，土地使用制度进行了改革，把土地的使用权和所有权分离开来，在使用权上，变过去无偿、无限期使用变为有偿、有限期使用，使其真正按照其商品的属性进入市场。土地的市场化促使企业行为开始遵从级差地租理论，在经济利益的推动下，附加值高、占地规模小的行业往往占据较有利的地理区位。在宏观上，以商业、工业和住宅业三大业态为例，商业比住宅和工业支付更高的租金，其布局距离城市中心区最近，工业和住宅业则会因为无法支付高额的租金被迫布局于距离城市中心区较远的区域。在微观区位中（图 2-6），距离小于 D_1 处，商业比住宅和工业可以支付更高的租金；在 D_1 和 D_2 之间，住宅比商业和工业可以支付更高的租金；而大于 D_2 处，工业的竞争力更强。因此，接近城市中心的位置被商业利用，超过 D_2 的位置被工业利用，而在 D_1 和 D_2 之间的土地则被住宅所占用。所以，土地制度的改革促使那些经济效益低、占地面积大的行业被迫向城市边缘区扩散，改变了以往"计划经济"时代的城市空间格局，形成了"市场经济"竞争条件下的城市边缘区空间组织，城市功能得以优化。

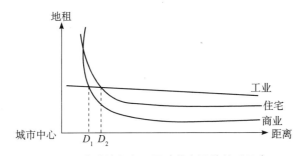

图 2-6 土地地租和不同功能布局的关系示意

北京市土地市场在 1992 年就开始出现，但直到 1997 年土地使用权出让才大规模开始。自此，北京城市边缘区土地利用类型一直处于动态转变之中。据丁成日（2006）的研究，1993～1996 年，首先是距中心区 0～5 公里的地带综合用地开发比例最高，为 56%，其次是商业和办公用地，占 25%。5 公里之外的区域，居住开发用地明显增加，在 5～10 公里地带占 26%，在 10～25 公里地带占 75%。1997～2000 年，除 15～25 公里地带外，居住开发用地都占较大比重。在 10 公里之内地带，综合用地开发强势于商业用地和办公用地开发。工业用地在 15～25 公里地带的比重较大。由此可以看出，北京综合用地一直占据着城市中心区的位置，并且范围在不断扩张，而工业污染企业则被远远地迁往郊区，这一点与土地制度改革前的北京土地利用形式截然不同。

2. 户籍制度转型为空间组织演变提供了人口集聚条件

1978 年之前，我国以法律的形式颁布了一系列的户籍管理制度，严格划分了城市人口和农村人口，直接导致了城乡分离的二元户籍结构。城乡间、城市间的人口流动渠道被完全阻隔，城市人口的增长只能以自然增长为主。这种户籍壁垒严重阻碍了要素的空间自由流动，制约了经济的发展。进入转型期后，我国的户籍制度逐步放开，农村人口开始向城市流动，特别是 20 世纪 90 年代以来，大规模的人口迁移开始出现。与此同时，大量的农业人口迁向城市转变为非农业人口，农村地域转变为城市地域，城市化速度也随之迅猛提升。城市化的飞速发展不仅为城市边缘区的空间扩展带来了各种必需的要素资源，而且为城市空间资源的优化配置提供了一种高效的组织途径。城市化过程也是符合空间扩散规律的，城市规模和市区的扩大、城镇体系的发育和城市飞地的出现就是城市化过程中的三种空间形式（朱英明和姚士谋，2000）。

北京作为中国的政治、经济、文化和对外交流中心，具有强大的集聚力和辐射力，加之我国户籍制度的逐渐开放，全国各地的流动人口纷纷迁向北京，北京的人口规模不断膨胀，常住人口由 1978 年的 871.5 万人增加到 2009 年的 1755 万人，其中城镇人口达到 1491.8 万人，占常住人口的 85%。户籍人口 1245.8 万人，年内增加 15.9 万人。外来人口 509.2 万人，占常住人口的比重 29%[①]。如此大规模的人口迁移集聚，是在北京户籍政策仍未完全放开的条件下发生的。由此可见，户籍管理制度的成功改革已成为我国人口迁移的重大影响因素之一。大规模的人口集聚也使城市空间结构悄然发生了变化，城市边缘区凭借其优越的地理区位、各种较为完善的配套设施成为人们的主要集聚地，如图 2-7 所示，1985～2009 年，近郊区中的海淀区、朝阳区和丰台区人口数量增长最为显著，已成为重要的增长极和扩展区，2000～2009 年，远郊区人口出现快速增长的势头。人口的集聚也促使城市边缘区空间组织发生了变化，如交通、住宅、公共服务设施、基础设施和办公写字楼等空间要素资源进行了新的重组。

---

① 1978 年数据参考王静爱和何春阳（2002）的文章《北京城乡过渡区土地利用变化驱动力分析》；2009 年的数据来自《北京市 2009 年国民经济和社会发展统计公报》。

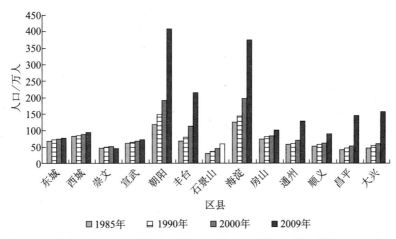

图 2-7 北京中心区、近郊区与远郊区的城市人口数量对比（截至 2009 年）

3. 住房制度改革是城市边缘区空间组织演变的重要条件

改革开放之前，我国实行"统一管理，统一分配，以租养房"的公有住房实物分配制度，这一制度的存在造成了两方面的问题：一是由于政府掌握着住房分配的主导权，居民不具备自主选择居住地点的权利，限制了居民在居住空间上的流动；二是资金投入不足，造成城市住房非常紧张和中心区大量危旧房。改革开放后，国家十分重视城市住宅建设，开始了住房制度的逐步改革和大规模的危旧房改造工程（周一星和孟延春，1998），居住在中心区的居民大规模迁向近郊区居民点，城市空间开始扩张。

20 世纪 80 年代后，我国开始对住房制度进行改革，特别是 1998 年以后，全国城镇开始停止住房实物分配，全面实行住房分配货币化，同时建立和完善以经济适用住房为主的多层次城镇住房供应体系。在住房商品化、社会化条件下，大多数城市居民可以在住房市场上自由选购适合自身需要的市场价商品房或经济适用房。因此，住房的商品化从很大程度上激励了人口流动和人口迁移。随着人口流动大规模的出现和城市经济的迅猛发展，房地产业异军突起。城市中大规模房地产业的郊区扩展直接推动了城市空间结构和空间形态的变化。

图 2-8 显示了 2003 年北京普通商品房、经济适用房、公寓和写字楼的分布情况，可以看出，北京住宅房地产业向城市边缘区扩散的趋势非常明显，比如，昌平回龙观、天通苑、朝阳望京，这些容纳几十万人的大型居住区都分布于城市边缘区。大批房地产业的发展致使大规模的农业用地转化为非农业用地，零售业、服务业和物流业等行业也随之集聚于此为其配套。因此，城市边缘区空间组织在这一系列的产业集聚发展中发生了巨大变化。

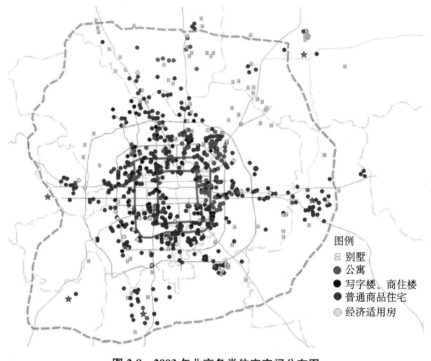

图 2-8　2003 年北京各类住宅空间分布图

(二) 社会经济转型

社会转型是指人类社会由一种存在类型向另一种存在类型的转变，意味着社会系统内在结构的变迁，意味着人们的生活方式、生产方式、心理结构、价值观念等各方面全面而深刻的革命性变革（徐斐，2000）。自改革开放以来，我国由计划经济体制转向了市场经济体制，人们的行为方式、价值观念和产业结构在这一系列的转型中发生了明显的变化，并间接促进了城市边缘区空间组织的演变。主要表现在以下几个方面。

1. 经济利益成为人们涌向大中城市的驱动力

改革开放之前人们思想禁锢，创造力被抹杀，吃"大锅饭"和搞阶级斗争成为人们意识形态的主流。改革开放之后，市场经济逐步得以确立，人们的市场经济意识也逐渐形成。市场经济中，追寻最大利益是所有经济人的目标，人们在利益驱动下向利润最大行业和机遇最多的地方转移。

同时，随着经济的发展，我国城乡差距开始逐渐拉大。全国城镇人均可支配收入由 1978 年的 343 元上升到 2008 年的 17 175 元，而农民人均纯收入由 1978 年的 134 元上升到 2008 年的 5153 元。城乡收入差距绝对值由改革开放初期的 209 元扩大到 2008 年的 12 022 元。北京城镇人均可支配收入与全国农村居民人均纯收入的差距更大。这种巨大的城乡收入差异大大增强了城市的吸引力，直接将大量的农村人口推向城市。大中城市的收入高、机遇多，并拥有现代文明，所以它们成了人们迁移的首选地。城市空间结构也就在大规模的人口集聚下被明显改变了。

2. 产业结构转型为城市边缘区空间组织演变提供了直接推动力

改革开放前，我国经济增长主要以工业特别是重工业发展为中心，服务业不发育。1953～1978 年，工业总产值以年均 11.4% 的速度增长，其中重工业年均增长 13.8%，而同期农业总产值年均仅增长 2.7%，服务业增长几乎为零。改革开放以来，产业结构严重重型化的倾向得以扭转，国家开始注重农业、轻工业和第三产业的发展，发展至今我国产业结构得以优化升级，三次产业产值的比重由 1978 年的 28.2：47.9：23.9 调整为 2008 年的 11.3：48.6：40.1（图 2-9）。总体表现为大城市的产业结构逐步转变了制造业中心功能结构，中心城市功能由生产型转向了管理服务型，服务业和高技术产业在城市经济发展过程中发挥着越来越重要的作用。产业升级在空间形态上则呈现第三产业向中心区集聚、第二产业向市区外围扩散的格局，"退二进三"是这一时期大城市产业结构转型的重要标志。

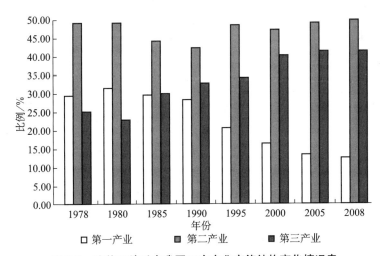

图 2-9　改革开放以来我国三次产业产值结构变化情况表

产业结构的优化升级直接促使城市边缘区空间组织发生变化。因为，任何产业都有自己的空间载体——产业的空间实现方式，没有产业空间载体的变换，就不可能有产业结构的全面高度化（曾芬钰，2002）。也就是说，产业结构合理化、高度化的升级过程就是空间载体变换的过程。在产业优化升级中，往往出现一些高附加值和高效益的新兴产业，这些产业迫切需要寻求新的产业发展空间载体，从区位优势和资源优势的角度看，城市和乡村间的过渡地带成为新产业最好的发展空间。一些承载新兴制造业和高新技术产业的众多开发区广泛布局于城市边缘区，有的已形成了特色突出的产业集群，成为区域新的增长点。这些产业和经济增长点的出现改变了产业间的关联性，城市边缘区空间组织也由此发生了变化。同时，近郊区农村产业结构的升级也促使农村人口和产业发生空间转移，促使它们寻找新的空间载体，在集聚效益的作用下，城市边缘区首先成为产业的集聚地。

二、不同因素影响下的城市边缘区空间组织趋势

我国改革开放的逐步深入、外部环境如经济全球化和科技的迅猛发展，正对我国城市特别是大都市产生了前所未有的影响，同时，内部政策环境，如我国实行的统筹城乡发展、新型工业化道路等，也势必影响我国城市的经济社会发展，城市边缘区空间组织也必将受到深刻影响。

（一）"新区域主义"作用下的城市边缘区空间组织演变趋势

新区域主义兴起于 20 世纪 90 年代，随着经济全球化的发展，新区域主义日渐受到学者的重视。我们现在一般对第一次世界大战后形成的（旧）区域主义（regionalism）的理解是：在具体区域的基础上，不同利益主体之间的团体或组织的结构化。20 世纪 90 年代以后，伴随着冷战体系的解体和逐渐加深的经济全球化影响，在西方国家有关区域研究、区域复兴等内容被重新理解和重视，并成为众多学科的中心议题。区域不仅被看做参与当今全球竞争的重要空间单元与组织单元，也被理解为推动全球化的基本动力，从而兴起了全球范围内的第二次区域主义浪潮（张京祥，2005）。

新区域主义强调区域不可或缺的价值并认为其应该成为现代经济政策关注的焦点；鼓励区域内基于多元主体互动、激发内生发展潜力的各种长期政策与行动；各种区域政策的关键在于增强"合作网络"的集体认识、行动与反应能力，强调经济与社会行为的区域化特征；改进区域发展的经济、社会与制度基础，培育区域的持续发展能力，等等。与旧的区域主义相比，新区域主义所关注的内容和要求实现的目标不断增加。空间效益集约、环境可持续发展、社会公正、社会和文化网络交流与平衡等，都是其关注的重要内容，并且强调区域发展与规划中的社会多极化、强调自上而下与自下而上的结合互动。新区域主义是以"开放"为特征的，不只是在区域内部开放，也鼓励向其他地区开放，因此这种区域内成员间的相互依赖关系与世界经济发展的

网络化环境是相容的。与旧的区域主义具体、单一的目标相比，新区域主义是一个综合、多元的进程，它既包括贸易和经济一体化，也包括环境、社会保障政策、安全和民主等方面，即在深化经济一体化的基础上最终达到区域社会、安全和文化的趋同。旧的区域主义过于重视边界、政府的作用，而新区域主义特别强调非政府组织应成为影响区域发展的重要力量。欧洲许多学者认为，新区域主义的出现体现了"新世界秩序观"的影响，也与和平、发展、生态可持续等这些当代全球性命题密不可分。新区域主义是目前影响西方区域发展与规划的主流思想，甚至被用来作为解决某些国际问题的基本框架（张京祥，2005）。由于新区域主义所代表的是区域一体化目标和区域协调发展路径下一系列运动的总和，故其越来越成为当代城市与区域规划领域广为接受的优势理论之一。

城市边缘区作为城市的重要组成部分，其所辖的区域空间范围较小，但却是区域统筹与区域一体化中受影响最为深刻的地区。新区域主义研究者认为一国之内相邻城市的联盟和一体化应是最实际、最迫切的"新区域主义"层次。紧邻城市之间的联盟和一体化必然会对城市边缘区空间组织产生深刻影响。城市边缘区不仅受到所依附的城市中心区的作用，而且也会受到周边其他城市的集聚与扩散作用。周边城市的要素资源会通过各种形式的通道与该城市的边缘区发生作用，这些要素在利益驱动下会发生新的组合，致使城市边缘区的空间形态发生变化。根据社会生态学说，城市地域分化过程包含吸收、合并、向心、集聚、离心、分散、侵入、分离、专门化和再生等10种运动类型。城市边缘区在区域一体化的作用下也会发生一系列的空间运动。图 2-10 显示了

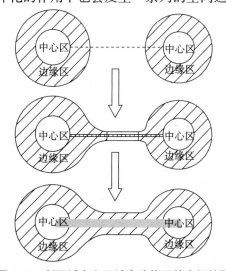

图 2-10 新区域主义下城市边缘区的空间扩散

两个城市在空间相互作用下，逐渐向对方扩展，最终融为一体的空间运动过程，在这一过程中城市边缘区空间结构发生了明显变化，它由最初的单核心城市边缘区转变为多中心的城市边缘区，功能也随之增强。

京津冀都市圈是我国最重要的三大都市圈之一。北京和天津是这个大都市圈中重量级的城市，人口规模都超过千万并且经济实力也是最强的，两座城市构成了整个都市圈的双核。然而，长期以来北京和天津各自为政，计划经济下的行政区划意识还比较强，跨行政区进行产业结构大调整的机制目前尚未形成，以致出现了以邻为壑、产业结构雷同、竞争力明显弱于长江三角洲和珠江三角洲两大都市圈的格局。然而，随着经济全球化的日益加速，以行政区划为界的国内竞争已经过时了，以产业集聚为支撑的区域联动和大城市群正在成为世界竞争舞台的主体，这也是新区域主义理论所指出的。因此，京津冀都市圈在规划中，各大城市进行了准确定位，并确定了合理的发展战略，即在整合"双子星座"（北京和天津），形成京津唐、环渤海地区区域龙头的大战略已定的情况下，首要的任务是强化京津唐城市之间的交通网络，迅速完善大城市群之间的交通功能。同时，推动要素资源沿这些交通网络便利而有效地流动起来，形成大、中、小城市相结合的经济带，如图 2-11 所示。

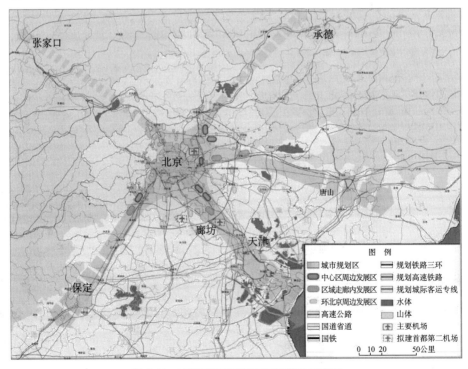

图 2-11 京津冀都市圈的空间联系示意图

图中北京—天津、北京—唐山、北京—保定等经济轴线在政策的大力支持下将快速发展，其各自城市的边缘区将会被这些向外辐射的经济轴扯裂开，打破原先封闭式的空间形态，形成"开放的空间范围"。随着北京与周围城市经济联系的日益紧密，其城市边缘区也将改变以往以圈层结构为主的外部形态，而形成以对外轴线方向为主导的"星状"空间格局。同时，北京市周边的一些城市，如廊坊，也会因为这些经济轴的形成，而出现一股很强的"自下而上"的空间发展动力，可能成长为北京市周边最近的次级中心区，这些次级中心区的出现又会进一步"扭曲"北京市城市边缘区的空间形态。在这一过程中城市边缘区的空间形态、空间结构以及空间组织不断受到外部因素的干扰发生变形，直至区域空间一体化的出现，其变动过程才会趋于稳定。

总之，在全球化背景下，"新区域主义"作用下的城市边缘区空间组织的演变特征已经彰显：经验上主要表现为综合性、区域性、开放性、主体化和趋同化等；理论上表现为体系化、社会化、综合化和秩序化等。"开放的空间范围"、"自下而上的空间发展动力"、"网络型的空间结构"和"多元化的空间成员"都将成为"新区域主义"时代大城市边缘区空间组织发展的新趋势。

（二）信息技术进步条件下的城市边缘区空间组织演变趋势

20世纪70年代以来，一场规模空前、影响深远的新技术革命所带来的技术进步，使资源空间配置环境发生了一系列的变化，技术更新的速度越来越快。技术进步已成为影响经济社会发展的重要因素，其作用力之大已超乎人们的想象。同样，技术进步对城市空间的影响也是相当广泛而深远的，它是影响城市空间的最为直接的因素之一，也是城市空间结构演化的动力，以及创造新的城市形态的活跃因素。

技术进步带来城市空间范围的不断扩大，当今随着城市空间信息化程度的加大，出现了城市图像媒体空间、虚拟空间等全新的空间形态。城市组成要素的功能和价值发生改变，并彻底重建了它们之间的关系。其结果是出现新的城市空间组织：生活工作一体化的公寓，24小时智能社区，联系松散而覆盖面广的电子媒体会议中心，灵活分散的生产、销售和物流系统，以及无时无刻都可以进行信息收发服务等（蔡良娃，2006）。由此可见，信息化条件下的城市空间组织与传统的城市空间组织截然不同。

改革开放以来，我国以"科技是第一生产力"作为发展的指导思想。对科技的重视和技术进步的飞速发展加速了我国经济社会的转型，城市边缘区空间组织因此也受到深刻影响。一方面，技术进步深刻地改变着要素或资源聚集的传统形式，即由生产要素在空间上的有形集聚发展到在更大时空范围内由信息网络连接着的无形集中（冯云廷，2001），便捷的网络联系弱化了城市边缘区的区位劣势，降低了进入门槛，也为乡村空间要素集聚和城市空间要素扩散提供了更大的可能性；另一方面，信息时代的到来改变了传统的城市空间结构，使得城市空间边界变得日益模糊，空间柔性化和空间互动性明显增强（甄峰，2004），城市边缘区与中心区的联系得以加强。总之，技术进步引发了"时空压缩"，扩大了人们的行为空间，也使得空间要素资源改变了传统的布局模式，城市边缘区又是城市地域空间中变化最大、最迅速的地区，因此，技术进步对城市边缘区空间组织的影响更是巨大。

具体来讲，信息社会改变了原来以从城市到乡村的自上而下为主要动力的城市化局面，劳动力、资源等主要经济要素开始由乡村到城市转变为由乡村到城市边缘区。这种集聚方式的变化，在原来空间扩散的基础上形成了一些新的集聚点，从而引发了新一轮结构动态变化和调整。从我国城市边缘区形成演变的发展历程来看，科技进步对它的作用机制主要是通过推动城乡产业结构升级，进而形成城乡要素在地域空间上的流动与配置这一途径来实现的，如图2-12所示。

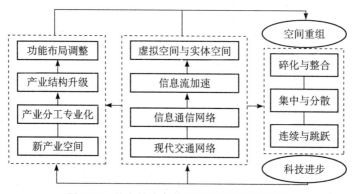

图2-12　信息技术条件下的边缘区空间组织

信息时代下城市边缘区传统的实体空间将被弱化，虚拟空间要素在信息网络的作用下逐渐成为空间特征的主流。传输媒介、时空关系、空间中要素移动方式以及边缘区界限划分等各种要素将发生变化，如表2-3所示。城市边缘区实体空间的传输媒介由交通运输设施转变为信息网络设施，空间特性由物理特性转变为信息化的特性，距离影响开始弱化等。现实中，随着以磁悬浮、智能高速公路等为主的高速化大容量交通体系的发展，加上信息化的作用，区位对人类生产生活活动的阻滞作用将降低，在现有都市区以外，将会形成新的磁悬浮郊区，电信通勤族与家庭办公也会出现（特拉菲尔，2004）。这样，城市边缘区与城市中心区之间的位置关系将会出现新的重组，不仅如此，区域城镇群体空间也将重组，原来层级分明、结构森严的城镇体系将被打破，代之以不同规模都市区网络化集聚形成的都市连绵区和都市带（王兴平，2005）。

表 2-3　城市边缘区的现实空间与信息时代下虚拟空间比较

项目	城市边缘区实体空间	信息时代下的城市边缘区（虚拟空间）
传输媒介	交通运输设施、通信设施	信息网络设施、通信设施
空间中移动方式	由交通设施决定	由网络与通信手段决定
空间特性	物理的	信息化的
场所感	明确的场所感，有特定的界限	没有特定的场所，依附于实体空间
距离影响	主要受距离影响	完全不受距离影响
时空关系	时空同步，时空统一	时空异步，时空分离
认同感	明确的认同感	跳出实体空间建立新的认同感
边界划分	中心区与边缘区隔离	城乡一体化

主 要 参 考 文 献

蔡良娃．2006．信息化空间观念与信息化城市的空间发展趋势研究．天津大学博士学位论文．

陈抗，郁明华．2006．城市边缘区与中心区的竞争合作关系演进研究．现代城市研究，（6）：10-16.

丁成日．2006．土地政策改革时期的城市空间发展：北京的实证分析．城市发展研究，13（2）：42-52.

段进．2000．城市空间发展论．南京：江苏科学技术出版社．

方琳娜，宋金平，岳晓燕．2009．城市边缘区土地利用结构分析．生态经济，（2）：329-334.

冯云廷．2001．城市聚集经济．大连：东北财经大学出版社．

顾朝林．1995．中国大都市边缘区研究．北京：科学出版社．

顾朝林．2000．集聚与扩散——城市空间结构新论．南京：东南大学出版社．

李世峰．2005．大城市边缘区的形成演变机理及发展策略研究．中国农业大学博士学位论文．

李小建．2009．经济地理学．第二版．北京：高等教育出版社．

李秀珍，肖笃宁．1995．城市的景观生态学探讨．城市环境与城市生态，8（2）：26-30.

刘茂松，张明娟．2004．景观生态学——原理与方法．北京：化学工业出版社．

马明国，曹宇．2002．干旱区绿洲廊道景观研究——以金塔绿洲为例．应用生态学报，13（12）：1624-1628.

牟振宇 . 2010. 近代上海城市边缘区土地利用方式转变过程研究 . 复旦学报
　　（社会科学版），（4）：106-113.

粟敏，宋金平，方琳娜，等 . 2010. 城市边缘区土地权属变化分析 . 中国农业
　　资源与区划，31（6）：52-57.

覃成林 . 1996. 区域经济空间组织原理 . 武汉：湖北教育出版社 .

特拉菲尔 J. 2004. 未来城 . 赖慈芸译 . 北京：中国社会科学出版社 .

王静爱，何春阳 . 2002. 北京城乡过渡区土地利用变化驱动力分析 . 地球科学
　　进展，17（2）：201-209.

王玲慧 . 2008. 大城市边缘地区空间整合与社区发展 . 北京：中国建筑工业出
　　版社 .

王兴平 . 2005. 中国城市新产业空间——发展机制与空间组织 . 北京：科学出
　　版社 .

武进 . 1990. 城市形态：结构、特征及增长 . 南京：江苏科学技术出版社 .

徐斐 . 2000. 社会转型时期的行政改革与发展观 . 甘肃行政学院学报，（34）：
　　52-54.

殷为华，沈玉芳 . 2007. 基于新区域主义的我国区域规划转型研究 . 地域研究
　　与开发，（10）：12-15.

曾芬钰 . 2002. 城市化与产业结构优化 . 当代经济研究，（9）：31-36.

张京祥 . 2005. 西方城市规划思想史纲 . 南京：东南大学出版社 .

张宁，宋金平 . 2010. 北京城市边缘区空间扩展特征及驱动机制 . 地理研究，
　　29（3）：471-480.

张宇星，韩晶 . 2005. 城镇空间的演替与功能聚散效应研究 . 新建筑，（1）：
　　8-11.

甄峰 . 2004. 信息时代的区域空间结构 . 北京：商务印书馆 .

周一星，孟延春 . 1998. 中国大城市的郊区化趋势 . 城市规划汇刊，（3）：22-27.

朱英明，姚士谋 . 2000. 我国城市化进程中的城市空间演化研究 . 地理学与国
　　土研究，16（2）：12-16.

第三章
北京城市边缘区的空间扩展分析

　　以上两章主要梳理了城市边缘区及城市空间结构的相关研究，在理论层面对城市边缘区空间结构的运行规律进行了分析，本章在此基础上，以1994年、1999年、2004年三时相的遥感影像数据为基础，对北京城市边缘区的范围进行界定，并从数量、类型、方向、区域和强度等方面刻画北京城市边缘区的空间扩展规律，在此基础上总结空间扩展的影响因素。

第一节　北京城市边缘区的范围界定

一、城市边缘区的界定方法及评价

　　范围界定是城市边缘区研究的起点。城市边缘区的地域范围的准确确定对研究城市边缘区的内在规律具有至关重要的作用。城市边缘区具有动态多变性，其边界随城市规模、经济实力以及城乡关系的变化而变化，对这一动态区域准确定界有一难度，国内外许多学者对此都做出了探索和尝试。

（一）国外关于城市边缘区的界定

　　赫伯特·路易斯在1936年从城市形态学的角度研究了柏林的城市地域结构，将原属于城市边界区，后被建成区的不断扩展所侵吞，成为市区一部分，使城市新区与旧区分界的土地划作城市边缘区，并指出这一地带与城市建成区有许多显著差异，其空间结构、住宅类型、服务设施等具有独特性（图3-1）。
　　1975年洛斯乌姆（L. H. Russwurm）提出的区域城市结构模式，对城市边缘区的范围作了明确界定。他认为城市边缘区一般是城市建成区外10公里左右的环城地带，并依据土地利用及城市景观特征将城市的内部结构划分为城市中心区、内边缘带、外边缘带、城市阴影区、农村腹地五部分。

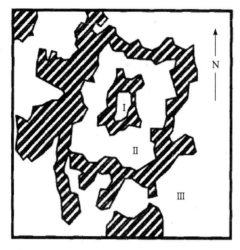

图例

I 老城区
II 早期的郊区
III主要的住宅区
　1850～1918年建立
▨ 边缘带

0　1　2　3　4公里

图 3-1　赫伯特·路易斯对柏林内部边缘带的划分（张晓军，2005）

20 世纪 70 年代末，以卡特与威特雷为代表的一些学者认为，传统的城市边缘带研究已不能适应这一地区功能的变化，提出：①边缘带不能仅仅理解为城市地域内部一种独特的景观类型，它是一个介于城市和农村之间独特的区域，其特征既不像城市，也不同于农村，土地利用具有综合的特点；②应从多个方面来研究边缘带的演变，特别应注重边缘带人口、社会特征的城乡过渡。他们认为城市由于内部压力面向四周扩散，其间有静止阶段，以这一阶段形成的边界界定城市建成区，称为"固定线"（fixation line），"固定线"以外是边缘区。

巴特尔姆克斯（Peter Bartelmces）在研究英国几个大都市及卫星城的开发经验中认为城市边缘区在城市建成区与卫星城范围之间，距离城市核心带 8～15 公里的范围；弗里德曼等直接根据实际经验（人们的日常通勤范围），将城市周围大约 50 公里的区域划分为城市边缘区，其中，内边缘区为 0～15 公里，外边缘区延伸 25～50 公里。

1982 年加拿大地理学家伯里安特（C. R. Bryant）认为城市边缘区是城市向外延伸 6～10 英里[①]的范围。他用城市边缘区内非农业人口与农业人口之比来确定城市边缘区的界限，将城市边缘区划分为内边缘带和外边缘带。内边缘带的城市特征已相当明显并占主要地位，大多数土地已纳入城市规划之中，最能反映从城市到农村的土地利用变化；外缘带则以农村土地利用为特征，但有一定的城市景观和城市设施。

印度学者加纳·德塞斯密（Anjana Desai）与斯密塔·森·古普塔

---

① 1英里≈1.61公里。

(Smlta Sen Gupta）在城市边缘带基础上，提出了乡村边缘带（rural fringe）的概念。他们在对印度阿米达巴德市进行研究时，采用聚集指数和郊区化指数相结合来划分这两类边缘带。而这两指数又是通过一系列指标，如离中心商务区的距离、人口密度、公共汽车的发车频率、日常通勤者的数目等综合加权而得出的。当结合指数大于50％时属于城市边缘带，分布在靠近市区的里侧；反之，当指数大于50％，则为乡村边缘带。

1991年，高乐（Garreau）提出了城市边缘区判定的五项主要标准：第一，拥有至少464 500平方米的写字楼（与城市中心的面积相近）；第二，拥有超过55 700平方米的零售区（大约相当于一个中型购物中心）；第三，就业岗位数量超过居民数量——人们白天前往此地；第四，可一次性解决人们的不同需求；第五，异于30年前的城市。

除了上述划分方法之外，还有一些新方法的尝试。Gober 和 Burns（2002）利用地方住房竣工量数据追踪美国菲尼克斯大都市区1990～1998年居住边缘区数量和区位的年度变化。Susan 等（2006）整合现有农村卫生和地理知识，纳入流行病学方法来界定城市边缘区；LeSage 和 Charles（2008）利用消费者新家所在地界定城市边缘区，他认为家庭、社区和学校区决定了新住宅的空间定位，进而确定了城市边缘区的空间范围。

可见，国外学者对于城市边缘区的界定方法大致分为两类：一类是定性划分，按照与城市中心的距离或以建成区外一定范围来确定城市边缘区的界限；另一类是定量划分，即根据一定指标米划定城市边缘区的范围（表3-1）。

表3-1　国外关于城市边缘区界定方法分类简表

界定方法	代表人物	界定指标
定性划分方法	L. H. 洛斯乌姆、巴特尔姆克斯、弗里德曼等	城市建成区外10公里左右的环城地带。城市周围大约50公里的区域，其中，内缘区为10～15公里，外边缘区延伸25～50公里
定量划分方法	伯里安特、加纳·德塞斯密	城市边缘区内非农业人口与农业人口之比来确定城市边缘区的界限。根据通过一系列指标包括离中心服务区的距离、人口密度、公共汽车的发车频率、日常通勤者的数目等综合加权而得到的聚集指数和郊区化指数的结合指数来划分这两类边缘区

（二）国内城市边缘区的界定

由于我国城市边缘区发展的驱动力与西方国家不同，其范围的界定具有特殊性。研究者曾尝试用多种方法对城市边缘区的界限进行划定，如"断裂点"分析法、人口密度梯度法、景观紊乱度判别法和综合界定法等，采用的划分依据是城市中心向外直至城市边缘区外围的人口密度、建筑密度、城市用地完整系数的逐步递减规律。近年来随着遥感技术的逐渐成熟，借助 GIS 和遥感技术界定城市边缘区成为较为普遍的方法。下面对我国学者在城市边缘区范围界定方面的研究进行回顾与总结。

国内对城市边缘区范围界定的研究可以追溯到广州市规划局 1988 年拟定的城乡结合部划分的四条原则：一是近期城市建设发展的地段；二是城市居民和农民混居的地段；三是处于城市重点控制区附近的农民居住地段；四是城市主要出入口公路两旁各 50 米控制地段。之后，不断有学者对这一问题进行探索，根据界定的方法可以分为四种类型。

1. 以郊区作为城市边缘区

崔功豪和武进（1990）将南京市地域结构分为市区、内缘区和外缘区，内缘区为南京 4 个郊区，外缘区为江宁、刘合、江浦 3 个县。涂人猛（1990）认为武汉城市边缘区包括武汉的 3 郊 4 县。内层边缘区主要包括 3 个郊区；中层边缘区是指内层边缘区向外，距离市区 30 公里范围内的地带，包括武汉市的卫星城镇；外边缘区是中边缘区以外的郊县。孙胤社（1995）认为城市边缘区的范围大致与我国城市比较适度的郊区相对应，城市规划中的城乡结合部或近郊区也基本可以替代内边缘带的概念。陈晓军等认为北京城市边缘区包括朝阳、海淀、丰台、石景山等 4 区与未建成区相连的乡镇；顺义、昌平、通州、大兴等地的大部分乡镇；怀柔、密云、平谷、房山、门头沟等区县中与近郊区靠近的部分平原乡镇。王玲慧（2008）将上海市空间地域分为中心区和郊区，其中，中心区又分为核心区和边缘区，其边缘区包括徐汇、长宁、普陀、闸北、虹口和杨浦。

有些学者在进行城市边缘区案例研究时，没有完整界定边缘区范围，而是根据经验选取郊区中的某个区或镇作为研究对象。刘君德和张玉枝（2000）以上海市郊结合部的真如镇为例，研究了大城市边缘区社区分化与整合。隆少秋（2003）以广州增城市为例探讨了大城市边缘区中小城市可持续发展战略。王开泳和陈田（2007）以成都市双流县为例研究了大都市边缘区城乡一体化协调发展战略。吴铮争和宋金平（2008）以大兴区为例研究了北京城市边缘区城市化过程与空间扩展。于伯华和吕昌河（2008）以北京市顺义区为例研究了城市边缘区耕地面积变化时空特征及其驱动机制。

以郊区作为城市边缘区简单明了，范围明确，保持了区级行政边界的完整性，容易获取社会经济资料；保证了区域稳定性的物理要求，便于进行一定时期内的演化过程和规律的研究。以郊区作为城市边缘区的不足之处是，郊区的范围较大，界定不够准确，在近郊区可能包括了部分建成区，在远郊区可能包括了部分纯农业腹地。

2. 用行政区边界和城市道路界定

顾朝林和陈田（1993）提出城市边缘区内边界应以城市建成区基本行政区单位——街道为界，外边界以城市物质要素扩散范围为限，将其中城乡互相包含、互有飞地和犬牙交错的地域划分为城市边缘区。宋金平和李丽平（2000）认为北京城乡过渡带区域范围为北三环中路以北，南护城河以南，建国门南大街、东护城河以东，新街口外大街、三里河路以西，在地域上包括朝阳、丰台、石景山、海淀4区。王国强和王令超（2000）认为郑州市城乡结合部的区域范围，大体上以四周外环路为外侧边界，内侧以建成区为界。戚本超和周达（2007）认为改革开放至1992年，北京近郊城乡结合部主要分布在二环以外的区域；1994年三环路建成通车，近郊城乡结合部逐渐由二环路附近转移到三环路附近；1996年以后，近郊城乡结合部逐步拓展到2001年建成通车的四环以外；2007年逐渐延伸到六环。

用行政区边界和道路界定城市边缘区，比直接用郊区精确一些，特别是有的学者界定内侧界限时采用城市建成区边界，符合边缘区的内涵，兼顾了行政边界的完整性，便于获取社会经济资料。这种界定方法依赖于经验积累，主观性较强，城市建成区范围的获取比较困难，具体到某一特定城市的规划部门才知道。如果对目标城市熟悉，资料翔实，模糊的定性也可胜过不精确的定量。

3. 构建指标体系，采用数学模型界定

严重敏和刘君德以城市建成区为半径，以向外延伸一定距离的环带作为边缘区范围，同时兼顾非农业活动的人口比重、人口密度和建筑密度、一定的城市基础设施、土地利用的特点、与中心城的联系和原有行政小区的完整性等六个方面的指标（顾朝林和陈田，1993）。顾朝林和陈田（1993）、顾朝林（1995）提出内缘区的划分一般运用城市核心区划分的结节地域和均质地域理论和方法，外缘区采用城市影响区的判定方法。他运用人口密度指标，以街道作为研究单元，对上海中心城区周围的城市边缘区作了定量分析。陈佑启（1996）构建了5类20个指标采用"断裂点"分析法对北京市城市边缘区进行了界定。赵自胜和陈金（1996）通过计算农副产品基地配置半径确定结合部的外边界，采用郊区内部行政界线作为内边界。李世峰和白人朴（2005）提出大城市边缘区地域特征属性的概念，从人口、用地、经济和社会等方面构建指标体系，利用模糊综合评价法、多目标线性加权函数法测算地域特征属性值，划分城市边缘区。林坚和汤晓旭（2007）从非农化建设密度、土地权属特征入手，应用门槛值法、空间叠加法先划城市地域，后划城乡结合部，以此确定城市边缘区的内边界，外边界取城市规划区外边界。任荣荣和张红（2008）提出采用定量与定性相结合的方法，从区位空间特征、人口社会属性、经济发展水平、土地利用模式等方面进行界定。各种方法的比较见表 3-2。

表 3-2 城市边缘区范围界定比较——数学模型法

第一作者	发表或出版年	指标体系	模型或方法	案例研究
严重敏	1989	建成区向外延伸一定距离,并兼顾六个方面的指标		
顾朝林	1995	人口密度、与中心区距离	非线性回归	上海
陈佑启	1996	水平、结构、密度、联系、基础设施 5 类 20 个指标	"断裂点"方法	北京
赵自胜	1996	建成区面积、农副产品基地面积、其他用地面积	利用面积公式推算农副产品配置半径	开封
李世峰	2005	人口、用地景观、经济和社会等 4 类 15 个指标	模糊综合评价模型	北京小汤山镇、潭柘寺镇、温泉镇和万柳地区
林坚	2007	非农化建设密度、土地权属特征	门槛值法、空间叠加法	北京
任荣荣	2008	从区位空间特征、人口社会属性、经济发展水平、土地利用模式等方面构建指标		

注:空格表示没有明确采用数学模型以及没有进行案例研究。

构建指标,选取数学模型进行城市边缘区范围的界定,依据较为充分,界定结果较为准确,提高了客观性。一方面,选取不同指标从多角度进行界定,符合城市边缘区混杂多样性的特征。从表 3-2 可以看出,2005 年以来,采取这种方法的研究者逐步增多。另一方面,不同研究选取的指标差异性较大,涉及人口、产业、土地利用等不同方面,指标数量从 2 个到 20 个不等。采取的数学模型也多种多样,主要包括"断裂点"法、引力模型法、回归分析法、模糊综合评价等。选取公认程度较高的指标体系和数学模型难度较大,存在针对同一城市,选取不同指标、采用不同数学模型界定的范围不一致的现象。

4. 结合遥感影像和数学模型界定

遥感技术能够动态、快速、及时获取数据,在很多研究中发挥了积极的作用,应用在城市边缘区范围界定方面的文献也较多。程连生和赵红英(1995)应用遥感技术与信息熵原理,通过计算土地利用景观紊乱度熵值划分了北京市城市边缘区。章文波和方修琦(1999)将 TM 影像与突变检测方法相结合,对不同方向上城市用地比率进行突变检测,划分出了城乡过渡带的内外边界。方晓(1999)将航空遥感图像判读与土地利用现状和人口密度指标相结合,划分了上海城市边缘区的内边界。方修琦和章文波(2002)利用遥感影像图，提取城市用地比例，对不同方向上的城市用地比率变化进行突变检测，根据突变点确定城乡过渡带内外边界的位置。陆海英和杨山（2004）以建筑密度为划分标准，将遥感数据、城市建成区边界以及行政边界图进行叠置，采用仿归一化方法提取城乡结合部的内边界。钱紫华和陈晓键（2005）结合遥感图像和土地利用图，采用城市用地比例指标，依据"断裂点"方法划分西安城市边缘区的范围。钱紫华和陈晓键（2006）利用同样的遥感图像，借助"断裂点"和"信息熵"两种方法划定了西安城市边缘区的范围，并进行了对比。钱建平和周勇（2007）借助遥感影像解译，应用土地利用信息熵模型，采用突变点检测方法划分了荆州市城乡结合部的内外边界。张宁和宋金平（2010）基于突变理论和断裂点理论，把突变检测方法引入遥感影像的空间分析，使用建设用地比率指标划分城乡过渡带。各种方法的比较见表3-3。

表3-3　基于遥感影像的城市边缘区范围界定方法比较

第一作者	发表年	遥感影像时点	地类或指标	模型或方法	阈值或比重	案例
程连生	1995	1989	市地、农地、交通用地，水域和其他用地	信息熵原理	内缘线熵值0.6；外缘线熵值0.7	北京
章文波	1999	1984/1996	城市用地比率	均值突变检验中的滑动 t 检验方法	1984 年、1996 年外边界平均比率分别为14.2%、12.9%，内边界分别为70.6%、76.3%。	北京
方晓	1999	1996 等多时点影像	土地利用现状和人口密度			上海
方修琦	2002	1984～1996五期影像	城市用地比率	突变检验中的滑动 t 检验方法		北京
陆海英	2004	2001	建筑密度	仿归一化方法		无锡
钱紫华	2005	2002	城市用地比例	"断裂点"法		西安
钱紫华	2006	2002	断裂点：城市用地比例；信息熵：城市用地/农村用地/水域/其他用地	"断裂点"法和信息熵法	熵值在 0.29 以上的区域	西安
钱建平	2007	2000	农用地、建设用地和其他用地	土地利用信息熵模型	熵值60 和30 确定内外边界	荆州
张宁	2010	1994/1999/2004	建设用地比率	突变检测方法和"断裂点"法		北京

注：空格表示没有明确指出相关内容。

　　借助遥感影像进行城市边缘区范围界定的突出特点：首先是数据获取的动态性、快速性和及时性。其次，遥感影像比社会经济数据更客观。再次，可以打破行政边界的约束，界定范围相对精确，为研究城市边缘区土地利用的动态演变提供了较好的基础。从表3-3可以看出，进入21世纪以来，借助遥感影像进行城市边缘区范围界定的文献明显多于上面提到的另外三种类型。应用遥感影像进行研究也有不足之处：第一，根据表3-3，遥感影像获取的时间明显滞后于文章发表的时间，难以体现遥感影像数据的及时性和动态性；第二，很多学者的范围划分打破了行政边界，获取社会经济资料困难，影响深入研究；第三，高分辨率、高精度遥感影像获取门槛较高。遥感影像解译存在主观性，如判别单元大小的划分，解译方法的选取，地类的判读等；第四，解译出的地类数量不一，采用同种数学模型得出的边缘区的临界值差异较大，如表3-3中的信息熵值。

　　我国城市化正处于快速发展阶段，城市建成区的扩张将持续。在这种背景下进行城市边缘区的理论和发展规律的研究，解决城市边缘区的规划和建设问题，具有十分重要的理论和现实意义，而确定一套完整有效的城乡边缘带的界定原则、标准与方法，是对城市边缘区进行研究的前提和基础。根据对城市边缘区研究的回顾以及对范围界定的评价，本书认为城市边缘区的界定应遵循以下理念：①符合城市边缘区的内涵与特征，体现其与城市中心区和纯乡村腹地的差异性；②范围的界定应便于学者进行研究，便于政府制定和实施管理规则，突破纯理论层面的界定，因此应保持行政边界的完整性；③城市边缘区具有动态多变性，作为一种区域，又需要保持一定的稳定性。

　　现代遥感技术是获取城市发展及空间结构动态变化信息的有效途径，以遥感信息作为基本信息源，结合政策因素、用地状况、社会经济统计数据等综合分析的方法，是界定城市边缘区的有效方法，也是本书采用的方法。

二、北京城市边缘区的范围划定

(一) 北京市概况

　　北京市位于北纬39°56′，东经116°20′，地处华北大平原的北部，全市土地面积16 410.54平方公里。地势西北高耸，东南低缓。西部、北部和东北部是连绵不断的群山，东南是一片缓缓向渤海倾斜的平原。北京市东部与天津市毗邻，其余均与河北省交界。北京天然河道自西向东有五大水系：拒马河水系、永定河水系、北运河水系、潮白河水系、蓟运河水系。北京属暖温带半湿润气候区，四季分明、春秋短促、冬夏较长。

截至 2010 年年底，北京市辖东城、西城、海淀、朝阳、丰台、门头沟、石景山、房山、通州、顺义、昌平、大兴、怀柔、平谷等 14 个市辖区和延庆、密云等 2 个县。全市共有 140 个街道办事处、142 个建制镇和 40 个乡。

截至 2010 年末，全市常住人口 1961 万人，其中，户籍人口 1256.7 万人，居住半年以上的外来人口 704.5 万人。常住人口密度为 1195 人/平方公里。常住人口中，城镇人口 1685.9 万人，占常住人口的 86.0%。

北京市经济总体发展水平较高，2010 年末 GDP 总量为 13 778 亿元，人均 GDP 达 70 253 元，三次产业结构为 1.3：29.1：69.6。2010 年全市完成地方财政收入（一般预算）2353.9 亿元。

（二）北京城市边缘区范围提取

根据本书的研究目的，选取北京市 1994 年 8 月 25 日、1999 年 7 月 1 日以及 2004 年 5 月 1 日的三期 TM 影像为数据源（分辨率 30 米），采用城市建设用地空间变化指标，借助突变点理论和断裂点理论分别界定三个时点的北京城市边缘区范围。

Thom 于 1972 年首次提出突变理论，之后该理论被广泛地应用于社会、经济、生态、气候气象、地理等领域的研究。突变理论关心的是系统状态变量 x 在其控制变量 u 连续变化时，状态变量不连续的跳跃现象。突变在统计上的表现为，如果表征某一系统的统计特征量在某点前后的概率分布具有一定信度水平上的差异，则认为在该点发生了突变。

P. D. Converse 提出的城市断裂点理论被广泛用来确定城市的空间影响范围和城市经济区的划分。赖利（W. J. Reily）于 1931 年根据牛顿力学万有引力理论，提出了"零售引力规律"。康弗斯（P. D. Converse）发展了赖利的理论，于 1949 年提出断裂点（breaking point）概念，并给出计算方法。由于该理论仅给出了每两个城市间一个断裂点的计算公式，在实际应用中就出现了多种空间分割方法。

章文波等将突变理论和断裂点理论引入城市边缘区的研究中，对北京城市边缘区的范围进行界定并取得较为理想的效果，为客观划分城市边缘区和利用遥感影像监测城市边缘区动态变化提供了一个新的途径。从城市核心区经城市边缘区到乡村，建设用地比率逐渐减少而农业用地逐渐增加。这一现象在遥感图像中反映得尤为具体，是以上研究也是本书界定的依据。

参考以上研究，根据断裂点理论划分城市边缘区的空间位置。首先利用

TM 影像提取城市建设用地空间变化信息，再用突变检测方法对城市用地的空间变化进行检验，最后根据断裂点的空间分布确定城市边缘区位置。

1. 遥感影像预处理与分类

遥感图像预处理。以北京市 1∶5 万地形图为基准，采用控制点校正方式，完成 1994 年图像的几何精校正，并以此为基准，对 1999 年、2004 年影像进行几何配准。

遥感影像分类。采用监督分类方法进行遥感影像分类，根据研究区域土地利用特征，将实验区内的土地分为 5 类，按各类用地遥感解译标志，建立感兴趣区，获取 1994 年、1999 年、2004 年北京市遥感图像分类结果，并将分类后图像重新分类，获得三个时期北京市建设用地空间分布灰度图。

2. 城市用地比率平滑处理

为了剔除分类图像中城市建设用地分布随机变化的影响，对城市建设用地分布图进行窗口平滑滤波，计算窗口内城市建设用地的比率，突出城市建设用地的空间连续变化特征，得到城市建设用地比率图。具体做法如下：在遥感图像中选定一定面积象元作为基本面积单元，计算该单元内灰度平均值。由于在北京建用地分布图中，建设用地类型相应属性值为 1，其他地类相应属性值为 0，若在形如 $n \times n$ 面积的象元中存在 m 个象元属建设用地，那么在该象元内建设用地比率大小 $R = m/n^2$。

为便于比较，本书对 3 幅图像统一选择 100 米×100 米作为基本平滑窗口大小，得到各时期建设用地比率分布图，如图 3-2 所示。

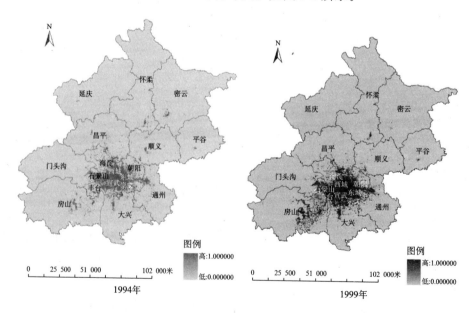

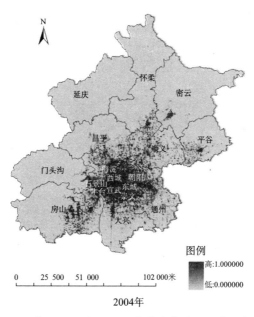

2004年

图 3-2　1994 年、1999 年、2004 年北京市建设用地比率分布图

以天安门为中心，沿不同方向向乡村腹地做城市建设用地比率变化图，可以看出，沿着城市中心向乡村腹地过渡，城市建设用地比率确实呈现出突变的特征（图 3-3）。

3. 断裂点的提取

为提取不同方向上的断裂点，以天安门为中心，向周围以 1°的距离划出 360 条断面线，提取 360 个方向上的城市建设用地的变化情况，共获取 360 个数据列，并使每个数据列按照与中心的距离排序。

城市建设用地比率的突变，从整体上分析属于均值突变或转折突变，均值突变表征系统状态某一特征量从一个平均值到另一个平均值的急剧变化。已有相关研究主要是用检验两组样本平均值的差异是否显著的方法来检测突变。在本书中，采用以下具体方法来提取突变点：

选择某一方向上连续 L 个基本面积单元作为检验基本单元序列，则在该方向上第 i 个序列特征值表示为 $X_i = \sum_{i}^{i+L-1} R_i/L$，该方向上下一个序列特征值为 X_{i+1}，两个序列的差值为 $V_i = X_{i+1} - X_i$，则该序列对应的距离衰减值为 $DDV_i = V_i/\overline{V}$，$\overline{V} = \sum V/N$，N 为此方向上的序列总数。比较每个方向上的距离衰减值 DDV_i，求取该方向上的 DDV_i 最大值即为该方向上的断裂点。

从理论上讲，从城市核心区到城市影响区范围内有两个断裂点，一个是

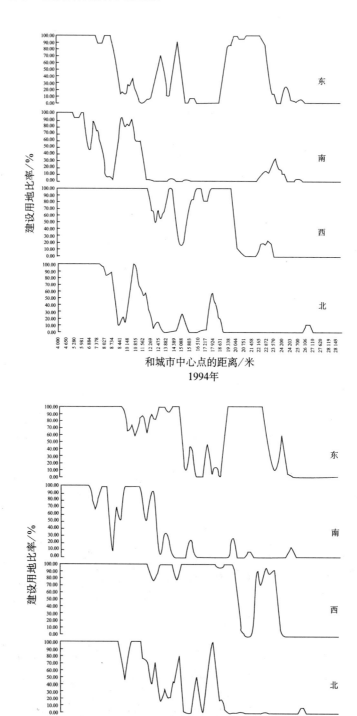

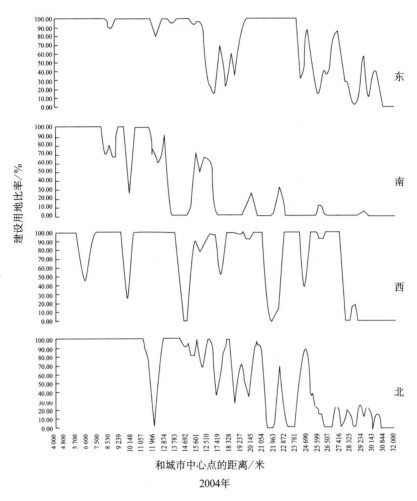

图 3-3　1994 年、1999 年、2004 年北京不同方向断面上建设用地比率分布图

城市边缘区内边界的突变点，另一个是城市边缘区外边界的断裂点。实际操作中将提取各个方向的断裂点，并结合各断裂点和中心的距离，确定为城市边缘区内边界断裂点或外边界断裂点。

4. 获取城市边缘区范围

根据以上步骤，提取北京城市边缘区内外边界突变点。按角度顺序分别连接内外边界突变点，并进行平滑处理。在此基础上进行一定的修改和校正，获得三时相北京城市边缘区的范围，如图 3-4 所示。

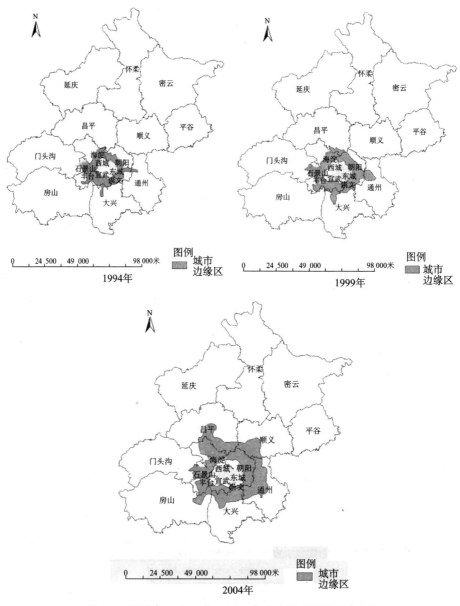

图3-4　1994年、1999年、2004年北京城市边缘区分布图

(三) 城市边缘区范围的修正

　　利用遥感图像，通过断裂点突降法确定北京城市边缘区范围，突破了以近郊区或城市功能拓展区中的"行政区"为单位划定北京城市边缘区的传统，可以将研究的基本单位缩小到以"街道办事处、乡和镇"为主体的行政单元，

提高了边缘区范围的准确性，为研究城市边缘区空间扩展奠定了基础。

　　需要说明的是，此种方法确定的城市边缘区内外边界往往将一个个完整的街道办事处、乡和镇切割成不同部分，如一个镇可能一部分为核心区另一部分为边缘区。这种准确的划分方式打破了行政界限，难以获取边缘区的统计资料。本书根据研究可行性，对城市边缘区的实际范围进行了调整，如第四章采用基于遥感影像提取的精确范围，第五章采用北京市郊区的范围。第六章为便于深入研究城市边缘区居住与就业的空间错位问题，在第四章界定的基础上，将城市边缘区内外边界经过的街办、乡和镇作为完整的单元全部视作边缘区。同时，转型期中的北京大都市一直处于"摊大饼"式的扩张之中，边缘区界限正不断向外推移，以 2004 年的北京城市边缘区界限为固定研究范围，探索既定的城市边缘区在这几十年的发展中生活、就业和空间组织发生了何种变化，根据以上分析，本书采用的城市边缘区范围内包括的乡级单位见表 3-4 和图 3-5。

表 3-4　北京城市边缘区范围

区域	街道办事处、镇、乡、地区
城市边缘区	88 个街道单元：36 个街道、35 个镇、14 个乡和 3 个地区
朝阳区部分	街道（3 个）：酒仙桥街道、垡头街道、机场街道 乡（13 个）：王四营乡、黑庄户乡、奥运村乡、三间房乡、来广营乡、常营乡、平房乡、东坝乡、崔各庄乡、金盏乡、管庄乡、孙河乡、豆各庄乡
海淀区部分	街道（6 个）：香山街道、马连洼街道、青龙桥街道、上地、清河、西三旗街道 镇（4 个）：四季青镇、温泉镇、西北旺镇、上庄镇 地区（2 个）：万柳地区、东升地区
丰台区部分	街道（2 个）：云岗街道、长辛店街道 镇（2 个）：王佐镇、长辛店镇 乡（1 个）：花乡 地区（1 个）：宛平地区
石景山区部分	街道（8 个）：八宝山街道、老山街道、古城街道、八角街道、金顶街道、广宁街道、苹果园街道、五里坨街道
昌平区部分	街道（2 个）：城北街道、城南街道 镇（8 个）：回龙观镇、沙河镇、东小口镇、北七家镇、小汤山镇、马池口镇、百善镇、南邵镇
通州区部分	街道（4 个）：玉桥街道、北苑街道、中仓街道、新华街道 镇（6 个）：马驹桥镇、台湖镇、张家湾镇、永顺镇、梨园镇、宋庄镇
大兴区部分	镇（8 个）：黄村镇、魏善庄镇、北臧村镇、青云店镇、瀛海镇、亦庄镇、旧宫镇、西红门镇
顺义区部分	街道（2 个）：光明街道、胜利街道 镇（4 个）：李桥镇、天竺镇、后沙峪镇、南法信镇
房山区部分	街道（6 个）：新镇街道、星城街道、迎风街道、城关街道、东风街道、向阳街道 镇（3 个）：阎村镇、良乡镇、长阳镇
门头沟区部分	街道（3 个）：大峪街道、东辛房街道、城子街道

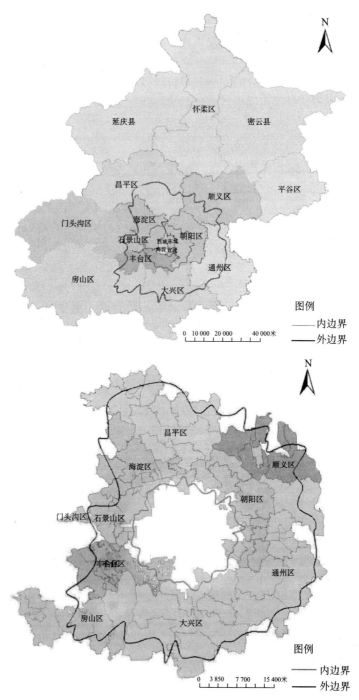

图 3-5 北京城市边缘区范围图

第二节　北京城市边缘区空间分布

根据第二章第二节北京城市边缘区提取结果，1994～2004 年的 10 年间，北京城市边缘区主要位于朝阳、海淀、丰台、石景山、昌平、顺义、通州、大兴、房山、门头沟等地区，故本章中主要以这 10 个区为讨论对象，将城市边缘区以内及以外的部分分别称为城市核心区及乡村腹地。

一、1994 年北京城市边缘区空间分布

在 1994 年北京城市边缘区空间范围划定的基础上，分别测算城市中心区和边缘区的面积。1994 年北京城市中心区的面积为 197.61 平方公里，平均建设用地比率为 90.52%，同等面积的圆半径为 7.93 公里；城市边缘区面积为 578.18 平方公里，平均建设用地比率为 42.07%，同等面积的圆半径为 13.57 公里。城市边缘区与城市中心区面积之比为 2.93，等面积圆半径之比为 1.71。具体见表 3-5 和图 3-6。

表 3-5　1994 年北京城市边缘区基本情况

区域划分	建设用地比率/%	面积/平方公里	等面积圆半径/公里
城市中心区	90.52	197.61	7.93
城市边缘区	42.07	578.18	13.57
边缘区/核心区	—	2.93	1.71

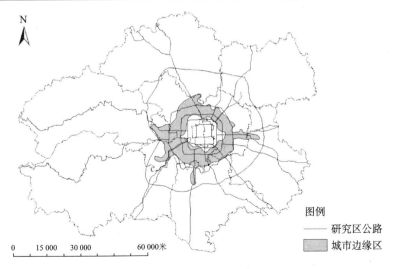

图 3-6　北京城市边缘区空间分布图（1994）

从空间分布上来看，1994 年北京城市边缘区主要分布在三环至五环之间。在京通快速路、京开高速、109 国道、八达岭高速及京石高速方向上，城市边缘区内外边界均沿交通线向外侧线状延伸，从而呈现出不规则环状分布。沿各环线的具体分布情况如表 3-6 所示，1994 年北京城市边缘区在三环以内、三环—四环、四环—五环、五环—六环以及六环以外的分布面积分别为 8.68 平方公里、102.52 平方公里、309.88 平方公里、157.10 公里和 0.09平方公里，占全部边缘区面积的比率分别为 1.50％、17.73％、53.60％、27.16％和 0.02％，其中一半以上范围分布于四环—五环，三环以内、六环以外分布较少。

表 3-6　1994 年北京城市边缘区沿环线分布情况

区域	面积/平方公里	贡献率/%
三环以内	8.68	1.5
三环—四环	102.52	17.73
四环—五环	309.88	53.6
五环—六环	157.01	27.16
六环以外	0.09	0.02

为更清晰地显示城市边缘区的空间分布和扩展，将北京城市边缘区划分为东、南、西、北、东南、东北、西南、西北八个方向，讨论不同方向上城市边缘区的分布和扩展情况，如图 3-7 和图 3-8 所示。

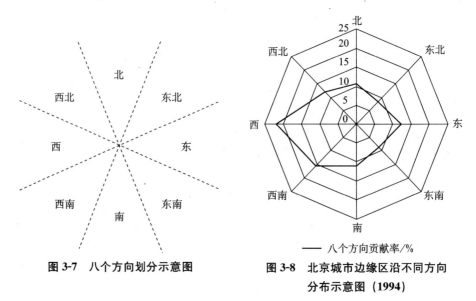

图 3-7　八个方向划分示意图

图 3-8　北京城市边缘区沿不同方向
分布示意图（1994）

从分布方向上来看，1994 年北京市城市边缘区在东、南、西、北、东南、东北、西南、西北八个方向上的面积分别为 70.67 平方公里、63.34 平方公里、126.27 平方公里、61.62 平方公里、49.95 平方公里、47.85 平方公里、89.61 平方公里和 68.88 平方公里，各占全部边缘区面积的比例分别为 12.22％、10.95％、21.84％、10.66％、8.64％、8.28％、15.50％ 和 11.91％。这一时期城市边缘区主要分布在西、西南和东部地区，在东南及东北方向分布最少。

从分布区域来看，这一阶段北京城市边缘区主要分布于朝阳、海淀、丰台及石景山，分布于这四个区的城市边缘区面积达 529.41 平方公里，占全市城市边缘区面积的 91.56％；而其他 48.77 平方公里主要分布于大兴、通州部分地区及门头沟、昌平、房山的极少量地区，这部分面积仅占全市边缘区面积的 8.43％。朝阳、丰台、海淀处于城市边缘区内的面积各占全市边缘区面积的 31.40％、29.76％和 21.3％。就各区自身而言，石景山、丰台各自面积的 63.64％和 56.44％属于城市边缘区，而朝阳和海淀属城市边缘区的区域分别占各自面积的 39.81％和 28.72％。此时石景山与丰台区内大部分地区属城市边缘区，而朝阳和海淀靠近城市中心区的相当一部分区域为城市边缘区（图 3-9）。

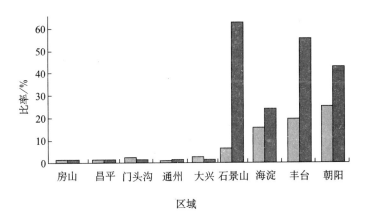

图 3-9　北京城市边缘区在各区的分布示意图（1994）

二、1999 年北京城市边缘区空间分布

根据测算，1999 年北京城市中心区面积为 290.5 平方公里，平均建设用地比率为 93.81％，同等面积圆半径为 9.62 公里；城市边缘区面积为 864.4

平方公里，平均建设用地比率为 48.5%，同等面积圆半径为 16.59 公里。城市边缘区与城市中心区面积比达到 2.98，等面积圆半径之比为 1.72。见表 3-7 和图 3-10。

表 3-7 1999 年北京城市边缘区基本情况

区域划分	建设用地比率/%	面积/平方公里	等面积圆半径/公里
城市中心区	93.81	290.5	9.62
城市边缘区	48.5	864.4	16.59
边缘区/核心区	—	2.98	1.72

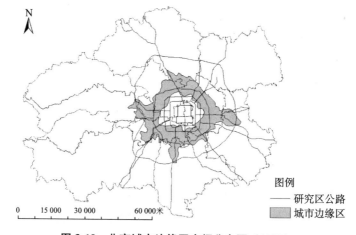

图 3-10 北京城市边缘区空间分布图（1999）

1999 年北京城市边缘区主要分布于四环以外，在京通快速路、京开高速、109 国道、八达岭高速及京石高速方向上向外大面积延伸。如表 3-8 所示，1999 年北京城市边缘区在三环以内、三环—四环、四环—五环、五环—六环以及六环以外的分布范围分别为 3.83 平方公里、54.73 平方公里、314.34 平方公里、459.02 平方公里以及 32.48 公里，占全部边缘区面积的比率分别为 0.44%、6.33%、36.37%、53.1% 和 3.76%，与 1994 年相比，五环—六环的比重大幅度提高，六环外的分布面积也有增加。其中四环—六环，城市边缘区比重之和为 89.47%。

表 3-8 1999 年北京城市边缘区沿环线分布情况

区域	面积/平方公里	贡献率/%
三环以内	3.83	0.44
三环—四环	54.73	6.33
四环—五环	314.34	36.37

续表

区域	面积/平方公里	贡献率/%
五环—六环	459.02	53.1
六环以外	32.48	3.76

从分布方向上来看，1999 年北京城市边缘区在东、南、西、北、东南、东北、西南、西北八个方向上的面积分别为 154.04 平方公里、100.57 平方公里、144.69 平方公里、112.18 平方公里、66.45 平方公里、73.83 平方公里、124.34 平方公里和 88.31 平方公里，相应贡献率分别为 17.82%、11.63%、16.74%、12.98%、7.69%、8.54%、14.38% 和 10.22%。此时城市边缘区明显向东部扩展，其中东部和北部城市边缘区分布比率与 1994 年比较各自上升了 5.60% 和 2.32%，而西部包括西南、西北方向上城市边缘区比率均有所下降，其中西向城市边缘区范围比率同比降低了 5.10%（图 3-11）。

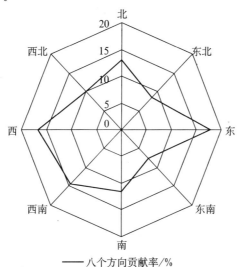

——八个方向贡献率/%

图 3-11　北京城市边缘区沿不同方向分布示意图（1999）

从分布区域来看，1999 年北京城市边缘区主要分布在朝阳及丰台，这两个区的边缘区面积为 487.89 平方公里，占全市边缘区总面积的 50.66%。海淀和大兴所占比率分别为 14.80% 和 11.43%，而通州、石景山、昌平、门头沟、房山所占比率均在 10% 以下。其中，房山比率最低，不足 1%。各区自身比较，石景山属城市边缘区的区域占本区总面积的 72%，丰台和朝阳各自面积的 58.53% 和 56.89% 属城市边缘区（图 3-12）。

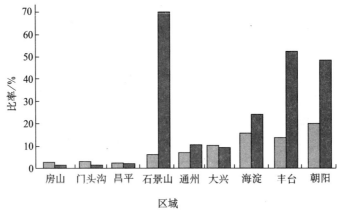

图 3-12　北京各区边缘区分布示意图（1999）

三、2004 年北京城市边缘区空间分布

2004 年北京城市中心区面积为 437.29 平方公里，平均建设用地比率为 94.24%，同等面积圆半径为 11.8 公里；城市边缘区面积为 1841 平方公里，平均建设用地比率为 43.84%，同等面积圆半径为 24.21 公里。城市边缘区与城市中心区面积比为 4.21，等面积圆半径之比为 2.05。具体如表 3-9 和图 3-13 所示。

表 3-9　2004 年北京城市边缘区基本情况

区域划分	建设用地比率/%	面积/平方公里	等面积圆半径/公里
城市中心区	94.24	437.29	11.8
城市边缘区	43.84	1841	24.21
边缘区/核心区	—	4.21	2.05

这一时期北京城市边缘区的范围主要分布于五环以外，其中部分地区已延伸至六环以外。边缘区在八达岭高速、京石高速、108 国道、京开高速方向向外延伸已接近甚至超过六环。而在东部机场高速、京哈高速及 103 国道方向上向外延伸部分已连接成片，均已超越六环。如表 3-10 所示，2004 年北京城市边缘区在四环以内的面积仅为 5.24 平方公里，四环—五环的面积也仅占全部边缘区面积的 12.33%。而高达 87.38% 的城市边缘区分布于五环以外，面积为 1608.7 平方公里，其中分布在五环—六环的范围占 69.87%。

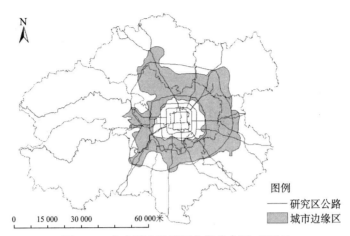

图 3-13 北京城市边缘区空间分布图 (2004)

表 3-10 2004 年北京城市边缘区沿环线分布情况

区域	面积/平方公里	贡献率/%
三环以内	0	0
三环—四环	5.24	0.28
四环—五环	227.06	12.33
五环—六环	1286.28	69.87
六环以外	322.42	17.51

从分布方向上来看，2004 年北京市城市边缘区在东、南、西、北、东南、东北、西南、西北八个方向上的面积分别为 289.67 平方公里、154.53 平方公里、170.08 平方公里、253.17 平方公里、189.59 平方公里、321.48 平方公里、183.07 平方公里和 279.41 平方公里，相应方向的贡献率分别为 15.73%、8.39%、9.24%、13.75%、10.30%、17.46%、9.94% 和 15.18%。这一时期城市边缘区主要分布在东北部地区，其中东、东北、北、西北四个方向城市边缘区面积占全部边缘区面积的比率达 62.13%，而南、西及西南方向所占比率则较低（图 3-14）。

从分布区域来看，2004 年北京城市边缘区在核心四城区外围的 10 个区县均有分布，其中通州、朝阳分布最多，各占全市边缘区总面积的 17.56% 和 16.23%，房山、石景山、门头沟分布较少，贡献率均在 4% 以下。就各区内部而言，石景山、朝阳、海淀、丰台 50% 以上的面积都属城市边缘区，其中石景山区内城市边缘区占全区面积的 69.29%。通州、大兴内城市边缘区的比率分别为 35.78% 和 21%。门头沟与房山区内城市边缘区面积占全区面积的比率均在 4% 以下（图 3-15）。

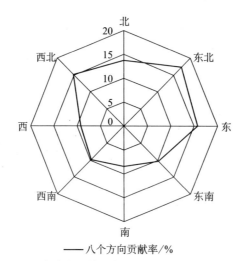

图 3-14 北京城市边缘区在不同方向分布示意图（2004）

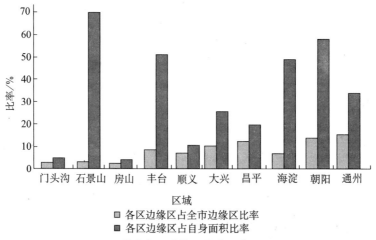

图 3-15 北京各区边缘区分布示意图（2004）

第三节 北京城市边缘区空间扩展规律分析

一、城市边缘区空间扩展数量分析

1994～2004 年的 10 年间，北京城市边缘区面积增长了 1262.82 平方公里，与 1994 年相比增长了 218％，平均每年扩展 126.28 平方公里；城市中心区扩展总面积为 239.68 平方公里，增长了 121.29％，扩展速率为每年 23.97 平方公里。从总体上来说，城市边缘区的扩展要远快于城市中心区的扩展，前者的年平均扩展面积是后者的 5 倍多。城市中心区的扩展，推动了城市边缘区向外推进，比较城市中心区和城市边缘区扩展的情况不难看出，城市边缘区外边界的扩张快于内边界的扩张。

　　根据数据将这 10 年划分为两个时期，第一个时期是 1994～1999 年，第二个时期是 1999～2004 年。1994～1999 年北京城市边缘区面积扩展了 286.22 平方公里，扩展比率为 49.50％（扩展比率为 1994～1999 年城市边缘区扩展面积与 1994 年城市边缘区总面积之比），平均扩展速率为 57.24 平方公里/年。1999～2004 年北京城市边缘区面积扩展了 976.59 平方公里，扩展比率 112.98％，平均扩展速率为 195.32 平方公里/年。比较这两个阶段，可以清晰地看出，1994～1999 年北京城市边缘区的扩展相对较慢，1999～2004 年北京城市边缘区的空间扩展速率要远高于前 5 年。和前一阶段相比其扩展面积增加了 690 平方公里，扩展速度是 1994～1999 年的 3.4 倍，扩展比率也比前者高出 64.5％（表 3-11）。

表 3-11　1994～2004 年北京城市边缘区扩展数量情况

类型 时期	城市中心区			城市边缘区		
	扩展面积 /平方公里	扩展比率 /％	扩展速率 /（公里/年）	扩展面积 /平方公里	扩展比率/％	扩展速率 /（公里/年）
1994～1999 年	92.89	47.00	18.58	286.22	49.50	57.24
1999～2004 年	146.79	50.53	29.36	976.59	112.98	195.32
1994～2004 年	239.68	121.29	23.97	1262.82	218.41	126.28

二、城市边缘区空间扩展类型分析

　　为更清晰地分析比较不同时期北京城市边缘区的空间扩展情况，本研究将城市边缘区的扩展分为三种类型：一是向外扩张型，即由上一时期的乡村腹地转化为本时期的城市边缘区的地域，是城市功能向乡村的扩展。二是内部填充型，即在两时点同属城市边缘区的地域。这部分地域在类型归属上没有变化，但在其内部如用地类型、景观等方面发生了某些变化。三是转换核心型，即由城市边缘区转化为城市中心区的地域，也即城市中心区向外扩张的地域。

　　这三种类型的地域实际代表了城市边缘区发展的不同阶段。向外扩张型为城市边缘区发展初期，原来的乡村腹地受到城市及其边缘区的影响而逐渐转变为城市边缘区，但此时受乡村的影响仍大于受城市的影响，各方面特征更接近乡村；随着城市边缘区逐渐发展成熟，虽然仍属城市边缘区，但受城市的影响越来越大，土地利用、经济和社会特征、景观等也趋向于城市化；城市边缘区发展后期，各方面特征已逐渐和城市同质，从而转变为城市中心区。在城市扩张过程中，城市边缘区的三种扩展类型会同时存在，并沿着城市中心向外呈圈层式分布。

从数量上来说，城市边缘区面积的变化正是城市边缘区向外扩张部分和城市边缘区转化为城市核心部分（也即城市中心区外扩部分）面积之差。可见，城市边缘区的空间分布正是由城市边缘区的外扩和城市中心区的外扩两种空间变化所共同决定的。城市边缘区的内部填充区，也即在前后两个时期同属城市边缘区内部的地区，虽然这一部分从属性上说未发生变化，但其内部特征正在发生变化，包括土地利用、经济和社会等特征正趋向于城市化发展，这部分区域正是城市边缘区和城市中心区各自外扩地区的过渡地带，它是上一时期城市边缘区外扩的体现，也将是下一时期城市中心区外扩的潜在区域。

（一）1994～2004 年城市边缘区空间扩展类型分析

1994～2004 年，城市边缘区向外扩张的面积[①]达到 1501.88 平方公里，占 2004 年城市边缘区总面积的 81.58%。其中内部填充区，即在 1994 年及 2004 年同属城市边缘区的区域面积为 339.12 平方公里，是 2004 年城市边缘区总面积的 18.42%。城市中心区，即由 1994 年的城市边缘区转变为 2004 年的城市中心区的区域面积达到 239.06 平方公里，是 1994 年城市边缘区总面积的 41.35%。总的来看，城市边缘区向外扩张的面积要远大于内部填充型和转化为城市中心区面积之和，前者是后者的 2.6 倍，而内部填充地域面积也大于转化为城市中心区的面积，两者之比为 1.42∶1。可见在这 10 年间北京城市边缘区的发展主要以向外扩张为主，内部的发展相对缓慢一些，而城市边缘区转化为城市中心区则更为缓慢（图 3-16）。

---

① 这里的向外扩张区指由乡村腹地转化为城市边缘区的地域，和城市边缘区总量的变化属不同概念。

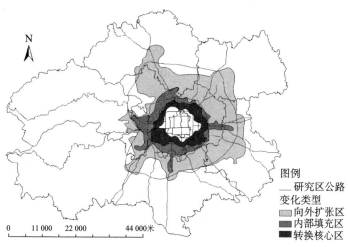

图 3-16 北京城市边缘区变化类型分布图 (1994～2004)

(二) 1994～1999 年城市边缘区空间扩展类型分析

1994～1999 年，北京城市边缘区不同类型的扩展情况分别是：乡村腹地转化为城市边缘区的面积为 379.61 平方公里，占 1999 年全部边缘区面积的 43.92%；处于城市边缘区填充阶段的区域面积为 484.8 平方公里，占 1999 年全部边缘区面积的 56.01%；发展成为城市中心区的边缘区面积为 93.38 平方公里。向外扩张、内部填充及转换核心三种地域的面积之比为 4.06：5.19：1。内部填充型地区面积大于其他两类地区的面积之和。可见，这一阶段城市边缘区的发展以内部填充为主，边缘区的向外扩展相对慢一些，而同时城市中心区的外扩则更慢一些（图 3-17）。

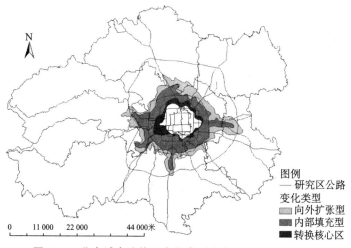

图 3-17 北京城市边缘区变化类型分布图 (1994～1999)

（三）1999～2004 年城市边缘区空间扩展类型分析

1999～2004 年，北京城市边缘区向外扩张的面积达到 1501.88 平方公里，占 2004 年城市边缘区总面积的 81.58%；属于内部填充区的面积为 339.12 平方公里，占 2004 年城市边缘区总面积的 18.42%；而转为城市中心区这部分的面积为 239.06 平方公里。向外扩张、内部填充及转换核心三种地域的面积之比为 6.28：1.42：1。可见这一阶段城市边缘区主要以向外扩展为主，而内部填充与转为城市中心区这两部分相对较少（图 3-18）。

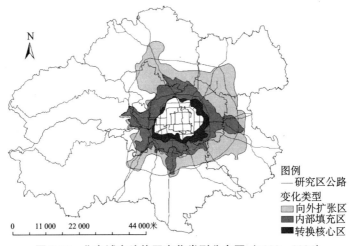

图例
——研究区公路
变化类型
░ 向外扩张区
▨ 内部填充区
■ 转换核心区

0　11 000　22 000　44 000米

图 3-18　北京城市边缘区变化类型分布图（1999～2004）

总体而言，从 1994～2004 年，北京各种类型的城市边缘区面积均有变化。其中前后两个 5 年阶段变化类型略有不同，前一阶段向外扩张程度较小，主要偏重于边缘区内部的填充和发展，而后一阶段则主要偏重于向外扩张。两个阶段中城市中心区的扩展都远小于城市边缘区向外的扩展，城市边缘区内外边界向外扩展的程度存在明显差异。

三、城市边缘区空间扩展方向分析

为更好地分析北京城市边缘区在不同方向上的扩展情况，仍将其划分为八个方向来进行对比。首先分析整个研究期（1994～2004 年），然后分两个时间段（1994～1999 年、1999～2004 年）分别进行研究。

（一）不同方向空间扩展数量分析

这一部分主要讨论不同方向上城市边缘区面积的增加量。从图 3-19 可以看出，1994～2004 年，北京城市边缘区面积的增长主要在东北部，包括东、东北、北、西北等方向，这四个方向上城市边缘区面积的增量占全部边缘区增量的 70％以上。在这 10 年间，城市边缘区在东北向的增加量占全部边缘区增加数量的 21.67％，而东、北及西北方向上城市边缘区增长的贡献率则分别为 17.34％、15.17％和 16.67％。其他四个方向上城市边缘区增长的贡献率之和不足 30％，其中西向增长最少，仅为 3.47％，南向和西南向的增长也较少，贡献率分别为 7.22％和 7.4％。

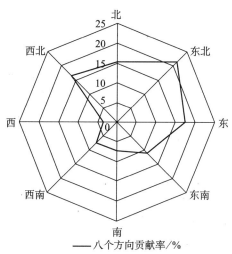

图 3-19　北京城市边缘区沿不同方向扩展分布图（1994～2004）

1994～1999 年城市边缘区的扩展表现出显著的方向差异性。首先，这一时期城市边缘区具有明显向东扩展的趋势，这一方向上城市边缘区面积的增长占全部增长面积的 29.13％。其次是北向的扩展，其方向贡献率为 17.67％。此外，南向及西南向的贡献率分别为 13％和 12.13％，西、西北和东南向的贡献率分别为 6.43％、6.79％和 5.77％（图 3-20）。

1999～2004 年，北京城市边缘区的扩展在各方向上的差异也较显著，但有所减弱。这一时期城市边缘区的扩张主要集中在城市东北部，其中东、东北及北向城市边缘区的增长占全部边缘区增量的 54％。此外，西北向也有较明显的增长，贡献率达到 19.57％。而南、西及西南方向城市边缘区的增量有限，其贡献率之和仅为 14％（图 3-21）。

总体而言，1994～1999 年，北京城市边缘区在各个方向上的扩展总量分布差异较为显著，其中向东方向的扩展范围要明显高于其他几个方向。1999～2004 年，城市边缘区扩展的方向差异有所减弱，其中，东、北部的扩展范围明显大于西、南部。后一阶段城市边缘区在各方向上的扩展不论是总量还是速率都要快于前一阶段，从整个阶段来看，城市边缘区的扩展表现出向北部和东部扩展为主的特点。

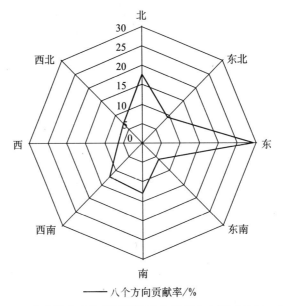

图 3-20　北京城市边缘区沿不同方向扩展分布图（1994～1999）

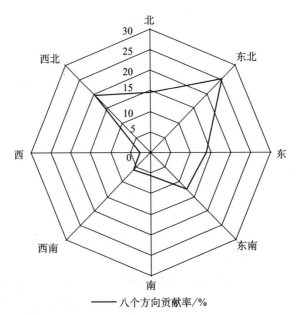

图 3-21　北京城市边缘区沿不同方向扩展分布图（1999～2004）

（二）不同方向空间扩展类型分析

本部分主要分析在不同方向上不同类型城市边缘区的变化。其中向外扩张区比率、内部填充区比率以及转为核心区比率分别代表不同方向各类型的地域面积占本类型地域总面积的百分比。

1. 1994～2004 年

从图 3-22 可以看出，1994～2004 年，北京城市边缘区在不同方向上的扩展类型和方式都有明显差异。除西向外的七个方向上，向外扩张区面积都远大于其他两种类型区域的面积。东南及东北向城市边缘区的内部填充区域小于转化为核心区的区域面积，其他方向均为前者大于后者。

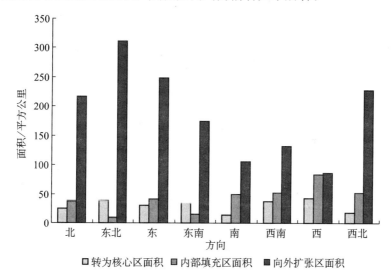

图 3-22　北京城市边缘区沿不同方向扩展类型面积分布（1994～2004）

比较不同方向上三种扩展类型所占比率（图 3-23），其中内部填充区各方向比率方差最大，其次是向外扩张区，各方向比率方差最小的是城市中心区的变化，这三者的比率为 2.47∶1.43∶1。可见城市中心区在各方向上的扩展分布最为均匀，城市边缘区向外扩张的方向差异性较强，而城市边缘区的内部填充部分在各方向上的分布差异则最为显著。

城市边缘区向外扩展的部分主要集中在城市东北部，包括东、东北、北及西北向，分别为 248.53 平方公里、311.41 平方公里、216.61 平方公里和 227.84 平方公里，占全市边缘区向外扩展部分的比率分别是 16.55%、20.73%、14.42% 和 15.17%，比率之和达到 67%。东南、西南、南、西边缘区向外扩展的部分相对较小，分别是 173.9 平方公里、131.15 平方公里、105.57 平方公里和 86.87 平方公里，贡献率分别是 11.58%、8.73%、

7.03%和5.78%。

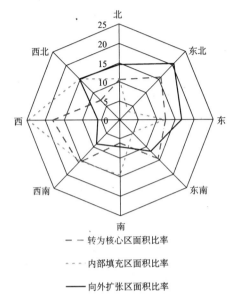

图 3-23 北京城市边缘区沿不同方向扩展类型比率分布图（1994～2004）

内部填充区主要集中在城市西部，包括西、西南及西北向。这三个方向上内部填充区面积总和为186.7平方公里，占1994～2004年内部填充区总面积的55%。另外，东向填充区比率也较高，为12.13%。而东北及东南向上城市边缘区的内部填充部分比率分别为2.97%和4.63%。

转化为城市中心区的区域在各方向上的分布较为均匀，其各自比率分别为北向10.48%、东北向15.80%、东向12.35%、东南向14.33%、南向6.01%、西南向15.77%、西向18.02%、西北向7.24%。

在整个研究时期内，城市边缘区向外扩张部分主要在城市的东北方向，内部填充区域主要分布在城市西部，而城市中心区的扩张则主要在东西向上。由于城市边缘区的向外扩张速度远大于城市中心区的外扩，因此整体来说城市边缘区的扩展表现出与向外扩张区一致的方向性。

2.1994～1999 年

1994～1999 年这5年间，北京城市边缘区的扩展主要以内部填充为主。图 3-24 显示，除东向及北向，其他方向上内部填充区域面积均大于其他两种类型，但是向外扩张区域面积仍大于城市中心区扩展的面积。西南方向转化为城市中心区的面积大，东向和北向以城市边缘区的向外扩张为主，东北向向外扩张面积与内部填充面积相当。东南、南、西南、西和西北等五个方向则均以城市边缘区的内部填充为主。

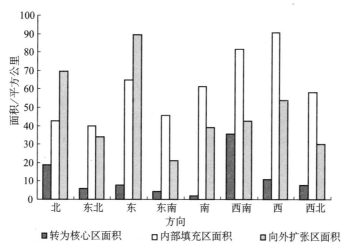

图 3-24 北京城市边缘区沿不同方向扩展类型面积分布（1994～1999）

1994～1999 年各方向上内部填充区分布最为均匀（图 3-25），向外扩张区方向差异性较为明显，而城市中心区的外扩则表现出非常显著的方向差异性。各方向上三种扩展类型的比率方差之比为 1∶2.47∶9.49。

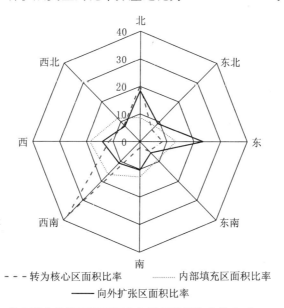

图 3-25 北京城市边缘区沿不同方向扩展类型比率分布（1994～1999）

城市边缘区的外扩主要在东向和北向，这两个方向上扩张区面积占本阶段向外扩张总面积的 41.84%。西向和西南向向外扩张区面积所占比率分别为 14.2% 和 11.24%。而东北、东南及西北向向外扩张区比率均在 10%

以下。

城市边缘区的内部填充在各个方向的分布是：西向 90.78 平方公里，占此阶段全部填充区的 18.73%；西南向 81.68 平方公里，贡献率是 16.85%；东向 64.69 平方公里，贡献率是 13.34%；南向 61.41 平方公里，贡献率是 12.67%；西北向 58.04 平方公里，贡献率是 11.97%；东南向 45.51 平方公里，贡献率是 9.39%；北向 42.72 平方公里，贡献率是 8.81%；东北向 39.97 平方公里，贡献率是 8.25%。

城市中心区的外扩主要在西南向及北向，这两个方向上城市中心区的外扩占全部核心区外扩面积的 58.24%。而南向城市中心区的扩展比率最低，仅为 2.07%。

总体来说，1994～1999 年城市边缘区的空间扩展主要表现为边缘区内部的填充，且在各方向上分布较为平均。城市边缘区的向外扩张主要在城市东北部，而城市中心区的外扩则主要在西南方向上。

3. 1999～2004 年

1999～2004 年，城市边缘区的扩张大大快于前一阶段，主要以向外扩张为主。城市边缘区的扩展在东南、南及西南向主要以内部填充为主，而在其他方向上均处于边缘区向外快速扩张阶段。其中东北、东南及西北向城市边缘区向外扩张面积分别是内部填充区及转为核心区面积之和的 3.76 倍、2.3 倍和 2.24 倍（图 3-26）。

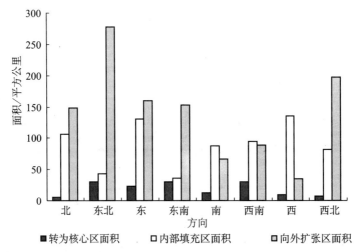

图 3-26 北京城市边缘区沿不同方向扩展类型面积分布（1999～2004）

城市边缘区的外扩主要分布在城市东北部，北、东北、东、东南四个方向上向外扩张的总面积为 737.54 平方公里，占全部外扩面积的 65.52%，其中东北向向外扩张的贡献率为 24.68 ％。此外，西北向城市边缘区向外扩张的面积达 197.57 平方公里，占本阶段全部外扩面积的 17.55％。城市边缘区在西南方向上的向外扩张较为缓慢。与上一阶段相比，东北向城市边缘区向外扩展的增长最为明显，其向外扩张速度是上一阶段的 8 倍。此外，东南及西北方向上向外扩张区域面积也分别是前一阶段的 7.31 倍和 6.53 倍。其他几个方向相对变化没那么明显，而西向城市边缘区的外扩速度较上一阶段明显放缓，其扩展速率仅为前一阶段的 65％（图 3-27）。

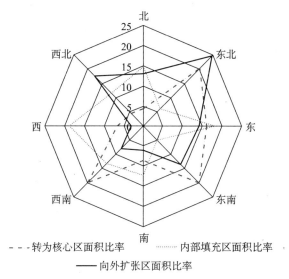

图 3-27　北京城市边缘区沿不同方向扩展类型比率分布（1999～2004）

　　城市边缘区的内部填充区域主要分布在西向、东向及北向上。这三个方向上内部填充区面积之和及所占比率分别是 370.97 平方公里和 51.86％。相对于城市边缘区的外扩，两个阶段之间在各个方向上，城市边缘区的内部填充的变化相对小一些。与上一阶段相比，东向及北向的增长最明显，其面积分别为前一阶段的 2.48 倍和 2.01 倍，东南向内部填充区的面积是前一阶段的 80％。

　　城市中心区的外扩部分主要在东北、东南及西南向上，这三个方向上外扩面积占全部外扩面积的比率均在 20％左右。而在南、西及西北方向上，城市中心区的外扩则相对迟缓。与上一阶段相比，东南、南及东北方向上城市中心区的外扩速率增长最快，分别为上一阶段的 6.73 倍、6.64 倍和 5.06倍。而在城市西部包括西、西南、西北方向以及北向上，城市中心区的外扩速率较前一阶段均有所下降。其中北向城市中心区的扩张速率仅占上一时期的 33％。

1994～1999 年和 1999～2004 年两个时期，城市边缘区的空间扩展特征具有明显差异。1994～1999 年城市边缘区的扩展以内部填充为主，三种不同类型在各方向上的分布具有较为明显的差异性，并各自以某一个或两个方向为主要分布方向。1999～2004 年城市边缘区的扩展则主要以向外扩张为主，不同类型在各方向上的分布趋于平均，表现出多方向同时扩展的特点。

四、城市边缘区空间扩展区域分析

北京市城市边缘区的扩展在各区的分布上存在差异性，在不同时期也表现出差异性。下面仍然分为三个时间段进行分析，首先分析整个研究期（1994～2004 年），其次分两个时间段（1994～1999 年、1999～2004 年）进行研究。

（一）1994～2004 年

1994～2004 年北京城市边缘区在各区的增长按照大小可以分为三个等级。

（1）贡献率在 10% 以上：包括通州、昌平、大兴、顺义。在上述四区城市边缘区增长面积分别为 312 平方公里、241 平方公里、183 平方公里、180 平方公里，其所占边缘区增长总量的比率分别为 24.72%、19.09%、14.5%、14.25%。

（2）贡献率在 1%～10%：有海淀、朝阳、房山和门头沟。它们相应的城市边缘区增长的面积占边缘区增长总量的比率分别为 9.85%、9.28%、5.52% 和 3.31%。

（3）贡献率在 1% 以下：包括石景山和丰台。其中石景山的边缘区面积增量为 4.68 平方公里，仅占全部边缘区增量的 0.37%；而丰台的边缘区面积从 1994～2004 年减少了 11.31 平方公里。

（二）1994～1999 年

1994～1999 年，北京城市边缘区在各区的增长按照大小也可以分为三个等级。

（1）贡献率在 20% 以上：包括朝阳和大兴，城市边缘区增长的面积及其占边缘区增长总量的比率分别为 27.21% 和 22.68%，这两个区内城市边缘区的增量几乎达到这一阶段全市边缘区增量的 50%。

（2）贡献率在 10%～20%：包括通州、昌平和门头沟，三者边缘区增长贡献率之和为 41%，平均贡献率是 13.67%。

（3）贡献率在 10% 以下：有房山、石景山、丰台和海淀，这四个区城市边缘区的增量所占比率之和为 9.09%。到 1999 年城市边缘区还未扩展至顺义，所以此阶段顺义区城市边缘区增量为 0。

（三）1999～2004 年

1999～2004 年，除丰台、石景山、门头沟和朝阳以外，其他各区城市边缘区的增量都大大高于上一阶段。变化速率提高最快的是海淀，两阶段城市边缘区扩展速率之比达到 1∶25.2。房山、昌平、顺义城市边缘区扩展速率分别是上一阶段的 7.76 倍、5.31 倍和 3.69 倍。这一时期各区按贡献率大小可以划分为三个等级。

（1）贡献率在 20％ 以上：包括通州和昌平，两者贡献率之和达到 47.75％。

（2）贡献率在 10％～20％：包括顺义、海淀、大兴，贡献率分别为 18.43％、12.25％和 12.10％，总和为 42.78％。

（3）贡献率在 10％以下：有房山、朝阳、门头沟、石景山、丰台，这 5 个区的贡献率总和是 9.47％，其中石景山与丰台在本阶段城市边缘区面积为负增长，贡献率为负值。

比较两个阶段各区边缘区的增长情况，可以看出随着时间的推移，城市边缘区主要增长区域已逐渐由离城市中心较近的区县向远离市中心的方向转移。同时在离城市中心较近的区内城市边缘区增长在逐渐放缓甚至减缩。这显示了在北京市城市化进程中，外围区县的外延式扩张仍占主导地位，部分近郊区以内涵式发展为主。

不同时期北京各区城市边缘区扩展情况如图 3-28 和图 3-29 所示。

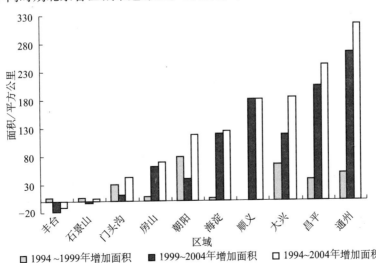

图 3-28　不同时期北京各区城市边缘区扩展情况（总量）

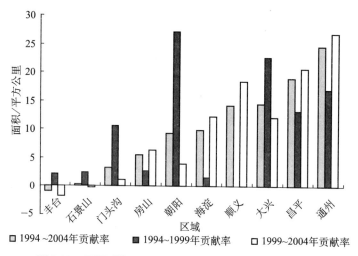

图 3-29　不同时期北京各区城市边缘区扩展情况（比率）

五、城市边缘区空间扩展强度分析

以城镇建设用地扩展强度指数表征城市边缘区空间扩展的强度。城镇建设用地扩展强度指数是在特定区域内年均城镇建设用地扩展面积与土地总面积的比值，其计算公式为

$$E_i = \frac{U_i}{A_i \times \Delta t} \times 100$$

式中，E_i 为 i 区城镇建设用地扩展强度指数；U_i 为 i 区域城镇建设用地扩展面积；A_i 为 i 区土地总面积；Δt 为以年为单位的变化时间。利用此公式求得各区城市边缘区扩展强度指数（图 3-30）。根据 E_i 值的大小及范围，可以将城镇建设用地扩展划分为以下不同强度类型：

（1）$E_i > 1.92$，高速扩展型；

（2）$1.05 \leqslant E_i \leqslant 1.92$，快速扩展型；

（3）$0.59 \leqslant E_i \leqslant 1.05$，中速扩展型；

（4）$0.28 \leqslant E_i \leqslant 0.59$，低速扩展型；

（5）$0 \leqslant E_i \leqslant 0.28$，缓慢扩展型。

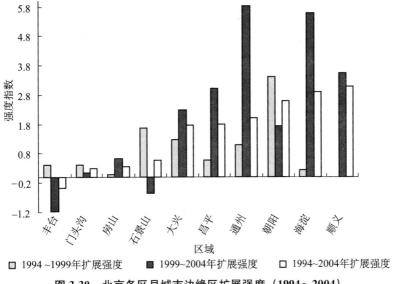

图 3-30 北京各区县城市边缘区扩展强度（1994～2004）

（一）1994～2004 年

根据 1994～2004 年各区县城市边缘区扩展强度指数，将其划分为四类。

高速扩展（$E_i > 1.92$）：包括顺义、海淀、朝阳、通州，这四区的扩展强度指数分别为 3.07、2.90、2.57 和 1.99。

快速扩展（$1.05 \leqslant E_i \leqslant 1.92$）：包括昌平和大兴，扩展强度指数分别为 1.8 和 1.77。

低速扩展（$0.28 \leqslant E_i \leqslant 0.59$）：包括石景山、房山、门头沟，扩展强度指数分别是 0.57、0.35 和 0.29。

另外，丰台在此阶段城市边缘区面积为负增长，扩展强度指数为 -0.37，说明丰台区城镇建设用地以内部填充为主，城市边缘区逐步向建成区转化。

（二）1994～1999 年

这一阶段各区县可划分为四类。

高速扩展（$E_i > 1.92$）：仅有朝阳，该区的扩展强度指数为 3.42。

快速扩展（$1.05 \leqslant E_i \leqslant 1.92$）：包括石景山、大兴和通州，扩展强度指数分别为 1.68、1.26 和 1.08。

低速扩展（$0.28 \leqslant E_i \leqslant 0.59$）：包括昌平、丰台和门头沟，相应扩展强度指数分别是 0.57、0.42 和 0.42。

缓慢扩展（$0 \leqslant E_i \leqslant 0.28$）：包括海淀和房山，对应扩展强度指数分别是

0.22 和 0.08。

（三）1999～2004 年

根据这一阶段各区城市边缘区扩展强度指数，将其划分为四类。

高速扩展（$E_i > 1.92$）：包括通州、海淀、顺义、昌平和大兴，扩展强度指数分别为 5.83、5.58、3.54、3.02 和 2.29。

快速扩展（$1.05 \leqslant E_i \leqslant 1.92$）：朝阳，城市边缘区扩展强度指数是 1.72。

低速扩展（$0.28 \leqslant E_i \leqslant 0.59$）：房山，城市边缘区扩展强度指数是 0.62。

缓慢扩展（$0 \leqslant E_i \leqslant 0.28$）：门头沟，城市边缘区扩展强度指数是 0.16。

另外，石景山和丰台在此阶段城市边缘区面积为负增长，扩展强度指数分别为 -0.55 和 -1.16。

总体来看，第二阶段各区城市边缘区的扩展强度要高于第一阶段，两阶段平均扩展强度指数之比大于 2。扩展强度指数提高显著的有海淀和通州，昌平和大兴也有较大提高，同时扩展强度下降的有石景山、丰台、朝阳以及门头沟。

六、北京城市边缘区空间扩展规律总结

根据上述分析，可以将 1994～2004 年北京城市边缘区的空间分布及扩展规律概括为以下几点。

（一）城市边缘区呈不规则环状分布

北京城市边缘区在城市中心区及乡村腹地之间呈不规则环状分布，且沿主要交通干线方向向外延伸。这一特征在三时点城市边缘区的空间分布图上清晰地表现出来。城市边缘区分布由内环线向外环线逐步推移，随着四环、五环的全线通车而迅速向外扩张，部分区域已扩至六环以外。沿交通干线方向向外延伸在 1994～1999 年表现得尤为明显，1999 年之后则表现为大片的面状填充，到 2004 年沿不同干线向外延伸部分已连接成片。

（二）城市边缘区的扩展逐渐加快

从 1994～1999 年再到 2004 年，城市边缘区的扩张越来越快，其扩展速率要远大于城市中心区的扩展。1999 年北京城市边缘区的面积是 1994 年的 1.5 倍，而 2004 年北京城市边缘区的面积则是 1999 年的 2.1 倍。不论是在扩展总量还是在扩展速率上，第二阶段（即 1999～2004 年）都远大于第一阶段（1994～1999 年）。同时，城市边缘区与核心区面积比值 1994 年为 1.71，

1999 年为 1.72，2004 年为 2.05。随着城市化的快速进行，北京城市向周围地区不断蔓延、扩展，城市边缘区的扩展也在不断加快。

（三）城市边缘区的扩展具有不同类型

城市边缘区的扩展可以分为三种类型：向外扩张型、内部填充型和转换核心型。这三种类型代表了城市地域在前后两个时期的转化方向，同时也代表了城市边缘区发展的不同阶段。向外扩张型指由乡村腹地转化为城市边缘区的地域，代表城市边缘区发展初期。内部填充型即指在两个时期属城市边缘区的地域，区域内部土地利用、社会和人口特征等趋向于城市化，是城市边缘区发展的中期。转换核心型指由城市边缘区转化为城市中心区的地域，既是城市边缘区发展的末期，也是城市中心区向外扩张的地域。在城市扩张过程中，城市边缘区的三种扩展类型同时存在，并沿城市中心向外逐层分布。

北京城市边缘区的空间扩展类型在两个阶段内表现出不同的特点：在第一阶段城市边缘区主要以内部填充为主，这一时期城市边缘区的变化主要发生在区域内部，包括用地比率的提高、社会经济条件的提高和基础设施的完善等方面；第二阶段城市边缘区则进入快速扩张阶段，城市边缘区的范围迅速向外扩张，相较于第一阶段，边缘区内的建设用地比率则有明显下降。

不同时期城市边缘区的扩展类型和扩展方式受该时期城市本身的社会经济发展、政策及自然条件等不同因素的影响，不同时期城市边缘区的外扩、内部填充、转化为核心区一般在同时进行。就某一局部地域而言，其发展将经历城市边缘区的外扩—内部填充—转化核心区这三个阶段，从而由乡村腹地转化为城市边缘区并最终成为城市中心区。

（四）城市边缘区的空间扩展具有方向差异性

由于城市在不同方向上自然环境和社会经济条件均存在差异，城市边缘区在不同方向上的扩展也存在明显的差异性。

在同一时期内，城市边缘区的扩展在各方向上表现出不同的特点；而不同时期之间城市边缘区在各方向上的空间扩展也具有各自不同的特点。在第一阶段，北京城市边缘区的扩展总量表现出较为显著的方向差异性，其中向东方向的扩展要明显高于其他几个方向。而在第二阶段，城市边缘区扩展的方向差异则有所减弱，其中，东、北部的扩展范围明显大于西、南部。

此外，不同阶段各方向上城市边缘区的空间扩展类型亦有所不同。第一阶段城市边缘区空间扩展的三种不同类型在各方向上的分布具有较为明显的差异性，并各自以某一个或两个方向为主要分布方向。而第二阶段不同类型在各方向上的分布趋于平均，表现出多方向同时扩展的特点。

（五）城市边缘区的扩展具有区域差异性

空间差异性是地理环境的基本特征，不同的空间尺度存在着不同程度的差异。行政区划是国家为了进行分级管理而实行的国土和政治、行政权力的划分，是人文地理研究尤其是城市化研究中必须考虑的一个重要因素。不同行政小区，包括区县、乡镇甚至街道及自然村等，都具有其独特的经济联系、地理条件、民族分布、历史传统、风俗习惯、地区差异、人口密度等客观因素。因此在不同的区域，城市边缘区的空间扩展也具有典型的特征。

北京市辖 16 个区，本研究中涉及的 10 个区按空间位置可划分为两个圈层，朝阳、海淀、丰台、石景山四个区属于内部近郊圈层，是第一阶段城市边缘区的主要分布地区。而随着城市化的推进，城市边缘区的分布范围也向外层区域扩张，如大兴、昌平、顺义、通州等。外层区域城市边缘区扩张速度较快，而内部区域的城市边缘区逐渐放缓甚至减缩。

第四节 北京城市边缘区空间扩展影响因素分析

城市边缘区是城市化进程中出现的独特的地域实体，它的空间扩展实际也是城市空间扩展的一部分。城市空间扩展的影响因素，同样也影响着城市边缘区的扩展。一般认为，影响城市扩展的动力因素包括自然和社会经济两大类，其中又以社会经济因素的影响为主。W. H. Form 把影响城市土地利用变化的动力分为两大类：市场驱动力和权力行为力。P. C. Stern 等人则把土地利用变化的社会驱动力分为人口变化、贫富状况、技术变化、经济增长、政治和经济结构以及观念和价值等几类。根据北京的特点，本书主要从自然地理环境、社会经济因素、交通因素以及政策与规划四个方面进行分析。

一、自然地理环境

自然地理环境是城市空间扩展的基本限制条件。任何一个城市的形成、建设和发展都与自然地理因素有密切的关系。自然地理环境是城市空间扩展十分重要的基础，直接影响着城市空间扩展的潜力、方向和速度等。

北京位于华北平原西北边缘，地势西北高、东南低。其西、北和东北，群山环绕，东南是缓缓向渤海倾斜的大平原。西部是太行山余脉的西山，北部是燕山山脉的军都山，两山在南口关沟相交，形成一个向东南展开的半圆形大山弯，即"北京弯"，它所围绕的小平原即为北京小平原。

西北多山、海拔较高的地理环境限制了北京城市边缘区向西北方向的发展。东南方向地势平坦、用地充裕，因此北京城市边缘区主要向东南方向扩展。根据前面的分析，可以看出北京城市边缘区在西部扩展面积有限。城市边缘区朝东向扩展的趋势日益明显，处于东、南方向的通州、顺义、大兴是城市边缘区扩展最为迅速的地区。到研究期后期，北京城市边缘区不断向东部扩张，已逐渐接近城市的东部边界。

二、社会经济因素

经济增长是城市空间变化的主要动力之一，城市空间扩张实质上是经济发展在空间上的体现。在城市空间扩展过程中，城市用地提供了城市一切社会经济活动的物质基础，也为城市居民提供了一切生产与生活活动的物质源泉。研究表明，在较短的时间维度上，城市扩展主要受到社会经济因素的驱动，受自然因素影响较小。在社会经济因素方面，人口增长、经济发展、城市化进程等对城市用地扩展往往起着主导作用。

经济的发展推动了城市化的步伐，决定着城市化水平的高低。一方面，经济的发展使人们的经济收入提高，农产品的需求弹性随着人们收入水平的增长而降低；相反，对制造业产品和服务业的需求会随着收入增长而更快地增长，这就产生了需求结构随着收入提高而变化的倾向。变动了的需求结构必然带动投入结构（资本与劳动的投入）和产业结构相应由第一产业向第二、第三产业的大规模转移，并导致城市空间结构发生相应的演变。

经济的增长为人均居住面积、人均道路用地、人均公共设施用地和人均公共绿地的增长提供了可能，推进城市向边缘区扩展。人口增长对城市用地扩展与规模经济的发展有显著的刺激作用，城市用地扩展能促成人口在一定地域范围内的聚集。交通运输条件和通信设施是影响城市经济活动空间集聚或扩散的重要因素。

鉴于此，为了进一步揭示北京城市边缘区扩展的驱动机制，遵循数据资料的科学性、客观性、可操作性等原则，本书收集了北京1994年、1999年和2004年的部分社会经济统计数据，运用相关性分析方法进一步揭示社会经济因素对城市边缘区空间扩展的影响。

选择北京市城市边缘区面积（X_1）作为因变量，选取13个影响因子进行相关性分析。选取的影响因子包括GDP、第一产业产值、第二产业产值、第三产业产值、建筑业产值、总人口、非农业人口、固定资产投资额、利用外资额、基本建设投资额、房屋竣工面积、客运量、全市道路里程。为了更好地对比与区分城市边缘区与城市中心区扩展机制的差异，同时选取了城市中心区面积（X_2）与这 13 个影响因子进行相关分析（表 3-12）。

表 3-12　北京城市边缘区影响因子相关分析

因子（单位）	相关性及显著性	边缘区面积 X_1	核心区面积 X_2
GDP（万元）	Pearson 相关性	0.9958	0.9964
	显著性（双侧）	0.0584	0.054
第一产业产值（万元）	Pearson 相关性	0.9958	0.9964
	显著性（双侧）	0.0586	0.0539
第二产业产值（万元）	Pearson 相关性	* 0.9976	0.9943
	显著性（双侧）	0.0444	0.0681
第三产业产值（万元）	Pearson 相关性	0.995	* 0.9971
	显著性（双侧）	0.0637	0.0487
建筑业产值（万元）	Pearson 相关性	0.9773	* 0.9993
	显著性（双侧）	0.1358	0.0233
年末总人口（万人）	Pearson 相关性	0.9895	* 0.9995
	显著性（双侧）	0.0923	0.0202
非农人口（万人）	Pearson 相关性	0.988	* 0.9998
	显著性（双侧）	0.0986	0.0138
固定资产投资（亿元）	Pearson 相关性	* 0.9985	0.9925
	显著性（双侧）	0.0346	0.0778
利用外资额（亿元）	Pearson 相关性	−0.0705	−0.2446
	显著性（双侧）	0.9551	0.8427
基本建设投资（万元）	Pearson 相关性	0.9757	* 0.9990
	显著性（双侧）	0.1406	0.0281
房屋竣工面积（万平方米）	Pearson 相关性	0.9824	** 0.9999
	显著性（双侧）	0.1197	0.0073
客运量（万人）	Pearson 相关性	* 0.9972	0.9686
	显著性（双侧）	0.0476	0.16
全市道路总里程（公里）	Pearson 相关性	0.9711	* 0.9979
	显著性（双侧）	0.1535	0.0411

* 在 0.05 水平（双侧）上显著相关；** 在 0.01 水平（双侧）上显著相关。

结果表明：与城市中心区面积明显相关的影响因子有 7 个，按相关系数由大到小排列依次为非农人口＞GDP＞年末总人口＞建筑业产值＞基本建设投资额＞全市道路里程＞第三产业产值。与城市边缘区面积明显相关的影响因子有 4 个，按相关系数由大到小排列依次为固定资产投资额＞第二产业产值＞公共绿地面积＞客运量。

从表 3-12 可以看出，影响城市中心区空间扩展的因素主要包括城市总体经济水平、第三产业及建筑业产值、非农业人口、房屋建设和交通等几个方面。而影响城市边缘区空间扩展的因素则主要是第二产业尤其是制造业、固定资产投资及交通等。城市总体经济发展和人口数量主要影响城市中心区的扩展，而城市基础建设以及交通等因素则共同影响城市边缘区内外两边界的空间变化。

第二产业的发展是影响城市边缘区空间扩展的首要因素。随着城市经济的发展，产业结构朝着高级化方向发展，制造业所占的比重逐渐提高，工业产业用地需求明显增加。由于我国的制造业一般布局在城郊，因此工业开发区的建立就极易导致城市的扩展，从而使城市边缘迅速向外扩张（图3-31）。

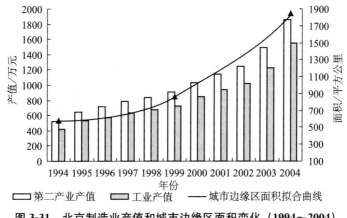

图3-31　北京制造业产值和城市边缘区面积变化（1994～2004）

另外，经济的发展也为北京市城市基础设施的不断完善提供了强大的资金保证。城市基础设施的不断完善为工业和第三产业的规模聚集提供了更加有利的条件，进一步促进了工业和第三产业的发展，从而加速了城市化水平的提高；同时，城市基础设施的发展本身也需要占据一定的城市空间，也导致了城市的扩展，推动城市化进程，从而推动城市边缘区内外边界不断向外扩展。

三、交通因素

城市是与外界不断进行物资能量交换的开放式系统，而交通基础设施的建设可以为加快物资交换速度、提高资源配置效率提供良好的硬件环境。城市交通线路对于城市的建设起着重要的导向作用。

城市扩展的方位总是沿着城市化最具潜力的地区扩展，即扩展成本低、阻力小的方向，比如，自然条件、交通便利、非农业产业基础好等，从景观生态学的角度来看，就是沿着交通线为主体的廊道进行扩展。城市土地的扩展实际上是经济要素的集聚和转移，在城市聚集体的离心（郊区化）和向心（城镇化）作用下完成，而呈放射线状的道路无疑成为最有力的杠杆。

　　根据北京市交通规划的资料，北京的城市道路网分别由快速走廊、集散主干道、次干路等三个功能层次的高效道路网络系统组成，包括六个环线快速路，以及 11 条对外放射线。对以上主要交通干道进行缓冲区分析，缓冲区半径分别采用 2.5 公里和 5 公里，然后研究北京市城市道路网缓冲区内城市边缘区的分布情况，数据结果见图 3-32。

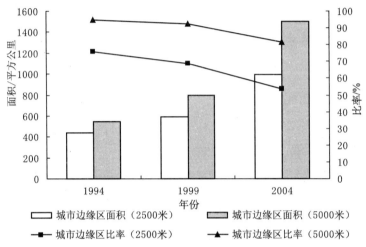

图 3-32　北京主要公路缓冲区内城市边缘区分布情况（1994～2004）

　　根据图 3-32，城市边缘区的面积沿着交通廊道逐年增加，显示交通廊道起到了城市扩展轴线的作用。同时，缓冲区内城市边缘区面积占全部边缘区的比例逐渐下降，这也说明了城市边缘区在轴向扩展发展到一定程度之后，轴线之间的填充式发展开始占据主导地位。

四、政策与规划

　　城市规划作为政府干预城市运行的主要手段，无论是在市场经济还是在计划经济体制下，都对城市的发展和建设起着重要的控制与引导作用，在一定程度上促进和抑制了都市地区的发展。

　　1993 年批准的《北京城市总体规划》（1991—2010 年），决定要疏解市区，开拓外围，城市建设的重点从市区向远郊区转移，适当扩大周围卫星城的规模，以减轻市区人口过于集中所增长的压力。北京城市规划区按照市区（即中心城市）、卫星城（含县城）、中心镇、一般建制镇等四级城镇体系布局，为城市边缘区的快速建设和开发，提供了有力保证。

　　在新一轮的城市总体规划中北京市政府确定了"两轴-两带-多中心"城

市空间新格局。通过完善"两轴"，强化"东部发展带"，整合"西部生态带"，最终构筑以城市中心与副中心相结合、市区与多个新城相联系的新的城市形态。北京市通过深化改革，采用不同的经济政策，以经济手段推动了郊区的开发建设和市区的调整改造，开辟城市基础设施建设的资金渠道，积极推动城市建设。而这一格局的实现，也必将改变整个北京的城市布局，对北京城市边缘区的未来发展也必将起到决定性作用。

主 要 参 考 文 献

蔡栋，李满春 . 2010. 基于信息熵的城市边缘区的界定方法研究——以南京市为例 . 测绘科学，35（3）：106-109.

曹广忠，缪杨兵 . 2009. 基于产业活动的城市边缘区空间划分方法——以北京主城区为例 . 地理研究，28（3）：771-780.

陈晓军，张洪业 . 2003. 北京城市边缘区土地用途转换宏观动因机制研究 . 地理科学进展，22（2）149-157.

陈佑启 . 1995. 城乡交错带名辩 . 地理学与国土研究，11（1）：47-52.

陈佑启 . 1996. 试论城乡交错带及其特征与功能 . 经济地理，16（3）：27-31.

程连生，赵红英 . 1995. 北京城市边缘带探讨 . 北京师范大学学报（自然科学版），31（1）：127-133.

崔功豪，武进 . 1990. 中国城市边缘区空间结构特征及其发展——以南京等城市为例 . 地理学报，45（4）：399-411.

方晓 . 1999. 浅议上海城市边缘区的界定 . 地域研究与开发，18（4）：65-67.

方修琦，章文波 . 2002. 近百年来北京城市空间扩展与城乡过渡带演变 . 城市规划，26（4）：56-60.

顾朝林 . 1995. 中国大城市边缘区研究 . 北京：科学出版社 .

顾朝林，陈田 . 1993. 中国大城市边缘区特性研究 . 地理学报，48（4）：317-328.

顾朝林，熊江波 . 1989. 简论城市边缘区研究 . 地理研究，8（3）：95-101.

李世峰，白人朴 . 2005. 基于模糊综合评价的大城市边缘区地域特征属性的界定 . 中国农业大学学报，10（3）：99-104.

林坚，汤晓旭 . 2007. 城乡结合部的地域识别与土地利用研究——以北京中心城地区为例 . 城市规划，31（6）：36-44.

刘君德，张玉枝 . 2000. 大城市边缘区社区的分化与整合——上海真如镇个案研究 . 城市规划，24（4）：41-43.

隆少秋 . 2003. 大城市边缘区中小城市可持续发展战略探讨——以广州增城

市为例. 地理科学进展, 22 (5) 532-540.

陆海英, 杨山, 张婷, 等. 2004. 基于遥感的城乡结合部地域范围界定研究. 南京师大学报 (自然科学报), 27 (2): 98-102.

罗彦, 周春山. 2005. 中国城乡边缘区研究的回顾和展望. 城市发展研究, 12 (1): 25-30.

戚本超, 周达. 2007. 北京城乡结合部的发展演变及启示. 城市问题, (1): 61-64.

钱建平, 周勇. 2007. 基于遥感和信息熵的城乡结合部范围界定——以荆州市为例. 长江流域资源与环境, 16 (4): 451-455.

钱紫华, 陈晓键. 2006. 城市边缘区的界定方法研究. 中山大学研究生学刊 (自然科学, 医学版), 26 (1): 54-61.

钱紫华, 陈晓键. 2005. 西安城市边缘区空间扩展研究. 人文地理, 20 (3): 54-58.

任荣荣, 张红. 2008. 城乡结合部界定方法研究. 城市问题, (4): 44-48.

宋金平, 李丽平. 2000. 北京市城乡过渡地带产业结构演化研究. 地理科学, 20 (1): 20-26.

宋金平, 王恩儒. 2007. 北京住宅郊区化与就业空间错位. 地理学报, 62 (4): 387-396.

孙胤社. 1995. 城乡边缘带的人口空间组织. 经济地理, 12 (2): 70-75.

谈明洪, 冉圣宏. 2010. 大都市边缘区的环境问题及其对策——以北京市房山区为例. 地理科学进展, 29 (4): 422-426.

涂人猛. 1990. 城市边缘区初探——以武汉市为例. 地理学与国土研究, 6 (4): 35-39.

王发曾, 唐乐乐. 2009. 郑州城市边缘区的空间演变、扩展与优化. 地域研究与开发, 28 (16): 51-57.

王国强, 王令超. 2000. 城乡结合部土地利用研究——以郑州市为例. 地域研究与开发, 19 (2): 32-35.

王海鹰, 张新长. 2010. 基于逻辑回归模型的城市边缘区界定方法研究. 测绘通报, (10): 7-10.

王静, 杨山. 2004. 城乡结合部土地利用变化的信息提取技术与分析. 地理科学进展, 23 (2): 1-9.

王开泳, 陈田. 2007. 大都市边缘区城乡一体化协调发展战略研究——以成都市双流县为例. 地理科学进展, 26 (1): 106-114.

王秀兰, 李雪瑞. 2010. 基于TM影像的北京城市边缘带范围界定方法研究. 遥感应用, (4): 100-104, 134.

王玲慧. 2008. 大城市边缘区空间整合与社区发展. 北京：中国建筑工业出版社.

魏清泉. 1994. 区域规划原理与方法. 广州：中山大学出版社.

吴铮争，宋金平. 2008. 北京城市边缘区城市化过程与空间扩展——以大兴区为例. 地理研究，27（2）：285-293.

许新国，陈佑启. 2009. 城乡交错带空间边界界定研究进展. 中国农学通报，25（17）：265-269.

许新国，陈佑启. 2010. 城乡交错带空间边界界定方法的研究——以北京市为例. 安徽农业科学，38（2）：995-998，1048.

姚永玲. 2010. 北京市城乡结合部管理研究. 北京：中国人民大学出版社.

于伯华，吕昌河. 2008. 城市边缘区耕地面积变化时空特征及其驱动机制——以北京市顺义区为例. 地理科学，28（3）：348-353.

张建明，许学强. 1997. 城乡边缘带研究的回顾与展望. 人文地理，12（3）：5-8-33.

张宁，宋金平. 2010. 北京城市边缘区空间扩展特征及驱动机制. 地理研究，29（3）：471-480.

张晓军. 2005. 国外城市边缘区研究发展的回顾及启示. 国外城市规划，20（4）：72-75.

张衍毓，刘彦随. 2010. 大城市边缘区统筹城乡土地利用战略探讨——以天津市东丽区为例. 中国土地科学，24（2）：3-8.

章文波，方修琦. 1999. 利用遥感影像划分城乡过渡带方法的研究. 遥感学报，3（3）：199-202.

赵自胜，陈金. 1996. 城乡结合部土地利用研究. 河南大学学报（自然科学版），26（1）：67-70.

周一星，史育龙. 1995. 建立中国城市的实体地域概念. 地理学报，50（4）：289-301.

Bryant C, Russwurm L. 1979. The impact of nonagricultural development on agriculture: a synthesis. Plan Canada, 19 (2): 122-139.

Carter H, Wheatley S. 1979. Fixation lines and fringe belts, land uses and social areas: nineteenth-century change in the small town. Transactions of the Institute of British Geographers, 4 (2): 214-238.

Desai A, Gupta S S. 1987. Problem of Changing Land Use Pattern in the Rural-Urban Fringe. New Delhi: Concept Publishing Company.

Friedmann J, Miller J. 1965. The urban field. Journal of the American Institute of Planners, (31): 312-320.

Garreau J. 1991. Edge City: Life on the New Frontier. New York: Double-day.

Gober P, Burns E K. 2002. The size and shape of Phoenix's urban fringe. Journal of Planning Education and Research, (21): 379-390.

LeSage J P, Charles J S. 2008. Using home Buyers'revealed preferences to define the urban-rural fringe. J Geograph Syst, (10): 1-21.

Susan A H, Jay S K, Thomas C R. 2006. Defining urban and rural areas in U. S. epidemiologic studies. Journal of Urban Health, 83 (2) . DOI: 10. 1007/511524-005-9016-3.

第四章
北京城市边缘区的产业空间结构

本书第三章分析了自然地理环境、社会经济、交通和政策与规划因素对城市边缘区扩张的影响，其中提到社会经济因素是扩张的主要驱动力。在社会经济因素中，产业结构和人口数量的变化是两个关键因素。本章重点研究不同产业的空间组织及其对城市边缘区空间演化的塑造作用。

第一节 产业发展与空间组织的机理关系

产业作为城市空间扩张的主要动力之一，无论是其组织方式还是产业结构的升级变化都会对城市空间结构产生重要影响。从城市空间发展规律看，工业、房地产业和物流产业首先向城市边缘区扩张，继而带动其他产业的集中，致使用地结构不断发生变化，最终影响城市空间结构。

一、产业组织方式与城市空间结构

产业组织是通过产业内部的微观组织作用于城市空间的，产业组织方式的变化会引起企业内部及企业之间合作方式的变化，空间上的反映则是企业或产业布局的变化，这种作用方式虽然是漫长的，但却是本质上的。产业组织方式的改变从长期来看，经历过四次较大的变革，每一次都伴随着空间结构的巨大转变（表 4-1）。

表 4-1 产业组织方式与城市空间结构的关系

产业组织方式	主要发展阶段	特点	与城市空间结构的关系
作坊制生产组织（单体企业）	18 世纪 70 年代前	生产力水平低下，手工作坊是主要生产形式，城市的政治功能强于其经济功能	城市规模小，生产、居住、销售空间融为一体，前店后坊式生产作业；以广场等核心建筑物为中心的规整化、理想化静态布局；城市空间结构封闭，演变缓慢

续表

产业组织方式	主要发展阶段	特点	与城市空间结构的关系
机械化生产组织	18世纪末期至19世纪中叶（第一次科技革命）	大机器生产逐步取代手工业成为主要生产方式	大机器生产以及"蒸汽时代"的到来，使得城市空间迅速扩展，形成功能分区，工业区、居住区、商业区逐渐形成
福特主义生产组织	19世纪后半期至20世纪中叶（第二次科技革命）	社会专业化分工加深，生产专业化和部门协作日益加强	城市中心出现CBD且功能不断演化，郊区化出现；工业大量向郊区迁移。城市空间组织处于极其不稳定状态，不断变化
柔性产业组织及模块化产业组织	第二次世界大战以后至今（第三次科技革命）	信息经济时代和网络时代出现的柔性或虚拟运作组织方式	功能区出现融合，高科技园区在城市边缘区大量出现，城市形态基本稳定

　　18世纪70年代以前，产业组织方式以作坊制生产为主，这种组织方式对城市的空间结构影响较小，因此，此时的城市功能单一（以政治功能为主），规模较小。第一次科技革命之后，大机器生产和蒸汽时代登上了历史舞台，机械化取代了作坊制生产成为主要的产业组织方式，城市空间迅速扩张，产业也开始大规模向有利于生产的地方布局，城市功能分区形成。福特主义是一种以生产机械化、自动化和标准化形成的流水线作业及其相应的工作组织，通过大规模生产能够极大地提高标准化产品的劳动生产率。在19世纪后半期至20世纪中叶，福特主义生产成为产业组织方式的主流。这种大规模的社会化生产组织形式下产生的城市用地空间结构演化，具有分工体系、等级体系及内部有机联系的空间对应结构（徐逸伦，1999）。然而，该时期一些发达国家的郊区化开始出现，工业也大规模向郊区外迁，城市边缘区用地布局组织无序、功能混乱，并出现了大量的城市问题，如交通拥挤不堪、环境污染严重、社会问题愈演愈烈等。随着信息经济时代和网络时代的到来，柔性产业组织方式促生了大量的具有竞争力的产业集群，这种组织方式使得先前对产业竞争力影响极大的传统区位因素的作用力大大下降，产业集群也会大量出现在传统区位不太优越的落后地区，并且无论是传统产业还是高新技术产业都会存在产业集群，只要形成集群的产业，其竞争力必定会大大加强。模块化产业组织是随着现代信息技术和计算机制造技术的迅速发展，而兴起的一种以虚拟运作为特征的社会生产组织形式和企业组织管理模式。柔性产业组织和模块化组织是信息经济时代和网络时代的重要产业组织形式，它们的大量出现必然使城市功能日趋融合，形态结构日渐稳定，也使新区域主义主张的空间一体化成为可能。一方面，因为技术发展使工业生产环境得以改善，工业对居住区的影响越来越小，为居住和工业的融合奠定了基础；另一

方面，这些生产组织采取小型化、市场化、非标准化的工业生产完全可以融合在居住区内，从而使传统居住区中居住与城市其他职能的土地混合利用程度加大，工作与居住环境的联系更为密切（江曼琦，2001a）。

总之，产业组织方式的每一次变革都对城市空间结构产生了深远的影响。从城市空间结构的封闭静止的形态，到混乱无序、大规模扩张的运动状态，再到较稳定有序的空间一体化形态，每一次空间运动都伴随着产业组织方式的转变。这也从另一层面说明了产业及产业组织方式对城市空间结构的演变具有十分重要的作用。

目前，北京工业在自身寻找最低成本驱动力和外部城市环境保护推动力的作用下逐渐从城市中心迁出，转向土地充裕、交通方便、地价低廉的城市边缘区。在空间形态上，产业的集聚与扩散使得北京城市不断向外扩展，呈现"摊大饼"式的发展形态，并带来了人口过密、交通拥挤、环境恶化等一系列严重的城市弊病。北京单中心城市向多中心城市过渡已成为经济发展和人们生活的普遍要求。随着制造业和人口向城市边缘区进一步迁移，各种零售业、服务业、教育娱乐设施也将纷纷出现在边缘区，原来集中于城市中心的多种经济活动日益分散到边缘区的各个中心点上，这样在边缘区又形成功能较为完备的中心区，它们多沿交通干线分布，通过便捷的交通与原城市中心相互联系，使大城市出现多中心格局。北京城市边缘区出现了一些柔性产业组织，产业集群凸显，如中关村科技园的电子一条街等。北京作为国际性的大都市，必然受全球化国际人企业的影响日趋加深，模块化产业组织方式必然会大量兴起。北京大都市正在迈入柔性产业组织和模块化产业组织方式主导的产业发展阶段。从城市空间形态上判断，北京城市空间结构必然会随着北京信息化和网络化进一步完善和作用力的进一步加强而日趋合理。

二、产业结构调整与城市空间结构

城市是现代区域社会经济要素及产业发展的核心空间载体，产业结构不断优化和持续升级及其相应的组织、空间布局的变化，成为推动城市空间重组和优化的核心动力（郑国，2006）。因此，现代城市空间的扩张过程就是产业结构持续优化与升级的动态变化过程。在我国经济进入转型期的 30 多年中，经济的快速增长与城市化进程成为经济社会发展最重要的两大推进力量。经济发展与城市空间扩展形成了前所未有的互动态势，城市空间重组推动了产业形态的变革与创新，产业集群、产业园区的空间形式又带动了城市空间重组，推动创新型城市与区域创新体系的构建（李程骅，2008）。世界上许多城市都是在产业结构发生较大的调整变化时期实现了城市空间结构的优化，如伦敦、巴黎、东京等城市均是在相应发展阶段，利用产业结构的调整疏解了城市的功能，建设了新城，完善了城市的空间结构。

从某种程度上说，城市空间结构不仅仅是一种空间现象，更是一种经济现象。经济发展始终对城市空间结构的产生和发展具有决定性作用，城市空间结构是经济社会发展的产物，而产业又是经济社会的核心要素。那么，产业是如何作用于城市空间的呢？每个产业集合体的基本单元，都是有机组成的小集合，或者说是一个系统的子系统，因而才能形成某种产品的生产能力与一定规模，或者形成提供某种劳动服务的能力与一定规模。也就是说，产业可以看做是由多种小集合体构成的部门，这些集合体之间具有一定的组织性，若其组织越有序、等级职能越高、规模越庞大，则表现出的作用力就会越强大，对外部空间的影响力也就越大。并且，这种集合体之间的组织形式受整个社会外部大环境的影响较大，生产社会化的规模越大，社会化的程度越高，这种集合体的内部构成有机性就越强，组织越严密，联系和制约就越复杂和强化，空间上的表现则会越集约。

产业结构是产业内部集合体的比重，一般情况下是指第一、第二、第三产业比重的大小。由于这些产业是由自然资源、劳动力、技术和资本等基本要素组成的，伴随着城市经济的发展，产业结构会逐渐从资源、劳动密集型向资本密集型，再向技术和知识密集型产业转变。这个发展阶段理论只是从大范围论述了产业演进的一般规律，其实每一个产业内部又有各自的规律，以第二产业为例，在经济发展的初期阶段以轻工业为主，到后期则以重工业为主，在重工业内部，发展初期以煤炭、石油化工等资金密集型重工业为主，后期向汽车制造等技术密集型重工业转变。因此，每一次产业结构的优化升级，其主导产业必然发生变化，其产业发展要素的内涵、外延也会发生变化，并且这些要素的组织形式也会相应变化。这种变化形式必然会在空间上反映出来。

农业经济时代，低素质、低技能的大规模的劳动力是关键的生产要素，因为此时主要的产业是农业，手工业和商业只是小规模出现，这种产业结构对城市空间结构的作用力较小，城市空间结构处于相对稳定状态。机器时代的到来使整个外部环境发生了变化，产业结构也相应升级，工业成为城市或区域的主导产业，产业所包含的生产要素在增加，并且各个要素之间的组织方式和作用强度也在发生变化，如劳动力的素质在不断提高，资本要素逐渐占据主导地位并与技术要素共同发挥作用。要素间的相互作用方式及强度对区位的要求发生变化，从而使产业或企业在空间布局上相应做出调整，城市空间结构在这一过程中发生变化。知识经济时代，信息和创新成为产业发展的又一新的集合体，并对产业竞争力的影响越来越强，知识经济时代的城市空间结构将主要呈现出城市内部和外部空间双向联动和双重结构的特征（郭力君，2008），产业结构演进对城市空间结构的具体影响如图 4-1 所示。

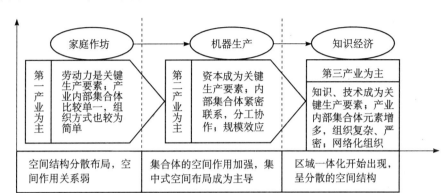

图 4-1　产业结构演进与城市空间结构的关系

自进入转型期以来，北京市产业结构一直处于不断调整的状态中。转型初期的 1978 年，第二产业比重高达 72％，第三产业和第一产业比重分别为 24％和 4％，第二产业比重远远高于第三产业和第一产业。这主要是由在计划经济体制下北京城市功能定位为"生产性城市"导致的，当时的北京市建立了与本地资源和首都经济不相匹配的高耗水、高耗能、占地大的重化工业结构。进入转型期后，北京城市产业结构进入了稳步调整与优化时期，第二产业比重不断下降，第三产业比重不断提升，直到 20 世纪 90 年代初期，计划经济时期留下来的重工业产业格局才真正得到改观，北京城市迈入了符合产业发展规律的"三、二、一"产业投入与产出结构阶段。2005 年，北京市第三产业比重达到 69.1％，第二产业比重则降为 29.4％。北京城市在产业结构的调整和升级过程中，城市空间结构也处在不断变化之中。在 90 年代初期，产业结构进入了最激烈的调整时期，北京市积极推行"退二进三"的有效产业发展战略，大量的工业企业迁向城市边缘区，同时新增的工业企业也主要是一些污染少、附加值高的产业，如高新技术产业等，并在城市边缘区形成了大量的经济技术开发区和高新技术开发区。因此，产业结构的调整从根本上改变了北京城市的空间结构，也从微观层面上改变了城市的空间组织方式。

第二节　北京城市边缘区产业发展概况及特点

一般认为，城市边缘区的产业主要由都市农业、新兴产业以及由中心区转移出来的传统产业三部分组成，并且随着城市的继续扩张，农业用地会进一步转化为承租能力较高的其他产业用地，产业结构不断得到优化提升。然而，在这一用地转换过程中，边缘区产业无论是在布局上还是在与空间结构适应的程度上都会出现大量的问题，如用地布局混乱、产业间联系较弱等。处于转型期的北京大都市边缘区更是如此，因此，对北京城市边缘区产业特点的梳理，有助于更好地从空间结构上加以优化组织。北京城市边缘区产业变化的总体特点包括以下四个方面。

一、产业结构不断优化升级，第二、第三产业比重不断增加

北京城市边缘区是产业发展比较迅速的地区，是国家高新技术产业基地，国内外知名的高等教育机构、科研机构、传媒机构和医疗机构的集聚区，也是北京发展高新技术产业、现代制造业和现代农业的主要载体，更是北京未来城市产业发展的重点所在。在这些产业快速成长与推动下，北京城市边缘区的产业结构变化相当快。由表 4-2 可以看出，北京城市边缘区三次产值比重由 1990 年的 8.36：55.42：36.22 演变为 2009 年的 1：23.2：75.8，第一、第二产业比重不断下降，第三产业比重明显上升且幅度较大，产业结构由"二、三、一"型演变为"三、二、一"型，产业结构逐步由合理化向高度化方向演进。特别是进入 2000 年后，第三产业迅速发展，大幅度优化了北京城市边缘区产业结构。

表 4-2　北京城市边缘区产业结构比重变动情况　　　　（单位：%）

产业	1990 年	1995 年	1998 年	2003 年	2009 年
第一产业	8.36	13.25	9.27	2.60	1.00
第二产业	55.42	42.33	42.94	34.94	23.2
第三产业	36.22	44.42	47.79	62.46	75.8

资料来源：根据《北京社会经济统计年鉴》（1991）、《北京统计年鉴》（1996、1999、2001、2004）、《北京市 2009 国民经济和社会发展统计公报》相关数据整理得出。

其实，在北京城市边缘区农业内部结构也发生了很大变化，逐渐由传统农业过渡到都市型农业，主要表现在：种植业已逐渐失去原有的主导地位，单一的粮食种植业格局已被完全打破，而以市场需求为导向的商品蔬菜、园艺、果品、家禽、牛奶和鲜蛋增长十分迅猛，农牧业已经成为农业生产的主体（宋金平和李丽平，2000）。也就是说，城市边缘区农业的主要功能已有先前的纯粹生产性功能转向了为城市全面服务的功能，如为城市提供生态绿化、蔓延隔离功能，也是城市居民的游憩、休闲和观光场所。边缘区农业结构的调整提高了农业效益、增加了农民收入、繁荣了农村经济，促进了城市边缘

区城乡一体化程度，也为边缘区的空间结构优化提供了条件。

第二产业的内部结构也在进行调整，一些占地面积大、技术含量低的传统产业（如棉纺等）正在向外地扩散，高耗水、高耗能、大运量和污染性较严重的重化工工业的外延扩大规模已受到遏制，特别是随着北京申办奥运会成功，这种产业的发展受到严格的控制，首都钢铁业也因此陆续迁出石景山区。一些高新技术产业与生产性服务业开始在城市边缘区悄然崛起，并占据主导地位，成为北京城市边缘区产业发展的生力军。例如，纺织及服装工业发展速度为 −0.4％，其他制造业为 −0.7％，而电子工业却以 73.3％ 的发展速度高速发展。

二、产业用地之间转化速度快，用地结构变化明显

处于转型期的北京城市边缘区，由于其用地广阔、限制因素少、区位优越，成为大城市空间扩展的主要方向，用地结构变化异常明显。由于北京城市边缘区面积较大，在这里以丰台区为例，说明边缘区土地利用转化速度之快。如表 4-3 所示，丰台区自 1992 年以来呈现农业用地面积大幅度下降，建设用地面积快速增加的趋势。农业用地面积所占比重由 1992 年的 41.3％ 下降到 2008 年的 25.75％，除林地外，其他类型农业用地面积都在迅速减少，总共减少了 4524.02 公顷。林地 1992～2004 年呈增长态势，其比重由 1992 年的 2.67％ 上升到 2004 年的 10.4％，这主要是由于北京市为防止城市连片蔓延发展，加强绿化缓冲隔离带大规模植树造林的原因。2004～2008 年林地面积减少了 116.5 公顷。

表 4-3　1992～2004 年丰台区土地利用结构变化

土地利用结构	1992 年		2004 年		2008 年	
	面积/公顷	比重/％	面积/公顷	比重/％	面积/公顷	比重/％
耕地	8 768	29.21	3 840.01	12.56	3 160.9	10.34
园地	1 566.22	5.22	963.74	3.15	936.4	3.06
林地	801.7	2.67	3 180.8	10.4	3 064.3	10.02
牧草地	4.73	0.02	0	0	0.0	0.00
其他农用地	1 257.87	4.19	865.9	2.83	712.9	2.33
居民点及工矿用地	13 241.85	44.11	16 827.2	55.03	17 322.3	56.65
交通用地	1 644.58	5.48	2 205.4	7.21	2 693.9	8.81
水利设施用地	28.26	0.09	310.1	1.01	309.9	1.01
未利用地	2 707.85	9.02	2 387.4	7.81	2 379.5	7.78

资料来源：根据北京市国土资源局相关资料整理而得。

各类建设用地面积均具有较大幅度的增长，1992 年总面积为 14 914.69 公顷，2008 年增加到 20 326.1 公顷，净增面积 5411.41 公顷。其中，城镇及工矿用

地变化幅度最大，净增加面积 4080.44 公顷，占建设用地净增加总面积的 75.4%，说明北京城市在不断向外拓展的过程中大量的边缘区农用土地被转化为建设用地，边缘区不断被城市化，界限也不断外推。在此过程中，边缘区的交通可达性不断提高，基础设施也日臻完善，所占的交通用地比重也在持续增加，2008 年丰台区交通用地面积已达到 2693.9 公顷，市区三大环线、京石等高速公路以及以北京西客运站为中心的铁路干线成为丰台交通用地的重要组成部分，所占面积可观。

总体来看，转型期的城市边缘区，农业用地大幅度转化为建设用地，如住宅用地、办公用地、工业用地以及交通基础设施用地，致使农业用地大幅度减少，建设用地迅猛增加，用地结构变化速度相当快。

三、产业空间布局呈现"大分散、小集聚"的格局

北京城市边缘区产业总体布局指向性和集中性不明显，不管是高新技术产业，还是传统产业，分散布局现象严重（《北京市产业布局规划研究》课题组，2005），产业集聚效应不明显，土地利用效益不高。然而，在海淀、顺义、大兴区等又集聚着大量特色产业园区。例如，中关村科技园区在依托高新技术产业优势的基础上，形成了海淀园、丰台园、昌平园、电子城科技园、亦庄科技园、德胜科技园和健翔科技园组成的"一区多园"的发展格局。这些园区产业定位明确，专业化分工明显，集聚优势突出，大大提升了区域竞争力。

从具体产业分布来看，中心区分布的是以金融业、信息咨询业等为主的附加值较高的生产性服务业；城市内缘区主要集聚的是服务业、现代服务业和高新技术产业，形成了以北京商务中心区、中关村科技园区海淀数字园和奥运体育文化旅游区为代表的产业集聚区；城市外缘区的主导产业是以制造业为主的工业和高新技术产业，并且已形成了以北京经济技术开发区（BDA）、天竺空港工业开发区和林河工业开发区为代表的产业集聚区。总之，北京产业空间分布基本符合地租理论，从内城到边缘区产业附加值依次降低。由于北京城市呈圈层式扩张的趋势，产业的分布也呈现"圈层式"扩张的特点。三环以内基本以服务业为主，三环到四环之间在 20 世纪 90 年代以前基本以工业生产为主，90 年代以后随着经济的发展以及城市化水平的提高，工业企业陆续搬迁改造，工业总产值占全市比重大幅度降低。当前，五环附近的开发区和产业基地已经逐步成为北京工业发展的重要载体和主要增长点。

四、产业空间协作联系不强

北京产业圈层状扩散的趋势使得城市边缘区的产业布局分散，专业化分工程度不够，集群效应不明显。如在汽车业方面，北京现代、北京奔驰（包括北京吉普）、北汽福田三大汽车整车制造分散在顺义、亦庄和怀柔三地，汽车零部件则分散在亦庄、顺义、通州、平谷、怀柔、密云、昌平、房山等8个地区；在生物医药方面，中关村生命科技园、亦庄药谷和大兴生物医药基地相互独立；在电子产业方面，有中关村科技园区、BDA、顺义天竺空港工业开发区、酒仙桥电子城等环城电子产业带；在装备制造业方面，有丰台科技园、昌平科技园、BDA和通州光机电一体化产业基地（刘春成等，2008）。一些园区产业功能雷同、规模偏小、数量偏多，彼此不能相互配套、产业间的联系程度不高，以致无法形成规模经济、范围经济，也无法在更高程度上实现产业集群效应。

目前，北京城市边缘区产业的空间联系存在的问题主要表现在：第一，边缘区内部产业横向联系较少，甚至相互独立。以汽车产业为例，目前，北京汽车工业已经形成了"一个基地、三个板块"的发展格局，即顺义汽车制造基地和以现代企业为代表的轿车板块，以切诺基为代表的运动休闲车板块和以福田汽车为代表的商用车板块三大板块。北京汽车工业为了能够发挥"一个基地、三个板块"的汽车集群优势，成立了北汽控股公司，以期通过战略网络形成的内部交易和合作制度来协调和解决不同利益集团之间的利益分配问题，意在彻底改变以往板块互不相连而仅为孤岛、资源不能共享、资源配置不合理的状况。但实践证明，北京控股公司只是形式上的一体化组织，各汽车生产企业、汽车改造企业、主要零部件企业仍然处于相对独立状态，特别是三大板块企业更是相对独立的。第二，与周边地区产业垂直纵向联系较少，分工不健全。一方面，北京城市边缘区在产业选择时没有考虑河北、天津等周边地区的产业发展，直接导致与周边地区的产业结构雷同、重复建设、相互竞争。天津有一汽、天汽、丰田汽车工业基地，汽车产业基础较好，然而，北京没有从区域的角度进行产业分工协作的考虑，不顾天津汽车产业发展的状况，也开始大规模发展汽车产业，两地之间汽车产业的竞争不言而喻，更谈不上产业间的相互配套协作。另一方面，在产业分工上，北京仍然没有考虑区域自我配套的产业体系，直接导致夹在京津中间的河北产业配套能力弱，产业承接能力差，使得大量的企业把研发中心放在北京，将产品的生产制造环节转移到长江三角洲和珠江三角洲而不是距离北京更近的河北，形成科研成果"北京开花，长三角和珠三角结果"的产业格局（盖文启和蒋振威，2007），抑制了京、津、冀的区域空间优化重组，减弱了区域竞争力。

总之，北京城市边缘区的产业存在结构雷同、分工不明显、配套不健全的产业组织问题，产业间的联系无论是横向还是纵向都有待提高。

第三节　转型期北京市工业的空间变化

转型期大都市一个重要特点是产业结构不断升级，中心区原有的一些低附加值、高能耗的产业不断向外围转移，城市边缘区以其独特的区位优势和相对完善的配套设施成为这些产业的首选地，这些产业不仅占地面积广阔，而且它们的迁移导致部分从业人口的跟随迁移，人口和产业的空间集聚激发和带动了周边服务设施、配套设施的兴起，致使城市边缘区空间结构发生变化。在这些产业转移中，制造业的边缘区空间扩散是最为明显的。一方面，由于本身的特点，制造业首先从中心区转移到城市边缘区；另一方面，进入转型期以后，制造业得到了快速发展，企业数量急剧增加，加之城市建成区内土地的稀缺性，新增的制造业企业大都布局在城市边缘区，20 世纪 90 年代以来，经济技术开发区、高新技术开发区等工业园区如雨后春笋般迅速地在边缘区成长，形成了一种新的产业空间，它们的出现使得城市边缘区甚至整个城市空间结构发生了很大的变化。例如，刘玲（2003）研究了北京中关村科技园区的建设对北京城市空间扩展的影响，认为中关村科技园加速了北京城市空间星状式（或触角式）的发展。因此，边缘区产业的发展直接决定着城市空间形态的变化。然而，组织有序的城市空间结构也有助于产业的发展，主要表现在，可以大大提高企业的运输成本、信息成本和交易成本，有助于产业结构的优化升级。

一、北京工业发展与城市边缘区空间结构演进

（一）城市工业企业变化概况

在计划经济时期，北京选择了依托城市优先发展重工业，建设独立自主的工业体系的工业发展道路。然而，随着我国改革开放即经济转型期的到来，北京经济发展迅猛，城市化水平大幅度提升，原有的产业结构已不能适应城市空间发展和北京市新的功能定位的需要。1983 年尤其是 90 年代以后北京逐渐改变了经济中心、工业基地的城市定位，强调北京是"两个中心"（政治中心和文化中心），主要职能是"四个服务"（为党政军首脑机关正常开展工

作服务，为日益扩大的国际交往服务，为国家教育、科技和文化的发展服务，为北京市的工作和生活服务），城市功能定位的转变要求北京工业特别是城区和近郊区的工业外迁。北京从此采用了"退二进三"战略，对原有产业布局和工业用地进行了大幅调整，推进城市中心区工业企业逐步向郊区以及周边小城镇转移。工业企业整体迁出东城、西城、崇文以及宣武四个中心城区，朝阳、海淀、丰台三区既有迁入企业也有迁出企业，迁入的企业大多数为污染小、占地少、附加值高的企业，而迁出企业则是原有的占地面积大、附加值低的老工业企业，表现出一定的选择性。远郊区的 8 个区县是迁移企业的最终目的地。工业企业迁移的主要目的地位于大兴、通州、朝阳、丰台、昌平的一些开发区，如 BDA、大兴工业开发区、昌平科技园区、顺义林河开发区和天竺空港工业区等。

从工业增加值占北京市工业增加值的比重来看，1999 年之前，近郊区呈大幅度上升趋势，而 2000 年之后呈下降趋势，但自 2002 年工业增加值占北京市工业增加值的比重却大幅飙升，这主要是由于 2001 年前各区县统计的工业增加值不包括辖区内的市属工业和中央所属工业，2002 年以后则将其包括在内。而国有工业大多集中于城区和近郊区，如 1995 年和 2000 年北京城近郊区的中央及市属单位占全市的 92％和 94％。总体上看，近郊区工业增加值占全市工业增加值比重呈现出一个倒"U"形的曲线，即先增加后减少。远郊区工业增加值占全市工业增加值比重是逐步上升的。因此可以说，北京工业在空间布局上呈现出圈状扩散的演变态势（刘春成等，2008），对边缘区空间结构的作用为圈层推移式。

（二）企业外迁历程及对边缘区空间结构的影响

从迁移历程来看，这些企业的搬迁可以归纳为三个不同的阶段（傅晓霞和魏后凯，2007），然而，每一个阶段对边缘区空间结构的影响又是不同的，如表 4-4 所示。

表 4-4　中心区迁移企业及对边缘区空间结构的影响

时段划分	搬迁目的	搬迁方式	空间组织方式	对边缘区空间结构影响
1985~1995 年	污染扰民	"原厂址、原规模"	分散、无规则布局，紧靠中心区	转让用地 29.4 万平方米，对边缘区空间影响不大
1996~2001 年	污染扰民、布局调整	规划区域、鼓励集中	有计划、大规模的调整阶段，集中布局，工业园区集中	转让用地 421.1 万平方米，已产生深刻影响。特别是工业园区的建设
2002 年至今	结构调整、国际大都市建设、城市定位	严格执行总体规划、鼓励跨区域迁移	优化城市功能布局的目标，有的迁入河北等周边省、市	重视集聚规模效益。因为有的企业迁入外地（如首钢集团等），搬迁企业对边缘区空间结构影响较小

第一阶段是 1985～1995 年，重点解决城区内分散、小型、污染严重的工业企业污染扰民的问题。该阶段被搬迁企业普遍存在"小、散、少"的特点，即转让面积小、地点分散、转让资金少，企业搬迁基本按照"原规模、原厂址"的简单空间迁移来运作。这时搬迁到边缘区的企业大多分散布局，并且由于规模小，对边缘区空间结构的影响也是较小的。

第二阶段是 1996～2001 年，由于城市化进程的加快，此时建成区内的用地日渐紧缺，政府先后出台了多项政策，鼓励企业外迁，并且扩大了搬迁企业范围。该阶段的特点是，对城区内企业的搬迁具有很强的政策性和规范性要求，在空间上则要求具有一定的集聚性和规模性。迁入企业的集聚在空间上对城市边缘区具有深刻的影响。

第三阶段，为了改善北京生态环境的需要，对企业的迁入地进行了严格的限制要求，有些污染重的企业直接迁移到北京城市外围地区，如首钢集团迁到河北省。该阶段由中心区迁出的企业对边缘区空间组织的影响较小。

当前，北京的产业发展总体上已经到了工业化中后期阶段，中心区甚至已进入后工业化时期。按照产业本身的规律，在这一时期，产业的空间布局开始由集聚向分散进行大规模的转变。中心区第三产业快速发展，大量的传统产业将会由城区向边缘区进行又一轮的转移，然而，这次转移的产业要比以往任何时期的级别都高。同时，一些新型的产业园区也会在城市周边蓬勃兴起。在传统产业不断从中心区外迁到边缘区和新兴产业不断集聚于边缘区的过程中，边缘区的空间结构必将会发生较大变化。

（三）首钢迁移对边缘区空间结构的影响

为了证实工业企业外迁对边缘区空间结构的影响，本书选取首钢集团（以下简称首钢），研究其搬迁是如何对石景山区空间组织造成影响的。首钢位于北京城市边缘区的石景山区，已发展成为以钢铁业为主，兼营采矿、机械、电子、建筑、房地产、服务业、海外贸易等多种行业，跨地区、跨所有制、跨国经营的大型企业集团。首钢为北京经济发展做出了巨大贡献，1979～2002 年，首钢累计向国家上缴利税费 333 亿元，带动就业人数 15.6 万人。然而，1994 年之后北京城市强调发展"首都经济和知识经济"，作为北京最大的传统重工业区的首钢发展受到抑制，其工业生产利润占北京市财政收入的比重也开始大大降低。2004 年之后，首钢的搬迁提上了历史日程，截至 2010 年，首钢集团已全部迁至唐山曹妃甸。

首钢的存在使石景山、门头沟、丰台等行政区的用地布局受到不同程度的影响。石景山完全是围绕首钢形成的行政区，区内的空间布局形成了以首钢为核心，居住、生活、服务功能区与之配套的格局，首钢的搬迁必然会使整个地区的产业空间布局发生重组。门头沟地处长安街延长线的西端，西倚西山，东隔永定河与首钢相望，然而首钢的出现阻断了长安街向西延伸的线路，使得门头沟与市区无法获得便捷的联系。虽然 1993 年北京的城市总体规划就明确了其作为卫星城的地位，但由于无法与规划市区建立有机的发展关系，地区社会经济发展仍然处于较低水平，紧邻首钢的卫星城中心——永定镇地区仍处于待开发状态。丰台西部的卢沟桥和长辛店，除分布为首钢主厂区生产配套的重型机械、建材和生产防护用品等企业、货运交通用地外，还有大量生产废料的堆放场地，呈现出明显的工业区边缘空间形态。同时，在石景山、丰台的规划中还为首钢发展预留了大片生产用地。另外，首钢的影响还表现在更广阔的区域范围，西部的铁路网交织着首钢的货运专用线，城市山区分布有原首钢的矿场。初步估算，首钢主厂区停产直接影响到的城市用地调整规模达 12 平方公里（鞠鹏艳，2006）。

同时，首钢成为制约北京城市西部边缘区区域一体化的主要屏障。首钢地处石景山、门头沟、丰台三区联系的空间节点上，然而，由于首钢占地面积巨大，厂区内部建筑物、道路、铁路、立体管廊分布错综复杂，成为区域交通联络难以逾越的屏障。北京市区至门头沟、丰台河西地区只能绕行西北方向的京门公路和西南方向的京石快速路，石景山、门头沟、丰台三区之间的联系不畅，区域内外综合交通系统不能形成，空间要素资源流通不畅，限制了北京城市西部次区域经济的一体化发展（表 4-5）。

表 4-5　首钢集团对周围城市边缘区空间组织的影响

区域	影响
石景山	围绕首钢形成生产、生活以及居住的布局形态；首钢与石景山区整体联系不紧密；形成了大量低水平、同等级、小区块的城市发展格局，没有形成标志性的商业、金融、娱乐以及文化中心
丰台	首钢紧邻的卢沟桥和长辛店乡的大量用地成为首钢集团的工业配套用地和废物堆放场地，严重浪费了土地资源
门头沟	切断了门头沟区与中心市区的便捷的空间联系，使得空间组织运行效率大大降低，卫星城功能无法得到有效发挥
整个区域	阻碍了区域一体化的进程，空间组织不畅

石景山区第二产业比重偏高的产业结构也从一定程度上影响了石景山区产业空间结构的优化。由于首钢的存在，石景山区产业结构过于偏重工业化，从表 4-6 可以看出，2005 年，石景山区三次产业结构比例为 0.06：70.82：29.12，致使产业经济结构单一、缺乏主导经济吸引力，反映在空间上则表现为产业发展空间布局不合理以及产业发展不均衡。当前，产业在空间上的组织特征也主要是紧紧围绕钢铁产业进行布局，其他新兴产业和服务业很难有立足之地，长期的这种发展格局致使区内整体产业投入产出效益不明显、产

业链条拉动效应不突出、接受超大型项目的能力不足等，严重影响了当地空间资源要素的优化重组。

表 4-6　2005 年地区生产总值及横向比较表

	朝阳		丰台		石景山		海淀	
	数量/万元	构成/%	数量/万元	构成/%	数量/万元	构成/%	数量/万元	构成/%
合计	11 185 353	100.00	3 327 570	100.00	1 817 970	100.00	11 441 487	100.00
第一产业	16 224	0.10	9 756	0.30	957	0.06	15 449	0.10
第二产业	2 511 210	22.50	1 110 005	33.40	1 060 062	70.82	2 490 758	21.80
第三产业	8 657 919	77.40	2 207 809	66.30	435 837	29.12	8 935 280	78.10

资料来源：根据《北京统计年鉴》(2006) 相关资料整理而得。

首钢的搬迁会引起新一轮的区域发展空间融合，不仅会使石景山内部空间格局发生变化，也会改变石景山与周边边缘区县如丰台区、门头沟的空间组织联系。石景山内部将逐渐形成"一轴、一核、一园、一带、多支点"的空间发展格局。其中，一轴是指长安街西延长线综合轴；一核是指首钢新区，也就是京西综合商务区；一园是指中关村科技园区石景山园；一带是指永定河水岸经济带；多支点即若干重要功能区。首钢搬迁对石景山空间格局影响最大的是长安街这一中轴线继续向西拓展，穿过首钢将石景山、门头沟和中心区连接起来，逐渐形成集总部经济、商务办公、文化娱乐等功能为一体的综合轴，这条要素运行流畅的发展轴必将为石景山区带来广阔的发展空间。同时，首钢是石景山、丰台、门头沟三区的交汇点，首钢搬迁意味着城市西部空间的打通，相邻地区发展空间得以释放，区域协作逐渐增强，空间组织也由先前的"块"状单元走向"面"状发展格局，北京城市西部综合服务职能也会日渐加强（表 4-7）。

表 4-7　首钢搬迁前后对石景山的主要影响

项目	首钢搬迁之前的石景山	首钢搬迁之后的石景山
主导产业及特点	钢铁产业；重工业，耗水量大、污染严重	创意文化产业、休闲娱乐产业；现代服务业部门、高附加值且有利于保护环境
产业组织形式	轮轴式产业组织，即围绕首钢集团这一核心企业发展了众多涉钢业小型企业	创意文化产业等先进产业成为主导，在空间布局上也更加融合，柔性化产业组织和集群性的产业组织形式并存
空间组织特点	单核式的空间组织形态	功能分区重新划分，产业联系更加紧密
对边缘区空间组织的影响	形成以首钢为中心的就业、居住、服务业为体系的空间布局形态	石景山、门头沟、丰台三区的区域协作加强，区域一体化开始出现，整体城市功能得以提升

另外，首钢的搬迁也必然会促进石景山产业结构的升级和转换，进而促使该区主导功能转型。从宏观上看，首钢的搬迁必然会带来人居环境的改善、

区域功能定位的提升，也符合北京"宜居城市"发展的要求，加之石景山距离市中心仅十几公里，区位优势明显，在地租理论的作用下，一批附加值高、经济效益好的产业必然会捷足先登，目前，社会各界对石景山商业地产增值空间、商业发展前景和社会经济前景普遍看好，各种经济活动趋于活跃。首钢的搬迁为空间结构走向合理有序提供了极为有利的条件。首钢的搬迁也为石景山区产业升级和结构转换带来了难得的历史机遇，利用搬迁腾出的土地空间培育新兴产业，有利于整合区域资源，推进地区产业结构优化升级，逐步实现石景山区由制造业向现代服务业及文化创意产业转型，彻底改变北京西部的城市空间布局，推动首都经济向体验经济和新型服务经济发展，其产业空间组织也会随着产业结构的升级转换得到优化提升。

总之，一个大型企业集团的搬迁对于一个地区空间结构的影响是巨大的，先前的产业空间组织形式必然受到破坏，一种更有序、更合理的空间组织形式将会出现，并替代原有的空间组织形式。新型的产业空间组织形式较原有的空间组织形式，其产业间的联系会更加紧密，产业发展更加有序，也将更加有利于区域一体化的建设。

二、开发区对城市边缘区空间组织的影响

（一）开发区与城市边缘区空间组织的关系

开发区是产业活动的聚集地，作为新兴经济活动的空间载体，必然对所在地区的空间结构产生影响，开发区已成为近20年来影响我国城市空间结构变化的主要内容之一。由于开发区建设发展过程伴随着空间开发、经济要素重组、人口聚集流动、土地利用变化、新旧城区及中心与边缘区的相互作用等，开发区建设对所在城市和地区经济、社会、实体空间的演化具有强烈的催化、带动效应，从而可引发或加速整个城市边缘区的空间变化（王慧，2003）。同时，由于开发区的土地开发规模大，建设进度快，因而会带来所在城市空间结构的快速演变。特别是那些开发区发展成效显著的城市，传统的团块状城市空间形态发生了根本性的变化，形成新空间生长点，最终会改变城市空间结构。

随着城市经济的飞速发展，自20世纪90年代起一批经济技术开发区、工业园区、高新技术开发区、大学城和物流园区等在边缘区大规模出现。它们在城市边缘区的分布规律是：经济技术开发区、工业园区往往依托城市快速干道，通常是高速公路，远离城市中心；高新技术开发区在边缘区中往往与大学城相互依托，在区位上相邻，并接近高速公路与航空港；物流园区则位于城市边缘区的交通枢纽地区（朱郁郁和孙娟，2005）。开发区是城市边缘

区产业集中的区域，产业又是促进城市发展的巨大动力，因此，开发区对边缘区空间结构的影响力极大。

概括而言，开发区一般从功能与区位两方面影响城市边缘区空间结构。从功能上分析，王霞（1997）认为城市的开发区与城市人口之间存在着相互反馈作用，开发区的发展会吸引稳定的城市人口而引发城市公建用地、居住用地和路网的配套建设，导致城市开发区的吸引能力增强，开发区会由工业区逐渐演变为综合新市区。陈建明（1998）认为开发区是中国"新城市化"运动的载体，具体表现在开发区与老城区改造相结合、新城区面积迅速扩大、开发区优化了城市的布局并增强了城市的功能等。由此可以看出，开发区在成长过程中，内部功能不断完善、空间组织也不断得到优化，由单一的生产中心发展为综合性生产服务中心，与中心区的关系也发生了变化，由过去的依附关系或独立关系发展为真正分担中心区职能的有序空间结构关系。若从增长机制来看，开发区对城市空间的影响主要来自于开发区经济活动的集聚与增长，开发区作为新兴产业的孵化基地，往往成为城市中新兴产业集聚的区域，如某类产业在开发区的集聚会带动相关上下游产业在空间上的聚集，此外，不同类型的开发区势必会导致不同类型的产业分别在不同的区域或不同的城市区段聚集，从而产生经济活动的空间重组。

从区位关系上看，开发区与建成区的关系可分为两种：一种是远离中心区，虽然它们没有直接对中心区产生作用，但却发挥着集聚效应，不断吸聚周边小城镇的第二、第三产业，对促进边缘区农村城镇化，实现城乡一体化具有积极的作用，在这一过程中也优化了城市边缘区空间结构，使其更加有序、协调；另一种是毗邻中心区，它们更多地承担了中心区各个阶段升级改造中产业转移的功能，并为中心区提供配套服务，同时，一批新兴产业借助其毗邻中心区的区位优势大规模发展。从空间形态上看，这些开发区有的在发展过程中与城市建成区连接在一起，加速了城市的蔓延，如北京的中关村科技园，对整个城市的空间结构优化并未起到很大作用。相反，一批新出现的城市载体如新城、高新技术区、新城市中心区（包括 CBD）、新居住区（外来移民区）等纷纷出现，它们在选址、规模、功能等方面由于缺乏理论指导，出现盲目跟风、选址不当、规模失衡、重复建设、无序扩张、相互干扰等问题，尤其是缺乏和原有城市空间的协调，从而造成城市整体空间失衡、运行混乱的问题，打乱了城市原有的空间组织模式。

（二）开发区对北京城市边缘区空间组织的影响分析——以 BDA 为例

2009 年，北京市共有开发区 19 个，其中国家级开发区 3 个，市级开发区 16 个。开发区规划土地面积达到 363.34 平方公里。开发区经济总产值相当可观，2009 年全市开发区全年实现总收入 15 108.9 亿元，是 1992 年的 250 多倍。开发区对北京的经济贡献度相当大，对北京城市空间结构的影响也是相当大的。下面具体说明 BDA 建设对北京城市边缘区空间结构的影响。

BDA 位于北京市东南京津塘高速公路起点、城市五环路与六环路之间。距四环路 3.5 公里，距三环路 7 公里，距市中心天安门广场 16.5 公里，距首都国际机场 25 公里。1991 年，BDA 开始建设，2004 年被正式批准为国家级经济技术开发区，2005 年通过国土资源部审核的土地面积为 39.8 平方公里，经过近 20 年的发展，BDA 已经取得飞速发展（表 4-8），在经济发展的同时，对北京城市空间结构的影响也在发生变化。

表 4-8　BDA 近年来主要经济指标

年份	累计投资总额/亿美元	累计入住企业/个	GDP/万元	销售收入/万元	税收收入/万元	出口总额/万美元
2001	36.23	986	71.58	467.42	20.48	12.37
2002	42.99	1120	124.62	471.76	26.15	13.20
2003	62.31	1383	130.70	596.88	28.57	15.93
2004	88.13	1596	156.16	675.60	30.40	23.25
2005	109.13	1800	250.20	1260.18	47.07	56.94
2006	140.48	2170	385.22	2341.25	90.25	90.97
2007	168.62	2356	482.61	2866.35	121.13	119.58
2008	184.46	2804	554.8	3027.5	158.1	126.5
2009	208.84	3433	502.5	3262.5	173.9	117.5

资料来源：根据《北京经济技术开发区年度经济发展报告》、《北京统计年鉴 2010》相关资料整理而得。

BDA 建设对城市边缘区空间结构的影响可以从它的成长历程中看出来。BDA 最初作为承接中心区转移传统产业的产业园而设立，对中心区具有很强的依赖性，后来则成为发展高新技术产业或先进制造业等产业为主的经济技术开发区，虽然这些产业与区域外经济联系明显增强，但在功能定位上仍脱离不开对中心区的依赖关系。直到最近几年它才被作为一个综合性的产业新城加以发展，即将其作为一个能独立发展的次中心进行打造（图 4-2）。总体而言，BDA 吸取了望京、亚运村由于前期规划不细而导致的无序开发的教训，从规划到设计都按照国际上"卫星城"的发展特点，以"产业＋住宅"模式有效规避了以往卫星城建设中出现的因区域功能单一而带来的就业、生活等服务设施配套不齐全等问题。

从产业层面看，由于 BDA 的快速发展促进了北京制造业布局重点开始向开发区转移，如北京华德液压工业集团有限责任公司是国内重点生产液压基础软件和成套液压系统装置的大型专业企业集团，原址在永定门沙子口，

图 4-2　BDA 功能的变化与中心区的关系

1994 年迁至 BDA，北京吉普汽车有限公司也由朝阳区广渠门迁往 BDA。由于 BDA 具有较高的进入门槛以及较为严格的准入标准，所以，现在入驻的大部分企业都是高附加值、高知名度和高技术含量的企业，如奔驰-戴姆勒·克莱斯勒、通用电气公司、博世力士乐（北京）液压有限公司等一批国内外知名企业已在此安营扎寨，其中包括 62 家世界 500 强企业的 78 个项目。这些企业已成为拉动开发区甚至带动北京经济增长的主要力量，2007 年，BDA 工业总产值已占北京市的 22.3%，GDP 已占北京市的 5.3%，其中，高新技术企业的产值已占开发区工业总产值的 85.66%。

目前，BDA 已形成了电子信息通信、生物工程与新医药、汽车产业和装备制造业四大主导产业，并且这些产业逐渐以集群式发展[①]。这些产业的集群意味着产业链的不断扩张，可以带动周边地区配套产业的发展，从而影响北京城市边缘区空间结构的变化。以诺基亚首信通信有限公司（以下简称首信诺基亚）为例说明其对北京空间结构的影响，BDA 中的星网国际（工业）园就是以首信诺基亚为龙头企业按产业链模式兴建的世界级产业基地，规划吸引超过 30 家全球和国内主要零部件供应商、服务供应商和研发机构等。此外，诺基亚在北京还有四家研发中心，分别在和平里和盈科中心（图 4-3）。从诺基亚企业的发展可以归纳出，这类龙头企业的建立与发展不仅本身促进了制造业空间结构的变化，而且配套企业也纷纷在其周边建立，在空间上则呈现为一个同类产业的"斑块"，改变了制造业原有的空间格局，促进了制造业的空间演化。同时，这些企业也会与城市其他区域有金融、保险、咨询等产业的经济联系，进而带动这些产业的发展，也就是说开发区中龙头产业的出现会通过前后向产业的联系牵引空间结构的演变。也就是说，BDA 除了对制造业空间结构产生深刻影响之外，还对 CBD 的形成与发展、商业空间结构和研发产业空间结构产生了深刻的影响。

---

① BDA 已形成了以诺基亚为龙头的移动通信产业集群，以京东方为龙头的显示器产业集群，以中芯国际为龙头的微电子产业集群和以 GE 为代表的医疗设备产业集群，以拜耳为代表的生物制药产业集群及以奔驰-戴姆勒·克莱斯勒为代表的汽车产业集群。

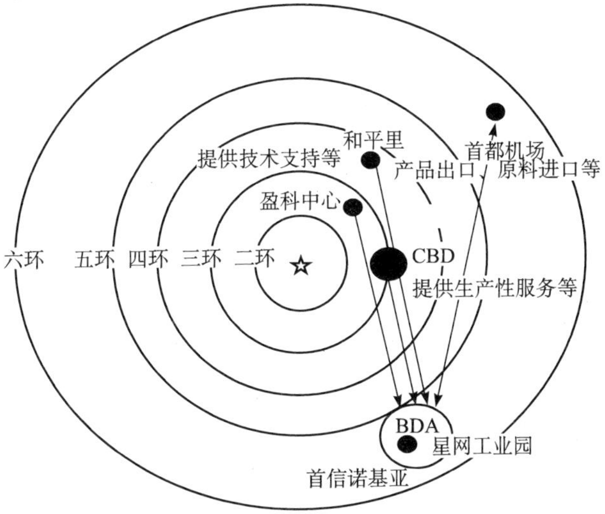

提供技术支持等　和平里　首都机场　产品出口　原料进口等

盈科中心

六环　五环　四环　三环　二环　　CBD

提供生产性服务等

BDA　星网工业园

首信诺基亚

图 4-3　首信诺基亚在北京的配套企业的空间分布及联系

然而，城市边缘区产业分散式的空间分布现状不仅对产业竞争力的提升有很强的制约作用，也对空间结构的优化有着极大的负面影响。如上文所说的汽车业、汽车零部件、生物医药、电子产业等都分散在北京城市边缘区的各个园区中，他们的分散布局直接制约了产业竞争力和城市竞争力的提升，也直接阻碍了城市边缘区空间结构的优化。所以，有学者建议将开发区进行整合，如刘铁军和叶庆余（1999）提出了 BDA 与北京新技术产业开发试验区一体化的战略思考。

BDA 外向型经济发展较快，对外联系度较强，进出口总值由 2001 年的12.37 亿美元上升至 2009 年的 117.5 亿美元，年均递增 32.5%。发达的外向型经济说明 BDA 已经融入全球产业链中，也预示着一种新的产业组织方式正在形成，一些跨国公司纷纷在我国大城市成立，产业空间组织的对外开放性越来越强，对城市边缘区空间结构的影响主要表现在制造业不断在开发区集聚，拉大了城市空间结构，同时，城市边缘区的对外开放性也越来越强，必须站在区域的角度进行协作。《亦庄新城规划（2005～2020）》明确指出，应充分发挥 BDA 的带动作用，利用东南方向产业基础好，用地条件好，交通便利以及港口的优势，形成以亦庄为核心的沿京津塘高速公路的高新技术产业带，同时加强京津冀地区的经济技术协作，促进环渤海地区形成合理分工、优势互补的产业格局。也就是说，城市边缘区在产业空间组织中，不仅要立足于本市，解决本市在产业结构升级中所呈现的企业向外转移的问题，而且应从更高层次的区域视角进行空间组织，实现全面协调发展。

根据国外经验，能够真正缓解单中心城市压力的方式是在其周边建立多中心城市，即建设新城。正像亦庄总体规划所指出的，亦庄不再是单一的开发区，应创建面向区域的综合产业新城，要大力发展生产性和生活性服务业，在宜业的同时还要宜居。《北京现代商报》公布的数据也表明，BDA 居民的工作地在 CBD 地区（20 分钟车程）的占 50%，在北京城区其他地方（40 分钟车程）的占 30%，在其他区域的占 10%，在 BDA 内的仅占 10%（李海，2003）。比如，诺基亚移动通信公司每天运行 20 辆员工通勤车，开行 20 条线路，每天运送员工 600 余人，占诺基亚移动通信公司白领工人的一半以上。这些通勤车的运营线路覆盖二环、三环、四环等城市主干道及天通苑、望京、通州、顺义万科、回龙观、石景山、南苑和义农场等北京市的大型社区。也就是说，BDA 仍然存在着严重的职住分离现象，没有起到有效分散中心区功能的作用，没有达到优化北京城市空间结构的目的。这也从某种程度上反映了 BDA 配套服务产业仍有待全面提高，直至建设成为北京具有"反磁力"中心的新城为止，也只有这样才能从根本上达到优化北京城市空间组织的目的。

其实，我国的绝大多数开发区在建立之初被定位为城市发展外向型或高新技术型的工业基地，不配套相应的非生产性功能；随后开发区开发建设的住宅小区则被定位为疏解中心城市人口的卧城，其目的也不是解决开发区就业人口的居住问题。因此，发展壮大以后的开发区虽然既有产业区也有居住区，但是两者并没有内在关联，而是主城区工业基地与郊区卧城在空间上的拼合。定位偏离导致产业空间与居住空间的"二元化"发展。

从更深层次来说，一个大型基建项目投资的出现往往可以带动相应地域的发展，培育或引导一个新城市中心的产生。但基建投资的背后必须要有一个明确而强大的功能作为方向指引，如产业园区、居住开发、教育科研园区或者商业开发等。而这些城市功能的形成和发挥，又必须以良好的配套基建投资为先导，为城市新中心的增长提供基础平台。只有在功能以及基建设施的有力支撑下，新中心才能吸引投资，带动城市经济的增长，城市空间重构效应才能体现，城市空间的结构才能得以优化。

总之，BDA 的发展不仅促进了北京制造业的空间结构变化，而且还将在很大程度上主导北京未来制造业的布局，并将从深层次上影响北京城市边缘区乃至整个北京市的空间结构。仅从空间形态来看，以北京经济技术开发区为基础的城市建设用地扩区的速度越来越快，扩区的范围也越来越大①。期

---

① 1999 年为 7 平方公里，2003 年在原 15.8 平方公里的基础上，向京津塘高速公路以东（路东扩区）和凉水河以西南方向（南部新区）扩大，面积为 46.8 平方公里，2006 年亦庄被确定为北京市未来重点发展的三个新城之一，亦庄新城规划为 212.7 平方公里。

间，BDA 经历了"开发区—产业基地—卫星城—新城"的发展过程，每一次身份的变化都说明它在北京城市中功能定位以及作用的不同，它对北京城市空间组织的影响深度也就相应变化。无论是 BDA 企业的空间组织还是与区外产业的空间联系都在发生强烈的变化，在这一变化过程中，BDA 与中心区的空间联系和周边区域的空间关系也正在发生变化。概括起来，BDA 对城市边缘区空间组织的影响如表 4-9 所示。

表 4-9　BDA 对北京城市边缘区空间组织的影响

BDA 对北京制造业空间结构的影响	BDA 对北京城市边缘区空间组织的影响
<ul><li>促进了北京制造业布局重点转向都市外缘</li><li>是承接市区知名制造业外迁的重要载体，促进了北京制造业的郊区化</li><li>因位于北京的东南部，促进了北京东南部制造业的崛起</li><li>是北京最重要的开发区，促进了北京制造业布局重点向开发区转移</li><li>成为北京市大型高新技术制造业和机电设备产业的集聚地</li><li>成为北京制造业优势产业的集聚地</li><li>成为北京制造业外向型经济最发达的区域之一</li><li>将在很大程度上主导北京未来制造业的空间结构</li></ul>	<ul><li>拉大了城市骨架，扩展了城市空间形态</li><li>促进了产业集聚，同时带动了相关配套产业的发展，进而通过产业的布局与重新组织影响到城市边缘区的空间组织</li><li>外向型经济的发展加强了同全球以及国内产业合作的强度，并提出了与周边区域如天津、河北错位协调发展的要求。北京城市边缘区的空间组织必须立足于一个更高、更开放的角度进行组织</li><li>完成了从承接中心区产业转移的产业园、到吸纳高新技术产业但仍依附于中心城的开发区、再到能分散城市功能的综合性新城的转变</li><li>加强了区域内的产业空间联系，有的形成"块状"经济，即产业集群</li><li>对 CBD、商业空间结构、研发产业空间结构也产生了深刻的影响</li><li>优化了城市边缘区空间组织</li></ul>

第四节　北京市商业的空间扩散

批发业和零售业是商业活动的主要构成类型。批发业是商品生产与销售的中间环节，一般而言，商品由生产者通过批发商批发到零售商手中，再经过零售商将商品零售给消费者。零售商业是以消费者为直接服务对象，批发业则一般不直接与消费者发生联系。基于这一特点，批发业在城市中的布局有其固定性，其空间扩散过程不如零售业表现明显。因此，本书主要选取北京的零售业为研究对象，来研究商业活动在北京城市空间的扩散过程。

一、北京市郊区商业发展现状与特点

（一）北京市商业发展概况

1. 新中国成立以前城市商业布局变化

从公元前 10 世纪到公元 9 世纪，古代的北京就已由地方性中心发展成为联系华北平原同西北边陲的贸易城市。1260 年，元朝定都大都（今北京），对城市的建设进行了详细规划，使积水潭附近的钟楼、鼓楼等商业服务区迅速发展并繁荣起来，形成了北京城的第一代商业中心，另外，在皇城东门、西门外的道路交叉口形成了两个次级市场（杨吾扬，1999）。1386 年明朝取代元后，原来繁华的商业中心——钟鼓楼市偏离了新的城市中心点，并使商业服务中心转移到皇城南门外的朝南市。商业活动的繁荣和居民的增加，导致京城前门内外贸易和商业中心的出现。明代中叶以后，中国资本主义开始萌芽，商业发展迅猛，使北京成为全中国的市场中心。但是清朝统治下的北京城，商业活动有所衰退，随着汉族居民从内城迁到外城，前门商业区开始兴盛，并在清中叶成为繁荣的城市商业服务区，即北京的第二代商业服务中心。20 世纪初，东交民巷向帝国主义使团开放，在此巷与皇城东门之间，王府井开始自南向北热闹起来，随着店铺和商号的增加，以及市政设施的完备，王府井很快成为新式的商业中心，服务对象当时主要是外国人和新权贵。1912 年推翻帝制后，一些被过去皇城阻隔的主要街道被打通了，于是内城各部分的通达性增强，全城的商业活动活跃了起来，一些边缘商业中心也开始繁荣起来。东四、西单和前门外成了传统商业服务业的繁荣之处。民国时代北京商业分布的特点是商号、企业和大中小结合及"土洋"并存，但是前门和王府井依然是城市的两个主要商业中心。

2. 新中国成立后到 20 世纪 80 年代的商业发展

新中国成立初期，北京城的商业网点形成了等级序列，自上而下分成了三级零售和服务业中心地：市级商业区、区级商业中心和街区（街巷和居民区）级商业点。三个最大的商业区——王府井、前门大栅栏和西单随着交通线路的发展，特别是长安街延长拓宽和地铁的修建逐渐形成了三足鼎立的形态（杨吾扬，1999）。但是从 1955 年开始，社会主义公有制在商业和服务业中推广，商业网点没有得到合理的布局，并且由于当时对第三产业的不重视，使北京市的商业发展进入了 20 年的低潮期。当时若按人口计算的商业单位，1970 年的水平只达到 1949 年的 4.2％。1983 年的北京市工业总产值是 1949 年的 250 倍，同期商业活动的总规模仅增加不到 30 倍，商业发展严重滞后。

直到 1979 年，商业活动才渐渐开始发展起来，最初从农贸市场里的农民向城市居民出售农副产品开始。

3. 20 世纪 80 年代以来的商业发展

从 20 世纪 80 年代起，城市的经济结构改革顺利进行，第三产业得到迅速发展，北京的商业单位在 90 年代初已经超过了 10 万个。90 年代北京市区面积和常住人口均已达 1949 年的 3 倍以上，商业活动也越发繁荣。到 2001 年北京市零售贸易业网点数量近 20 万个，商业网点比 90 年代增加了一倍左右。而且商业中心的等级体系也趋于完善，不仅仅是延续新中国成立初期的三个重点区域：以天安门广场为中心的王府井、西单和前门三个商业服务区，基本形成了市级商业中心、区级商业中心、社区级商业中心等覆盖全市的商业网络体系；特色商业街、专业市场和批发市场等也成为北京商业发展的重要表现形式。

王府井、西单和前门区域三个传统的商业中心不仅吸引了大批全国其他城市的游客，同时也吸引了众多的国外游客，外地游客的强大购买力使得这三个传统的商业中心保持了旺盛的活力，并构成了北京市的中心商业区。另外，朝外大街、木樨园、翠微、马甸、双榆树等商业中心经过十多年的发展，也逐渐形成了北京的市级商业中心。区级商业中心主要位于二环路和三环路之间，如日坛路、东四、天桥、新街口、甘家口等，近年来，三环路与四环路之间的商业设施发展也较快，在北四环已经形成了中关村和亚运村两个较大的区级商业中心，区级商业中心已逐渐向城市外围发展。社区商业中心的经营类型多以超市为主，以满足本社区居民日常生活需求为目的。在空间布局上多呈"点状"或"线状"类型为主，这类商业中心的职能和规模与居住区开发规模和发展水平密切相关。

不同时期北京市主要商业中心及形成原因见表 4-10。

表 4-10　北京市商业中心的发展演变

	主要商业中心	时间	形成原因
第一代	钟鼓楼；皇城东、西门外	元朝	漕泾运输、城市规划
第二代	前门	明至清朝中期	城市规划、居民社会地域属性
第三代	前门、王府井	中华民国（1912～1949）	城市规划、居民社会地域属性、交通、历史文化遗留和积淀
第四代	前门、西单、王府井	新中国成立后	交通、城市规划历史文化遗留和积淀

资料来源：仵宗卿和戴学珍，2001.

（二）郊区商业发展的实地考察与问卷调查

由于商业活动不同于传统意义上的流通过程，它注重销售和流通这个供给和需求相互作用的层面，不但包括各种商业业态的区位、规模、商品种类、经营方式、组织方式、促销手段和创新能力等，而且涉及消费者的年龄结构、民族特点、社会基层属性、收入水平、购买力、消费偏好、出行方式等（柴彦威，2002）。因此，为研究北京市郊区商业现状特征，2006 年 10 月，我们进行了实地考察和问卷调查分析。

1. 实地考察分析

目前，北京市占地面积较大的住宅区一般位于郊区，为研究商业郊区化扩展的现状特点，从位于各个方向的住宅区分布较密集的区域选择 18 个小区（表4-11 和图4-4）。在选择居住区时，综合考虑位置、交通以及小区的规模等因素。选择的标准主要有：位于三环以外，兼顾东、南、西、北各个方向；住宅区分布比较密集的区域，选择的数量相对较多；不仅选择了靠近高速公路、地铁、城市快速公交的交通便利的小区，也有交通相对不便的小区；由于规模大的小区在商业布局方面比较有代表性，所以一般选择建筑面积在 10万平方米以上、入住人口在 1000 户以上的小区，或是小型住宅区较聚集的区域。

表 4-11　实地考察小区名称及位置表

小区	位置	小区	位置
朝阳建东苑	东五环外	石景山永乐小区	西四五环间
丰台政馨家园	南三四环间	丰台韩庄子二里小区	西北三四环间
丰台怡海花园	西北三四环间	丰台晓月苑	西南五环外
朝阳望京新居	东北四五环间	丰台芳源里	南四五环间
朝阳兴隆家园	东四五环间	海淀美丽园	西三四环间
丰台银地家园	南四五环间	海淀乐府江南	西四五环间
朝阳新城	东五环以外	昌平天通苑	北五环外
朝阳北苑家园	北五环外	昌平回龙观	北五环外
朝阳青青家园	东五环外	海淀育新花园	北五环外

本次实地调查采取的主要方法是通过实地观察和走访来确定当地商业布局的现状，同时通过与当地居民的交谈来进一步确定当地商业布局的情况。

为充分考察选定小区内部及周围的商业布置是否合理，本次考察，主要围绕小区是否有超市或便利店，其客源情况和购物环境如何，附近是否有比较大的购物中心或场所以及大型场所购物环境如何等问题来进行，并通过对小区内部及周围环境的初步了解，来评价小区整体商业布局情况。

通过实地考察，在表格列出的小区中布局比较合理的有朝阳建东苑、丰台怡海小区、丰台新华街道、朝阳望京西园、朝阳兴隆家园、海淀乐府江南和昌平回龙观。其他小区的布局相对不尽合理，主要问题有小区附近没有大型购物场所或离大型购物场所太远；小区内部缺乏超市或便利店；缺乏菜场和银行等与居民生活密切相关的设施；超市或便利店布局较杂乱、规模较小

图4-4 北京调查小区分布示意图（2006年10月）

等。不过那些布置于小区周围的大型购物场所购物环境一般都比较好，说明大型购物场所（主要是连锁超市）在郊区已经体现出较好的发展形势，而且也较受当地居民的欢迎。

这些调查点中比较典型的一个小区是朝阳新城，但是由于当时朝阳新城入住时间短，所以商业配套设施就尤为不足，小区内部及周围缺乏超市及大型购物场所。总体来看，有些郊区的住宅区商业配置比较完善，但与城市中心区的商业便利性比较起来，还是有较大的差距。也有一些地方的商业配套设施不够完善，体现出目前商业郊区化在不同区域发展的不均衡性。

2. 问卷调查分析

通过实地考察所获得的信息是考察人员在所调查点的直观感性认识，为了进一步说明城市边缘区商业布局的效果，采用了问卷调查的方式来分析北京市居民对当地商业布局的满意度以及期望等信息。

2006年10月，我们组织了问卷调查工作。在选择居住区时，综合考虑了位置、交通以及小区的规模。就位置而言，在四环以内、四五环之间以及五环以外都有选择；就交通而言，既有靠近高速公路、地铁、城市快速公交的交通便利的小区，又有交通相对不便的小区；就小区的规模而言，一般选择建筑面积在10万平方米以上、入住人口在1000户以上的小区。由调查人员协助被调查者完成问卷，当时填完，当时回收。最终回收问卷1090份，其中有效问卷 1035 份。对小区附近商业设施的满意度调查结果如表 4-12 所示。

表 4-12 郊区居民对当地各类商业及配套设施满意度 （单位：%）

项目	非常满意	比较满意	一般	比较不满意	非常不满意	不了解
一般生活用品购物环境	5	37	41	13	3	1
耐用消费品购物环境	3	29	42	18	6	2
餐饮设施状况	1	24	43	21	10	1
金融服务设施	2	22	33	24	15	4
停车场	5	27	37	13	11	7

给不同的满意程度赋予不同的分值，非常满意赋值 5 分，比较满意为 4 分，一般为 3 分，比较不满意为 2 分，非常不满意为 1 分，不了解为 0。然后计算各个项目的得分，一般生活用品购物环境得分为 3.25，耐用消费品购物环境得分为 2.99，餐饮设施状况得分为 2.82，金融服务设施得分为 2.6，停车场得分为 2.81。

以 3 分作为满意与否的一个分界值，可以看出在郊区购物环境中，只有一般生活用品的购物环境得分大于 3，其余各项分数均低于最低满意值，首先得分最低的是金融服务设施，其次则是停车场和餐饮设施状况，耐用消费品购物环境勉强达到居民满意度。根据以上数据分析可以看出，近年来郊区超市和便利店等与居民生活较密切的购物场所发展比较快，基本上满足了郊区居民的购物需求，但仍然有很大的发展空间。金融设施进入城市边缘区的速度比较缓慢，某些小区甚至没有银行商业网点，所以是居民最不满意的项目。郊区的停车场和餐饮设施状况也不尽如人意，已经明显落后于北京城市人口郊区化的速度，使郊区居民没能得到较完善的服务。

在调查居民的购物行为时，主要考察了购置日常生活用品、服装鞋类、家用电器等耐用消费品等不同商品的情况以及节假日购物地点的选择，调查结果见表 4-13。

表 4-13 郊区居民购物场所选择调查分析 （单位：%）

购物类型	居住小区内的商店或便利店	小区附近的超市或市场	在离家一定距离的大中型商场	市中心的大型购物场所	其他地方或方式
购置日常生活用品	20	65	12	3	—
购置服装、鞋类	2	19	47	29	3
购置耐用消费品	3	22	46	26	3
节假日购物	2	19	32	39	8

从郊区居民的购物倾向来看，20% 的居民选择在居住小区或附近的超市购置日常生活用品，但是购置服装、鞋类和耐用消费品大部分选择距家有一定距离的中、大型商场或市中心的大型购物场所，节假日购物到市中心区的大型购物场所的倾向更加明显。从调查问卷的分析来看，有更多的人在购置

商品时选择距家一定距离的商场，而不是市中心的购物中心，节假日也有近1/3 的人选择离家一定距离的商场，这些表明了郊区的商业已有了较好的发展势头，特别是位于郊区的中、大型商场已对较多的郊区居民产生了吸引力。

（三）北京郊区商业发展特点

通过分析北京市的商业发展现状，在实地考察及问卷调查的基础上，可以总结出北京市郊区商业发展的一些特点。

1. 社区商业发展迅速

社区商业是一种在规模大小、提供的商品种类、服务范围等方面都介于区域型商业和邻里型商业之间的商业类型。社区商业的基本功能包括满足社区居民的购物需求、服务需求、休闲娱乐需求等。社区商业最早于 20 世纪 50 年代在美国出现。当时由于家庭汽车的普及，以及城郊新建的发达的高速公路，城市居民大量向郊区扩散，由此产生了专门为郊区新建居住区居民服务的社区商业。

"十五"期间，北京市的郊区建设了一些大型的社区，催生了社区商业。通过实地考察和问卷调查，北京市郊区住宅小区的商业设施展示出较好的发展潜力，部分住宅区周围布置有大型超市或购物广场，这些超市及购物广场等构成了当地社区商业的主体。从郊区居民购物地点的选择上看，在购买日常生活用品时 85% 的人都会选择在居住小区内或者小区附近的超市或市场购买，而购买服装、鞋类以及耐用消费品时，也有 25% 左右的人会选择在居住小区内或小区附近的超市或市场购买。居民的这种消费意愿为郊区社区商业的发展提供了客源基础，将促进社区商业的不断发展。

2. 商业业态发展较为全面

商业业态是指商业的经营形式与状态，不同业态的商业企业具有不同的市场定位与地理定位。随着社会经济进步、技术变革、人们消费行为与观念等的变化，商业业态遵循百货商店—杂货店—超市—巨型超市—便利店—专卖店—购物中心—仓储式商场—电子商业的轨迹演进，逐渐趋于复杂化、高级化（张水清，2002）。一直以来，百货商店和杂货店是郊区最多的两种商业业态，但是随着郊区的逐渐发展，郊区住宅和人口的增加，各种商业业态也相继进入郊区范围。

北京市郊区的商业业态已不仅仅限于百货商店或便利店，较多的大型超市和专卖店已经入驻。特别是现在一些大型购物中心在郊区发展较快，如近几年发展起来的几个购物中心如燕莎、当代商城、双安商场、城乡贸易中心和长安商场等购物中心很多位于城市的郊区。虽然北京中心区大型商场在近几年也有了一些发展，但郊区大型百货商场的发展则更为迅速，郊区商业业态发展逐渐增多，城区、郊区百货商场的竞争，使得城区内的商业利润有了一定程度的降低。

3. 农村商业形态依然存在

露天的集贸市场或路边的商业网点是主要存在于农村的商业形态，在商业发展比较成熟的城市区域内一般不会再有露天市场。但是在北京市郊区的一些住宅区周围还存在一些类似于集贸市场的商业形态，其中比较典型的就是街边市场。这些街边的商贩依靠较简陋的铺位，出售各类商品。比如，很多小区附近或小区道路边的水果和小商品摊位。他们出售的商品在一定程度上为居民购物提供了便利，但对当地的环境卫生也会产生一些不好的影响。街边市场的存在可以认为是当地商业业态发展不完善，商业扩散比较薄弱的一种体现。当郊区商业设施布局逐步完善，这种带有典型农村商业特点的街边露天市场将逐步消失。

4. 区域发展不均衡

通过对北京市近郊住宅区的考察，发现其中住宅区周围商业配套设施存在较明显的区域差异。北部和东北部的住宅区发展较为成熟，商业设施配置比较健全；西部、西南部和南部的商业发展基础较好，住宅区的商业配套也较齐全，例如，北五环以外的回龙观、天通苑等住宅区，还有望京和方庄等大型住宅区在经过多年的配套建设后，商业设施比较完善；而东边的一些小区，特别是东五环以外的小区，由于建成年代较新，且大多位于商业基础比较薄弱的城市边缘区，商业配套设施比较差，很难满足当地居民的需求。比如，位于朝阳区五环以外的个别小区，处于北京城市与农村的混合地带，小区的开发虽然是分期进行，但在第一期的小区居民入住之后，商业配套设施却没有跟上，该地区正在进行新一期的住宅建设时，商业设施的配套仍然没有改善。这种商业配套设施程度不一的现象在郊区住宅区比较典型，也折射出北京市商业设施的郊区化扩散仍有较大的潜力。

5. 商业服务功能不健全

停车设施建设滞后、菜市场配置不足、银行网点少等是郊区商业服务功能不健全的具体表现。虽然郊区用地比较充裕，停车场的配置相对比较容易，但是从调查问卷的分析来看，郊区居民对附近停车场的设置较为不满。调查显示，一些配置了大型购物中心的小区，由于停车场设置不足，难以吸引更大范围内的顾客，阻碍了购物中心的进一步发展。因此，在郊区商业网点的布局规划过程中，应充分考虑停车场的设置。在我们的调查过程中，还有一些居民反映小区还存在菜市场配置不足的情况，虽然现在大部分综合超市里面都有相应的菜类商品出售，但是很多居民更习惯于在菜市场购买，所以认为菜市场配置不足。另外有的小区还没有银行网点，对银行网点的布局也不满意。

郊区商业的发展，不仅仅体现为商业网点的增加，商业中心提供的服务种类也应不断增加。大型商业中心，除提供基本的购物功能之外，应向同时满足人们休闲、娱乐和购物等多种需求的综合性场所发展。通过对郊区居民的问卷调查可以看出，有 1/3 以上的居民选择节假日到市中心购物，一定程度说明郊区大型商业中心所提供的功能与市中心相比还有一定差距。

二、北京市商业郊区扩散的过程与特点

研究商业郊区化的主要指标包括商业就业人数、零售额的变化、商业网点的分布及变化等。首先选取社会消费品零售额分析北京商业郊区扩散的进程。各区县消费品零售额采用 1985～2009 年统计资料，其中，1985～1991 年数据来自《北京社会经济统计年鉴》（1986～1992 年），1992～2000 年数据来自《北京统计年鉴》（1993～2001 年），2001～2009 年数据来自《北京区域统计年鉴》（2002～2010 年）。

（一）北京市商业活动空间扩散过程分析

1. 1985～2009 年北京社会消费品零售额的变化

1985～2009 年北京不同区域社会消费品零售额数据显示，北京商业郊区化主要表现为近郊区的快速扩散。北京城市中心区零售额占全市的比重由 1985 年的 48.51% 降为 2009 年的 19.37%，近郊区的比重由 1985 年的 25.16% 升至 2009 年的 63.77%，远郊区的比重由 1985 年的 26.34% 降为 2000 年的 15.22%，后又缓慢上升，2009 年达到 16.86%。可以把北京商业郊区化进程划分为三个阶段：1985～1991 年的近郊区低速扩散阶段、1992～2000 年的近郊区快速扩散阶段和 2001～2009 年的远郊区低速扩散阶段（图 4-5）。

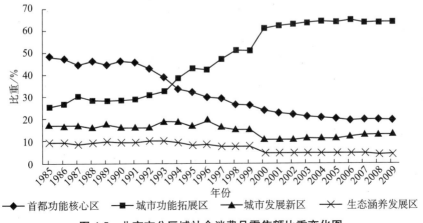

图 4-5　北京市分区域社会消费品零售额比重变化图

1) 近郊区低速扩散阶段（1985～1990年）

1985～1990年北京中心区零售额占全市的比重平均为46.22%，占据明显的优势，期间零售额比重总计下降2.3个百分点，年均下降不到0.5个百分点。近郊区零售额占全市的比重由1985年的25.16%升至1990年的28.25%，年均增长0.6个百分点，远郊区县零售额比重基本稳定。因此，20世纪80年代中期至90年代初，北京市商业的近郊区扩散并不明显，旧城区零售额占全市的近一半，集聚发展的特征显著。

2) 近郊区快速扩散阶段（1991～2000年）

1991～2000年，中心区零售额占全市的比重由45.68%降至23.85%，年均下降2.4个百分点，下降速率是第一阶段的5倍。近郊区零售额比重由1991年的28.76%升至2000年的60.93%，年均递增3.6个百分点，是第一阶段的6倍。远郊区县的比重由1991年的26.56%降至2000年的15.22%，年均下降1.1个百分点。因此，20世纪90年代初至21世纪初，北京市商业经历了快速的近郊化过程，到2000年，近郊区零售额比重超过60%，大于中心区与远郊区之和，占绝对优势。

3) 远郊区低速扩散阶段（2001～2009年）

2001年以来，中心区零售额占全市的比重继续下降，但幅度缩小。近郊区的比重在2006年达到64.82%的峰值，之后出现微幅下降的趋势。远郊区县的比重由下降转为上升，从2000年的15.22%升至2009年的16.86%，值得关注的是远郊区中的城市发展新区，增幅较为明显，由2000年的10.87%升至2009年的13.01%，而最外层生态涵养发展区呈下降趋势，但幅度较小。因此，新时期，北京市商业郊区化开始由城市功能拓展区向城市发展新区推进，呈现出远郊区发展的趋势。

2. 不同等级商业中心的空间扩散

不同等级的商业中心表明商业在空间上能影响的区域范围。而一个地区商业中心等级的变化，则能表明这个区域商业发展程度的变化。根据杨吾扬、徐放、仵宗卿等的研究，结合北京市的传统和实际，可以将现在北京市的商业服务中心划分为三等：市级商业中心、区级商业中心和居住区级商业中心。由于现在北京社区发展迅速，大型居住区也越来越多，因此可以将居住区级商业中心分为社区商业中心和邻里商业中心。其中社区商业在规模大小、提供的商品种类、服务范围等方面界于区级商业中心和邻里商业中心之间。社区商业的基本功能包括满足社区居民的购物需求、服务需求、休闲娱乐需求等。

徐放（1984）在对北京市商业服务业地理的研究中，在将商业中心分等级时，按各商业区商店的种类和数目多少，把所有的商业服务中心划分为5

个等级：市一级商业中心 A，包括王府井、前门—大栅栏—珠市口、西单；区一级商业中心 C，包括新街口、朝阳门外大街、东单、海淀镇；各区中生活小区的商业中心 E，包括东板桥街、魏公村西口、翠花街等；市一级和区一级中心间的过渡型商业中心 B，包括东四—人民市场、鼓楼—地安门、菜市口、崇文门—花市、西四；区一级和小区级间的过渡型商业中心 D，包括旧天桥区、灯市口、广安门、中关村、北京站、象来街、永定路、东大桥、天桥商场、双井、甘家口、和平里北街、北太平庄。北京市各等级的商业中心如图 4-6 所示。图中所示的各主要商业中心几乎都在三环以内，其中有一个 C 级商业中心海淀中关村和两个 D 级商业中心北太平庄及永定路在三环以外，一个 D 级商业中心永定路在现在的四环以外。

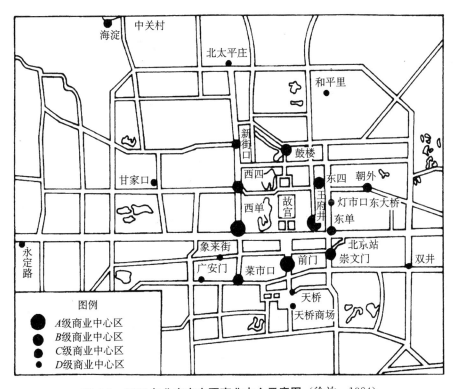

图 4-6 1984 年北京市主要商业中心示意图（徐放，1984）

2001 年，仵宗卿等采取单元格平分法，根据当时北京市商业网点的数据将商业网点所在的空间用 620 个单元方格平均划分，在对每一个单元格进行分析的过程中，分别对该地方的总商业活动从业人数、商业活动类型数量、低级商品的服务从业人数和高级商品的服务从业人数、百货店从业人数五项指标进行层次聚类分析，最终将北京市的商业网店界定为 4 个相对等级的共

11个具有潜在商业中心特征的地域单元。在进行适当修正后，确定一级商业中心1个：东单；二级商业中心2个：王府井和前门；三级商业中心1个：朝外地区；四级商业中心5个：公主坟、复兴门、天桥、东四和双榆树等地。各商业中心特征、规模和职能情况见表4-14。

表4-14　北京市商业中心等级划分及特征

等级		商业中心	特征	总规模/人	职能数/个
一级	超一级	西单	从业规模最大，服务能力最强，以百货零售为主	13 014	12
	一级	王府井	规模偏大，职能数量较多，高等级服务居多	8 275	16
		前门	规模偏大，职能数量最多，低等级服务为主	8 371	17
中间型		朝外	规模中等，职能数量少，以高级商品为主	7 665	11
二级		东四、北新桥、复兴门、天桥、双榆树、公主坟	规模小，等级商品相对齐全	3 528	14

注：职能数是指在一定区域范围内商业企业的服务类型数量。
资料来源：仵宗卿和戴学珍，2001.

比较1984年与2001年两位学者的研究，可以看出十多年来北京市商业中心等级的变化。西单、前门和王府井一直都是市级商业中心。在区级商业中心中，2001年确定的天桥商业中心是由1984年的社区级商业中心发展而来的。双榆树、公主坟和复兴门商业中心是在1984年以后新发展起来的，在这三个新的商业中心中，只有复兴门在三环以内，公主坟和双榆树都在三环以外，属于北京市的郊区。因此，1984~2001年，北京市郊区的商业中心发展比较迅速。

仵宗卿和戴学珍（2001）通过分析北京城市人口的变化规律及交通建设的影响，进一步确定了北京市南三环的木樨园、北四环和西四环交界的海淀镇以及北三环的马甸等将形成新的商业中心，同时他还预测了公主坟商业中心将发展成为北京的市级商业中心。从北京市现在商业发展的情况来看，他的预测正逐渐变为现实，市级商业中心在郊区的出现更加突出了商业向郊区扩散的现象。

2000年以来，北京市商业空间已经发生了巨大的变化，呈现出郊区化扩散的趋势。随着人口、产业等职能由中心向外扩散，商业职能也出现了类似的空间转移，中心城区的三大商业中心，即王府井、西单、前门—大栅栏尽管仍然是北京市重要的商业中心，但随着日趋明显的商业郊区化，其对北京市居民的吸引力越来越弱。随着城市规模的扩大和城市基础设施的不断完善，商业中心已经突破了传统的三大商业中心的概念，在三环路沿线形成了几个典型的市级和区级商业中心，如白颐路的扩建使地处北三环和白颐路交叉点的双榆树地区崛起为京城西北的重要商业中心；另外，分别位于三环路西、南、北方向的翠微（公主坟）、木樨园、马甸等市级商业中心，也成为周边的居民及部分流动人口的主要消费中心。随着城市空间的向外扩张，特别是住宅郊区化趋势的加速，三环路和四环路周边地区成为北京商业最具有发展潜力的地带，如亚运村、望京、酒仙桥、丰台镇、西三旗、五路居、芍药居、六里屯、南八里庄、南磨房、北太平庄、五道口等地区不同商业职能发展迅速，已经成为吸纳当地居民日常消费的主要空间（张文忠和李业锦，2005）。

（二）大型连锁超市的空间分布特征与郊区化趋势

连锁企业是指在核心企业或总店的领导下，由分散的、经营同类商品或服务的企业或活动单位，采取共同方针，实行集中采购和分散销售的有机结合，通过规范化经营，实现规模效益的经济联合组织形式（徐一帆，2010）。连锁超市和便利店的发展是商业流通现代化的重要标志。由于便利店的经营面积、经营方式等因素的限制，在一个社区内形成的商业影响范围较小，而连锁超市则较便利店有更大的门店、更庞大的商品经营种类以及更广的顾客群体，因此研究连锁超市在北京市的发展过程，对于分析北京市商业布局特征有一定的参考意义。

本研究选取连锁零售额超过 10 亿元的超市、大型超市、仓储会员店和部分百货店作为研究对象。根据《中国零售和餐饮连锁企业统计年鉴 2010》，2009年，北京市零售额超过 10 亿元的超市、大型超市、仓储会员店共 10 家，根据资料获取情况，选取排名前 8 位的物美、京客隆、家乐福、美廉美、沃尔玛、超市发、欧尚和乐天玛特作为研究对象，另外，华糖洋华堂商业有限公司是国务院批准成立的中国第一家合资连锁商业企业，百货零售业以大型综合商场（GMS）为主要业态，也作为本书的研究对象。分店资料来自 2011 年 6 月各大超市主页，剔除了明显重复的数据，调整了区县分布错误的数据，共得到有效数据 409 个，家乐福、沃尔玛、华糖洋华堂、欧尚和乐天玛特为国外企业或中外合资企业，由于门店数量相对较少，将其合并在一起进行研究。

采用 GIS 空间分析方法进行研究，首先制作超市门店空间分布图，根据各连锁超市门店的详细地址，将其落实在图 4-7 上（图 4-7，主要示意了六环内的分布）。使用 GIS 空间分析中的叠置分析工具和地统计分析中的反距离加权（inverse distance weighted，IDW）表面建模技术研究北京市大型连锁超市的空间分布与集聚特征。叠置分析是地理信息系统中提取空间隐含信息的方法之一，叠置结果综合了原来多个层面要素的属性，本书通过查询叠置分析产生的新数据层的属性信息，研究超市在不同环路之间的空间分布特征。

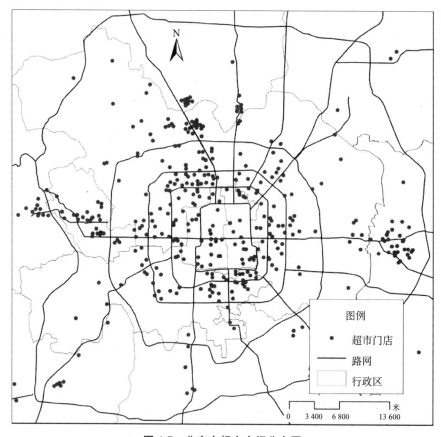

图 4-7 北京市超市空间分布图

使用 IDW 将离散的点数据转化为连续的趋势面，更有利于考察点数据的空间分布特征。IDW 基于相近相似的原理，即两个物体距离越近越相似，反之相似性越小。用周边点的加权平均值作为插值点的估计值，加权的权重为插值点与样本点之间的距离，IDW 模型可以表示为

$$z_u = \sum_{i=1}^{a} z_i d_{iu}^{-k} / \sum_{i=1}^{a} d_{iu}^{-k}$$

式中，z_u 为 u 点处的估计值；z_i 为样点 i 的属性值，d_{iu} 为点 i 与 u 之间的距离；s 为计算过程中使用的样点的数目；k 为幂次。

在进行表面建模之前，利用移动搜索法（floating catchment area，FCA）进行数据的空间平滑处理，减少空间变异。FCA 是以某点为中心做圆或正方形作为滤波窗口，用窗口内的平均值作为该点的值。滤波窗口大小的选择非常关键，应保证它既能显示数据点的总体分布态势，又能保留一定的空间差异，经过测算，以半径 3 公里的圆作为滤波窗口。借助 Point Distance 工具

计算超市样点之间的距离矩阵，以 3 公里为阈值提取并汇总选定样点周围的超市数量，用各样点汇总值与极大值的比率表征样点周围超市的集中度，并作为表面建模的属性数据，图 4-8 是以阈值范围内的超市比率为属性，使用 Proportional Point Symbols 绘制的超市门店比重图，与图 4-7 相比，更直观地显示了超市的空间集聚状态。

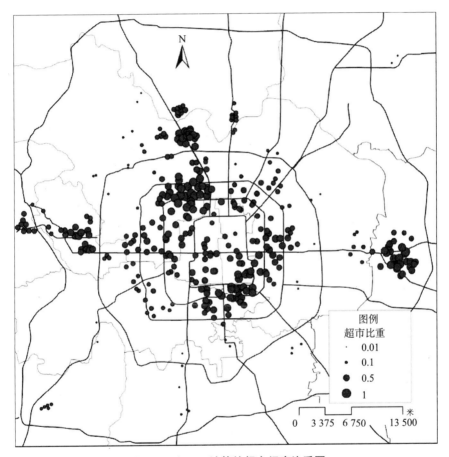

图 4-8 以 FCA 计算的超市门店比重图

1. 北京超市空间结构分析

为宏观上识别大型超市的空间分布，将北京市划分为中心区、近郊区和远郊区，中心区包括首都功能核心区的东城、西城 2 区，近郊区包括城市功能拓展区的朝阳、海淀、丰台、石景山 4 区，远郊区包括城市发展新区的房山、通州、顺义、昌平、大兴 5 区和生态涵养发展区的门头沟、怀柔、平谷、密云、延庆 5 区县。北京市环形加放射形主干路网构成了城市空间结构的骨架，显著影响着社会经济要素的空间分布，按照环形路网范围分为二环内区域、二环外（二环至三环）区域、三环外（三环至四环）区域、四环外（四环至五环）区域、五环外（五环至六环）区域和六环外区域，考察超市沿环路的空间分布特征。

1）主要分布于近郊区，区县尺度上的空间分布有较大差异

从较大尺度区域来看，北京超市的空间分布具有共同性。根据表 4-15，超市门店主要分布于近郊区，其次是远郊区，中心区最少。从不同功能区尺度看，城市功能拓展区超市数量最多，城市发展新区次之，首都功能核心区和生态涵养发展区相对较少，除京客隆超市外，核心区均多于生态涵养区。

表 4-15　超市门店在不同区域的分布情况

超市名称	区域划分		超市门店		开业年份	企业类型
			数量/个	比重/%		
物美	中心区	首都功能核心区	22	13.66	1994	本地
	近郊区	城市功能拓展区	90	55.90		
	远郊区	城市发展新区	37	22.98		
		生态涵养发展区	12	7.45		
京客隆	中心区	首都功能核心区	5	6.67	1995	本地
	近郊区	城市功能拓展区	48	64.00		
	远郊区	城市发展新区	17	22.67		
		生态涵养发展区	5	6.67		
美廉美	中心区	首都功能核心区	8	22.22	1999	本地
	近郊区	城市功能拓展区	17	47.22		
	远郊区	城市发展新区	11	30.56		
		生态涵养发展区	0	0.00		
超市发	中心区	首都功能核心区	4	4.49	1999	本地
	近郊区	城市功能拓展区	69	77.53		
	远郊区	城市发展新区	13	14.61		
		生态涵养发展区	3	3.37		
家乐福/华堂/沃尔玛/欧尚/乐天玛特	中心区	首都功能核心区	6	12.50	1995/1997/2003/2003/2008	合资或国外
	近郊区	城市功能拓展区	34	70.83		
	远郊区	城市发展新区	7	14.58		
		生态涵养发展区	1	2.08		
合计	中心区	首都功能核心区	45	11.00		
	近郊区	城市功能拓展区	258	63.08		
	远郊区	城市发展新区	85	20.78		
		生态涵养发展区	21	5.13		

从区县尺度看，北京不同超市的空间分布具有较大差异性。海淀、朝阳、丰台区较多，三区超市数量占全市的比重分别为 25.67%、17.85% 和 12.71%，通州、石景山、昌平、东城、西城数量也较多，占全市比重均超过 5%。从不同超市来看，国内品牌超市布局相对分散，国外或合资品牌相对集中，国内品牌在远郊的城市发展新区和生态涵养发展区数量分别为 78 家和

20 家,占国内超市总数的比重分别为 21.61% 和 5.54%,国外或合资品牌分别为 7 家和 1 家,所占比重为 14.58% 和 2.08%。超市发、京客隆、物美表现出较强的空间集聚性,超市发主要分布于海淀,占全部区县的 66.29%,京客隆主要分布于朝阳和通州,占全部区县的 54.67%,物美超市主要分布于丰台、海淀、石景山和通州,四区合计占全部区县的 63.98%。家乐福等国外或合资品牌超市均以朝阳区数量居多。

2)三环、四环路间与五环、六环路间分布集中,国内外品牌有明显不同

借助 Arcgis9.3 中的叠置工具分析超市沿不同环路的分布特征(表 4-16)。开业较早的物美、京客隆、家乐福等超市的第一家门店均沿三环路布局,物美位于西三环翠微路,京客隆位于东三环的劲松,家乐福位于北三环东路。2011 年,选定的 409 家超市中,在五环与六环之间数量最多,合计 141 家,占总量的 34.47%,其次是三环与四环之间,合计 76 家,占总量的 18.58%。二环内、六环外数量相对较少,占总量的比重不足 10%。从不同品牌看,国内超市均在五环、六环之间数量最多,占各超市总量的比重均超过 30%,最高的超市发为 38.20%。国外或合资品牌在三环、四环路之间数量最多,占其总量的比重为 35.42%,五环外较少。

表 4-16 超市沿环路分布情况

超市	二环内		二环至三环		三环至四环		四环至五环		五环至六环		六环外	
	数量/个	比重/%	数量/个	比重/%	数量/个	比重/%	数量/个	比重/%	数量/个	比重/%	数量/个	比重/%
物美	17	10.56	28	17.39	21	13.04	19	11.80	59	36.65	17	10.56
京客隆	4	5.33	7	9.33	15	20.00	12	16.00	27	36.00	10	13.33
美廉美	3	8.33	6	16.67	6	16.67	3	8.33	12	33.33	6	16.67
超市发	3	3.37	13	14.61	17	19.10	17	19.10	34	38.20	5	5.62
家乐福等	4	8.33	6	12.50	17	35.42	10	20.83	9	18.75	2	4.17
合计	31	7.58	60	14.67	76	18.58	61	14.91	141	34.47	40	9.78

3)具有明显的空间集聚特征

在利用移动搜索法进行空间平滑的基础上,以阈值范围内超市的比重为属性进行表面建模(图 4-9),结合图 4-8 可见,北京超市表现出明显的空间集聚特征,主要集聚区域包括海淀花园路—双榆树—中关村、明光村—大钟寺、上地—清河—西三旗、公主坟—五棵松、通州新城、石景山古城—苹果园、朝阳团结湖—六里屯—国贸—双井、丰台马家堡—木樨园—方庄。海淀东南部集中程度高、面积大,包括马甸、大钟寺、双榆树等多个商业中心,丰台的马家堡—木樨园—方庄地区集中程度也较高。

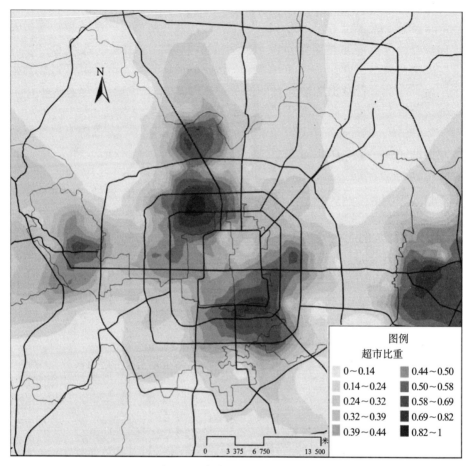

图4-9 超市空间分布趋势图

北京超市集聚区表现出如下特征：一是四环内的近郊区是超市高集聚分布的主要区域；二是五环外的远郊新城及城郊大型居住区聚集态势也较明显，特别是服务新城通州和海淀清河—西三旗地区集聚程度较高，门头沟新城、回龙观、望京、天通苑有一定数量的集聚，但规模较小，程度较低；三是集聚区域沿着西北、东、西三个方向外向扩展距离较远，延伸至五环外，而南部主要位于四环以内区域；四是沿交通廊道集聚，主要包括八达岭高速、京通路和石景山路，安立路、京承高速、机场高速、京石高速沿线也有一定数量的分布，东南方向的京沈高速、京津高速、京津唐高速沿线超市数量明显偏少。

2. 北京超市空间分布的郊区化趋势

影响零售商业区位选择的主要因素包括消费市场状况、空间距离与交通条件、竞争和地价，其中消费市场状况可细分为消费者的数量、消费者收入和消费偏好，下面以北京为例，探讨在上述因素影响下，北京连锁超市空间分布的未来走势。

1) 人口分布的空间重构

20 世纪 80 年代以来，北京经历了人口与住宅的郊区化，中心区人口下降，郊区人口快速增加，消费人口从中心区向外转移，吸引了商业向郊区的扩散。1985~2009 年，中心区人口由 250.2 万人增至 276 万人，近郊区则由 330.6 万人增至 1049.2 万人，城市发展新区由 257.6 万人增至 601.3 万人，生态涵养发展区由 150.7 万人增至 194.3 万人，可见，近郊区与远郊的城市发展新区是北京人口增长的主要集聚地，也将是未来零售商业布局的主要空间。

2) 消费水平及出行方式的变化

民用汽车拥有量的变化凸显了北京市居民消费水平的提高，1993 年，每百户拥有民用汽车 11.7 辆，2009 年达到 76.1 量，已经进入汽车时代，改变了居民的出行方式。根据北京市三次居民出行调查报告，1986 年小汽车在居民各种交通方式出行构成中仅占 5.0%，2000 年占 23.2%，2005 年达到 29.8%。私人汽车的快速发展，增强了对商业设施停车场地的需求，郊区相对充裕而廉价的土地资源，吸引了大型超市和购物中心的入驻，如西北四环附近的金源时代购物中心，东三环、四环之间的新光天地，东四环附近的燕莎奥特莱斯，西五环的万达广场，北五环外的龙德广场和永旺购物中心等。

3) 竞争与地价

20 世纪 80 年代至 90 年代末，王府井、西单逐步完成大规模改造，商务办公职能得到强化，商业的集聚程度大幅提高，地价上升，竞争加剧。例如，王府井地区改造后，商业总面积超过 100 万平方米，其中万米以上的大型商场就有 40 多个。在中心区人口疏散、郊区商业蓬勃发展分流消费者的趋势下，旧城区商业设施趋于饱和，竞争激烈，而郊区商业设施分布密度低，竞争环境宽松，土地价格相比市中心要低，在成本因素驱动下，许多商家倾向于在郊区发展。

4) 政策的引导

在城市功能疏解的背景下，指导北京零售业布局的政策体现出两大倾向，一是中心区商业发展侧重优化，规模、类型受限性逐步增强；二是鼓励郊区商业中心的建设、积极推进城郊大型居住区的商业设施配套、提升远郊新城商业服务水平，发展新型商业业态。在这两种趋势的引导下，大型连锁超市将继续在郊区发展。

（三）1998～2010 年北京市商业用地出让空间扩散

商业土地供应是商业发展的基本要素，北京市从 1992 年拉开了国有土地使用权有偿出让的序幕，并制定了国有土地有偿出让制度。在随后的几年中，土地出让量开始逐年增加。依据北京市全市土地出让总量的变化特点，可以将北京市土地出让从时间上划分为三个阶段，分别为 1992～1995 年、1996～1998 年及 1999 年以后。其中，第一阶段为北京市土地出让市场的起步阶段，土地出让量平稳增加；第二阶段由于土地市场环境的特点，波动较为剧烈；第三阶段，土地出让量快速增加，尤其是 2000 年以来，在奥运经济和建设世界城市的双重驱动下，北京市土地供应总量高速增长，北京市商业用地的出让量也随着土地出让市场的变动发生了相应的变化。

下面选取 1998～2010 年北京市商业用地出让宗数进行分析，通过出让土地在空间上的分布来分析商业在空间扩散的特征。经过筛选，我们得到研究区域内有效商业出让地块样本 1569 个。为刻画北京商业郊区扩散的进程与特征，我们将北京市划分为中心区、近郊区和远郊区，中心区为首都功能核心区，近郊区为城市功能拓展区，远郊区为城市发展新区和生态涵养发展区。依据 2010 年《北京统计年鉴》，首都功能核心区包括东城、西城、崇文、宣武 4 区，城市功能拓展区包括朝阳、丰台、石景山、海淀 4 区，城市发展新区包括房山、通州、顺义、昌平、大兴 5 区，生态涵养发展区包括门头沟、怀柔、平谷、密云、延庆 5 区县。2010 年 7 月，东城、西城、崇文、宣武 4 区合并为东城、西城 2 区，不影响分析。不同区域商业用地出让情况见表 4-17。

表 4-17　1998～2010 年北京市商业用地出让宗数　　（单位：宗）

年份	首都功能核心区	城市功能拓展区	城市发展新区	生态涵养发展区	合计
1998	4	15	0	0	19
1999	7	44	0	0	51
2000	6	43	0	0	49
2001	13	51	2	1	67
2002	16	68	3	0	87
2003	28	70	7	3	108
2004	46	133	13	4	196
2005	29	75	15	4	123
2006	41	95	20	10	166
2007	116	100	18	23	257
2008	60	70	22	19	171
2009	37	70	47	10	164
2010	23	44	39	5	111

资料来源：根据北京市国土资源局公布数据整理而得。

1. 不同区域商业土地出让的分布格局

1998 年以来，北京市商业土地出让点的数量快速增加，从 1998 年的 19 个增加至 2007 年的 257 个，之后逐步回落。从不同分区来看（图 4-10），首都功能核心区土地出让数量较多，占全市的比重平均为 23.54%，2007 年缘于前门大街、王府井大街等地的改造，出让地块数量较多，其余年份波动不大。城市功能拓展区商业土地出让数量最多（除 2007 年低于首都功能核心区），占全市比重的平均值达到 63.10%，但表现出逐年回落的态势，由 1998 年的 78.95% 降至 2010 年的 39.64%。城市发展新区商业土地出让数量相对较少，占全市比重的平均值为 9.8%，但呈较明显的上升趋势，2007 年之前增长较为缓慢，之后迅速增加，2010 年所占比重达到 35.14%。生态涵养发展区商业土地出让数量较少，占全市比重的平均值仅 3.56%，发展较为缓慢。整体来看，商业土地出让的重心呈现出由城市功能拓展区向城市发展新区转移的态势，首都功能核心区一直是商业土地出让的重点区域，生态功能涵养区出让数量少且发展缓慢。

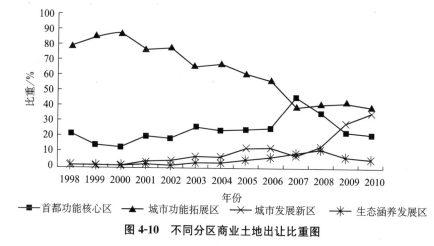

图 4-10　不同分区商业土地出让比重图

2. 不同环路商业土地出让的分布格局

北京市鲜明的环状加放射状快速干道路网构成了北京商业土地出让的基本框架。借助 Arcgis9.3 叠置分析工具研究商业出让土地沿环状路网的分布特征，以不同环路建立面数据层，应用 Spatial Join 方法对面数据层与土地出让点进行叠置分析，根据属性表中 Join-Count 字段统计不同环路土地出让点的数量（表 4-18）。结果显示，二环内商业土地出让数量及比重在 1998～2007 年间逐步增加，之后下降。二环外与三环外区域商业土地出让数量较多，但表现出较为明显的下降趋势，两个区域出让数量占全市比重由 1998 年的 84.21% 降至 2010 年的 30.63%。四环外的商业土地出让数量也较多，

1999~2006 年占全市的比重较为稳定，2007 年以来出现下降趋势。五环外与六环外区域商业出让土地数量占全市的比重总体呈上升的趋势，特别是五环外区域，上升的态势明显，由 1998 年的 5.26% 升至 2010 年的 26.13%。从不同环路所占比重可以看出，1998~2010 年，商业土地出让的重心逐步由二环至四环的近郊区向五环外的远郊区转移，但二环内的旧城区分布较集中。

表 4-18　商业土地出让沿环路分布情况

年份	二环内		二环外		三环外		四环外		五环外		六环外	
	数量/个	比重/%	数量/个	比重/%	数量/个	比重/%	数量/个	比重/%	数量/个	比重/%	数量/个	比重/%
1998	1	5.26	4	21.05	12	63.16	1	5.26	1	5.26	0	0.00
1999	4	7.84	15	29.41	17	33.33	10	19.61	5	9.80	0	0.00
2000	1	2.04	10	20.41	19	38.78	14	28.57	5	10.20	0	0.00
2001	9	13.43	19	28.36	19	28.36	13	19.40	4	5.97	3	4.48
2002	10	11.49	16	18.39	31	35.63	17	19.54	13	14.94	0	0.00
2003	18	16.67	20	18.52	23	21.30	25	23.15	18	16.67	4	3.70
2004	39	19.90	39	19.90	41	20.92	38	19.39	30	15.31	9	4.59
2005	23	18.70	21	17.07	27	21.95	25	20.33	23	18.70	4	3.25
2006	33	19.88	29	17.47	20	12.05	38	22.89	27	16.27	19	11.45
2007	102	39.69	28	10.89	29	11.28	32	12.45	34	13.23	32	12.45
2008	51	29.82	21	12.28	20	11.70	19	11.11	29	16.96	31	18.13
2009	32	19.51	20	12.20	21	12.80	20	12.20	44	26.83	27	16.46
2010	22	19.82	20	18.02	14	12.61	11	9.91	29	26.13	15	13.51

3. 商业土地出让时空分布的动态演变

以北京长安街与南北中轴线的交点作为参照点，通过量算土地出让点与参照点之间的平均距离，表征商业土地出让时空分布的动态演化。在 Arcgis9.3 中，应用"欧式距离"方法进行距离测算，以不同年份不同象限求平均值，用以量化出让点与中心区参照点之间的距离变化（表 4-19）。结果显示，1998~2010 年，北京商业土地出让点与中心参照点的平均距离由 7.8 公里扩展到 15.2 公里，年均外扩 0.62 公里。1998~2001 年，扩展速率较慢，年均 0.35 公里。成功申办奥运会以来，扩展速率明显加快，2002~2008 年，年均达 1.20 公里。2008 年后呈现负增长，年均 -0.75 公里。

表 4-19　商业土地出让点与参照点的平均距离

年份	第一象限		第二象限		第三象限		第四象限		合计	
	距离/公里	数量/个	距离/公里	数量/个	距离/公里	数量/个	距离/公里	数量/个	距离/公里	数量/个
1998	7.6	4	9.7	6	7.4	5	5.7	4	7.8	19
1999	8.4	16	10.9	15	7.9	7	5.8	13	8.4	51
2000	9.2	21	13.3	11	9.2	10	6.4	7	9.7	49
2001	9.9	28	12.9	15	6.0	10	6.3	14	9.2	67
2002	9.8	36	12.4	25	6.4	12	5.8	14	9.5	87
2003	10.6	38	13.5	36	8.7	20	9.1	14	11.0	108

续表

年份	第一象限		第二象限		第三象限		第四象限		合计	
	距离/公里	数量/个	距离/公里	数量/个	距离/公里	数量/个	距离/公里	数量/个	距离/公里	数量/个
2004	11.5	80	11.9	56	9.2	32	7.3	28	10.6	196
2005	13.4	49	13.6	33	9.9	28	7.4	13	12.0	123
2006	11.8	73	21.7	36	12.8	26	8.2	31	13.5	166
2007	16.5	77	19.7	67	11.2	35	3.9	78	12.8	257
2008	18.4	69	21.8	51	12.4	30	4.6	21	16.7	171
2009	15.3	73	18.1	37	16.5	37	11.1	17	15.7	164
2010	9.5	36	22.6	37	17.3	22	8.3	16	15.2	111

　　为研究商业土地出让的时空动态演变，以长安街与南北中轴线的延长线将商业土地出让数据分为四个象限（东北、西北、西南、东南），划分的依据是每个象限具有影响商业用地项目发展的地方性条件。东北方向人口密集，居住区数量多、规模大，制造业发达，地势较平坦，限制开发的自然因素相对较少。西北方向人口较多，高校分布集中，高科技产业发达，居住区数量较多，地势高，限制开发的自然和历史文化遗产保护因素较多。西南方向人口密度相对较低，西半部多山地，东半部平原面积大，限制开发的自然和历史文化遗产保护因素较多。东南方向地势平坦，但较低洼，人口密度相对较低，产业发达，处于京津主要经济联系方向上。

　　不同方向商业土地出让数量及空间变化的差异较明显，东北方向商业用地出让数量最多，占总量的 38.2%，扩展速率波动较大，1998~2001 年，年均外扩 0.58 公里，低于全市平均水平，2002~2008 年，年均 1.43 公里，高于全市平均水平，2008 年以来呈现剧烈负增长，年均-4.45 公里，原因在于 2008 年以来，东北方向旧城改造力度较大，较多商业出让地块位于距离参照点较近的东城区。西北方向商业出让土地数量较多，占总量的 27.1%，外向扩展的速率快，距离远，商业用地出让点与参照点的平均距离由 1998 年的 9.7 公里升至 2010 年的 22.6 公里，年均外扩 1.08 公里，其中 1998~2001 年均外扩 0.80 公里，2002~2008 年均外扩 1.57 公里，之后速率略有降低。西南方向商业用地出让占总量的 17.5%，外向扩展的趋势也较为明显，平均距离由 1998 年的 7.4 公里升至 2010 年的 17.3 公里，年均外扩 0.83 公里，2001 年之前年均-0.35 公里，2002 年以来迅速增加，年均达 1.36 公里。东南方向的商业用地出让数量最少，占总量的 17.2%，外向扩展相对不明显，商业出让点与参照点的平均距离由 1998 年的 5.7 公里升至 2010 年的 8.3 公里，年均外扩 0.22 公里。整体而言，北部土地出让数量多，外向扩展距离远，速率快，南部相反。东部旧城改造力度大，外延扩张与内部更新改造发展并存，西部受自然条件和历史文化遗产保护的限制，表现为较强烈的西北向与西南向外延扩张，扩展速率快，距离远。

4. 商业土地出让集聚区的变化

采用核密度法研究北京市商业土地出让集聚区的分布，将1998~2010年商业土地出让划分为1998~2001年、2002~2005年、2006~2010年三个时段，在Arcgis9.3中，选取适当的距离阈值，对出让点进行核密度分析，并将分析结果输出（图4-11~图4-13）。根据图4-11，1998~2001年北京市商业出让土地集中分布区数量较少，面积较小，中高集聚区主要包括亚运村、育慧里、望京新城、劲松、木樨园和方庄地区。根据图4-12，2002~2005年，集聚区的数量增多，面积增大，高集聚区包括奥运村、金融街、玉桃园、王府井和方庄地区，中集聚区从王府井沿东北方向一直延伸至望京新城，回龙观、马连道、劲松也较集中。根据图4-13，2006~2010年，中低集聚区域呈现外围扩散趋势，特别是五环外地区明显增多，如昌平、顺义、大兴、门头沟等新城呈现出中低层次的集聚。高集聚区的数量减少，面积增大，分布在旧城东北部、前门大栅栏、回龙观三个地区，中集聚区主要分布于旧城北部、高碑店、昌平、劲松等地区。从不同区域来看，东北象限是商业土地出让的主要集聚地区，包括东城、朝阳的部分区域，以南北中轴线为界，东半部集聚区较多，以东西长安街为界，北半部集聚区较多。从不同时段来看，商业土地出让集聚区表现出以下变化特征：一是旧城高集聚区面积增大，二是五环外中低集聚区的数量增加，三是城郊大型居住区集聚程度提高。

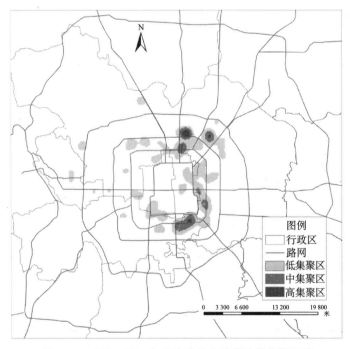

图4-11 1998~2001年北京商业土地出让的集聚区域

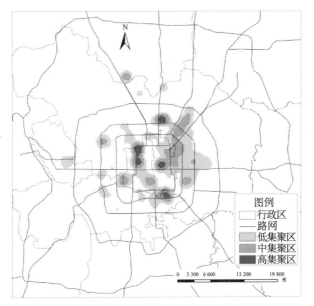

图 4-12 2002～2005 年北京商业土地出让的集聚区域

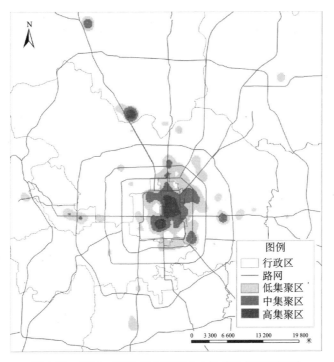

图 4-13 2006～2010 年北京商业土地出让的集聚区域

（四）北京市商业空间扩散特点

通过前几节的分析，可以确定北京市目前商业已开始向郊区扩散，扩散速度较快，且涉及商业的各个方面，包括商业网店数量和商业服务功能等。商业的郊区扩散过程中表现出的特点，是我们判断商业郊区扩散效果并且进行适当调控的重要依据。为了分析商业在郊区发展的情况，我们结合对北京市郊区多个小区的实地考察和问卷调查，总结出了北京市商业郊区扩散的一些特点。

1. 扩散的时间特点

自 20 世纪末开始出现扩散趋势，但规模小，速度较慢。中国的改革开放促进了全国商业的发展，北京市的商业也从改革开放以后有了较大的发展，并且随后开始出现了向郊区扩散的趋势，但是其扩散现象不太明显。现有的大型连锁超市都只是 90 年代中后期才在北京开设第一家店，其后几年向郊区扩散的速度也比较慢。从两次基本单位普查的数据看，城市中心区和近郊区的商业网点数都有较大的增长，但是从空间上的表现来看，由于近郊区商业网点基数较小，近郊区的网点增加比例比中心区大很多，所以出现了商业在城市中心区发展迅速，但也同时向郊区快速扩散的趋势。在土地出让市场于 1992 年开始实行国有土地使用权出让后，整个 90 年代的商业用地出让数量都比较少，在空间上的分布虽然已出现了向三环外扩散的现象，但是与近几年比较则相对缓慢、均衡。

2001 年以来，北京市的商业发展开始迅速活跃，大型购物中心、大型超市等纷纷选择在郊区开业，内城商业网点向郊区的扩散使郊区的商业中心迅速发展。商业用地出让也开始大幅度增多，大部分位于北京市的近郊区。特别是 2004 年，商业用地出让宗数增长较快，郊区的商业用地出让数也达到最大，给商业向郊区的扩散提供了更大的发展空间。在城市中心区商业用地数量越发紧张的情况下，从超市的布局和大型购物中心的布置上看，向郊区扩散的特点也越来越明显。

2. 扩散的空间特点

沿公路环线呈圈层状向外扩散。北京市的商业中心、大型连锁超市以及商业用地出让沿公路环线向外扩散的现象较为明显。从整体看，二环内的商业发展基础较好，但是发展空间有限，在对商业的需求越来越旺盛的时候，商业随着北京市环路的建设逐渐向外扩散。1998～2010 年的商业用地出让项目的空间分布，大部分是位于北京市三环与四环、四环至五环之间，说明三环至五环已成为商业扩散的重点区域。

随着住宅区的建设向外扩散，北京市近几年建设的大型住宅区如方庄、望京、回龙观和天通苑等都是商业扩散的重点区域，而且随着郊区新建的住宅区以及现有住宅区的配套逐渐完善，对商业的需求越来越大，商业的扩散将更加明显。

扩散的重点区域在朝阳区和海淀区。朝阳区和海淀区在近几年的商业发展中是发展最快的两个近郊区。朝阳区的朝外地区作为北京市 CBD 所在地，在发展中央商务区的带动下，各商业业态和商业网点迅速向当地扩散，使当地商业服务功能也得到了快速的发展，形成了朝外商业中心和燕莎商业中心。商业用地出让项目在海淀区也比较集中，在海淀的中关村、公主坟和马甸等地形成了多个商业中心。分析北京市现有大型连锁超市的布局，海淀和朝阳几乎都形成了各自的品牌店，海淀是超市发超市的主要扩散地，朝阳则是京客隆超市的主要扩散地。

3. 不同类型商业设施扩散特点

大型购物中心扩散较为典型。大型购物中心或超市的特点是购物面积比较大，吸引的人群也比较多，从而也要求有更大的占地面积和停车场。地处海淀区远大路西三环以外的北京市第一个大型购物中心（shopping mall）——金源时代购物中心是北京市大型购物中心向郊区扩散的一个典型标志。由于交通便利、停车方便是大型购物中心以及超市选址和布置的必要条件，城市中心区在土地面积和价格的限制下几乎不可能布置大型购物中心。而郊区土地面积较多、地价便宜、交通方便，所以大型购物中心成为商业向郊区扩散的典型业态。

本书所选取的典型连锁企业中，店铺比较多、扩散较远的连锁超市都是北京本地企业，如物美、京客隆和超市发，这三家连锁超市大部分门店布置在三环至六环之间。也有大型超市布局在交通干道、快速交通出入口附近、中型或者大型居住区附近，如家乐福位于朝阳区北三环东路的创益佳店和位于海淀区白石桥路的方圆店都布置在快速交通的出入口。家乐福方庄店则位于大型社区方庄附近。在北京市快速干道出入口和大型社区位于郊区的背景下，大型超市将继续向郊区扩散。

银行网点扩散较慢。实地考察位于郊区的住宅区商业布置状况时发现银行网点较少，很多小区周围都只有一个银行网点或者没有银行网点。商业用地出让中，最近比较多地用于银行网点建设，但是这些项目大部分仍然位于中心区。在银行与人们的生活越来越密切联系的时候，银行网点向郊区扩散的速度却明显落后于人口的郊区化。

老字号商铺扩散程度较低。老字号商铺的形成拥有较多的历史积累，北京现有的老字号商铺也是依托于北京城市中心区商业发展的悠久历史而形成的。现有的老字号商铺一般布置在中心区，如前门、王府井等地。在郊区几乎没有出现老字号商铺或其连锁店，说明这种商业类型几乎没有向郊区扩散的现象。

三、北京市商业郊区扩散的影响因素研究

（一）人口与住宅郊区化的吸引作用

商业的发展需要一定数量的消费人群，人口与住宅的郊区化使得消费人口外移，为追随消费者，商业必然会向郊区扩散。北京市在 1982～1990 年已经进入人口郊区化过程，1990 年以来，近郊区和远郊区新建住宅面积占总新建住宅面积比例明显增加，呈现明显的郊外扩展趋势，1985～2009 年的人口与住宅数据变动趋势与零售额基本一致，显示出人口与住宅的郊区化，带动了零售商业的郊区化。

根据 1985～2009 年北京市不同区域人口变化情况表（表 4-20），1985～2005 年，北京市中心区人口增长量与年均增长率不断下降，1995～2005 年为负值，即中心城区人口数量出现了绝对数量的下降，2005～2009 年有所反弹，但增长的速率远落后于近郊区和远郊区，与人口增长量和增长率下降相伴，中心区社会消费品零售额占全市的比重也逐年降低。根据 2011 年 1 月公布的《东城区总体发展战略规划（2011～2030 年）》，未来 20 年，东城区（含原崇文区）常住人口将向外疏散 20 万人，由目前的 85 万人减少为 65 万人，年均疏散 1 万人，因此，中心区人口的减少将是长期的趋势，将带动零售商业继续从中心区向外扩散。

表 4-20 不同时段北京市人口增长量与年均增长率

时段	中心区		近郊区		远郊区	
	增长量/万人	增长率/%	增长量/万人	增长率/%	增长量/万人	增长率/%
1985～1990 年	10.6	0.83	65.6	3.69	38.2	1.80
1990～1995 年	6.9	0.52	49.3	2.37	10.8	0.48
1995～2000 年	−1.4	−0.10	91.8	3.82	17.1	0.74
2000～2005 年	−10.9	−0.83	167.4	5.57	101.3	3.95
2005～2009 年	20.6	1.96	344.5	10.46	219.9	8.42

注：人口统计口径为户籍人口与暂住人口之和。

分时段来看，1990～2000 年，近郊区人口快速增长，期间北京市人口总计增加了 174.5 万人，其中近郊区增加了 141.1 万人，超过 80% 的人口增长出现在近郊区，与该区域同一时段内社会消费品零售额占全市比重的快速上升相吻合。2000～2009 年，近郊区人口加速增长，年均增长率达 7.72%，2005 年以来超过 10%，但此期间增长量占全市的比重在下降，由 20 世纪 90 年代的 80% 降至 2009 年的 60%。远郊区人口增长率由 20 世纪 90 年代的年

均 0.61％升至 5.91％，2005 年以来超过 8％，人口增长量占总增长量的比重则由 20 世纪 90 年代的 15％升至 34％。2000 年以来远郊区人口比重的快速上升与期间零售商业的远郊区扩散也较一致。

根据 1985～2009 年北京市新建住宅竣工面积（表 4-21），中心区所占比重与社会消费品零售额所占比重的变化趋势一致。近郊区是住宅建设集中分布的区域，总量大，增速快，1985～2004 年，近郊区住宅竣工面积占全市的比重超过 60％，与之对应，1990 年以来近郊区零售额集中了全市的 60％以上。2005 年以来住房销售面积数据显示，近郊区所占份额下降，而远郊区所占份额快速上升，住宅的远郊区发展态势明显，与 2000 年以来零售商业的远郊区扩散趋势也较吻合。

表 4-21　不同时段北京市新建住宅竣工量

时段	中心区		近郊区		远郊区	
	总量/万平方米	比重/％	总量/万平方米	比重/％	总量/万平方米	比重/％
1985～1990 年	607.1	17.62	2 393.0	69.46	445.1	12.92
1991～1995 年	482.1	13.00	2 512.8	67.78	712.4	19.22
1996～2000 年	807.1	13.50	3 680.7	61.55	1 492.1	24.95
2001～2004 年	942.3	10.58	6 422.0	72.11	1 541.4	17.31
2005～2009 年	675.6	7.22	4 989.5	53.35	3 687.5	39.43

注：2005～2009 年为住宅销售面积。

郊区消费能力的增加也是重要的因素。冯健（2004）对北京市居民近十年的消费倾向做过一些调查，并且通过分析得出了居民的场所选择会随着购置物品的不同发生相应的变化。20 世纪 90 年代居民在购置日常生活用品方面，选择的购物场所以集贸市场及百货商店居多，总体特点是比较分散，在各类场所之间的分布相对均匀。而现在则是高度集中在大、中、小各种超市里。而笔者对郊区多个小区居民的购物行为进行的调查也表明，居民在购置日常生活用品时，选择小区附近的超市或市场的比重最大，达 65％。

20 世纪 90 年代居民在购置衣物、大型重要物品方面，首先选择的购物场所是距家一定距离的中、大型商场，然后是王府井、西单等大型购物场所，最后才是居住区商店或附近市场。现在居民在购置这些物品时，选择王府井及西单等大型购物场所的比重有所下降，而选择距家有一定距离的中、大型商场的比重大幅度上升，另外，离家最近的大型超市亦成为重要的选择。郊区的居民在节假日购物时选择场所最多的是市中心的大型购物场所，如王府井、西单等购物中心，比重为 39％，但是也有 32％的居民选择在距家有一定距离的中、大型商场。这也说明布置于郊区的中、大型商场也已成为更多郊区居民的休闲购物场所，其商业服务功能也开始向市级商业中心扩展。可以确定，位于郊区的中、大型商场将吸引越来越多的顾客，而且在比较旺盛的购物需求条件下将保持良好的发展势头。

（二）交通与私人汽车快速发展的推动作用

便利的交通条件是城市周边地区商业快速发展的重要推动力。消费者购物需要支付交通成本和时间成本，对商品或服务付出的实际价格是售价加交通支出（包括货币与时间支出），城市交通条件的不断改善，提高了可达性，降低了居民出行的成本，吸引商业设施沿交通干线、快速交通出入口附近集聚发展。

从 1994 年三环路建成通车到 2009 年六环路通车，北京市形成了完善的公路干道网系统，包括 5 条环路、17 条放射路、贯通旧城区的 6 条东西方向干路和 3 条南北方向干路，公路通车里程从 1985 年的 8482 公里增加到 2009 年的 20 755 公里（2006 年之后的统计中含村级道路）（图 4-14）。近郊区沿着环路和放射快速路形成了公主坟、马甸、CBD 区域、木樨园、双榆树、亚运村、望京—酒仙桥等区域性商业中心。远郊区商业网点沿六环与放射干道相交区域集中分布，本书统计的 401 家超市分店中，有 80 家位于六环路串连的 7 座远郊区新城，占 20%。北京市地铁交通网络近年来不断完善，2010 年，地铁大兴线、亦庄线、房山线、昌平线和 15 号线一期开通运营，将有力地吸引商业向远郊区扩散。

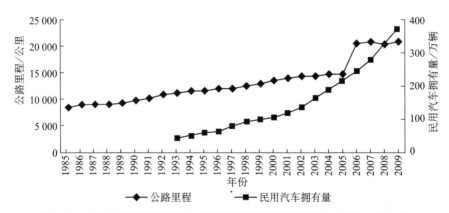

图 4-14　北京市公路通车里程与民用汽车拥有量变化情况（1985～2009 年）

私人汽车拥有量的急剧增长，在北京的商业郊区化中将发挥越来越重要的作用。2009 年，民用汽车达到 372.1 万辆，每 100 户家庭汽车拥有量 76 辆，已进入汽车时代。根据北京市三次居民出行调查报告，1986 年小汽车在居民各种交通方式出行构成中仅占 5.0%，2000 年占 23.2%，2005 年达到 29.8%。私人汽车的快速发展，改变了居民的出行方式，增强了对商业设施停车场地的需求，郊区相对充裕而廉价的土地资源，吸引了大型综合超市和购物中心的入驻，如西四环、北四环附近的金源时代购物中心，东三环、四环之间的新光天地，东四环附近的燕莎和奥特莱斯，西五环的万达广场，北五环外的龙德广场和永旺购物中心等。

（三）城市中心区的挤出效应

中心区功能定位与旧城保护的限制。北京首都功能核心区主要承载了国家政治中心、文化中心、国际交往中心、金融管理中心等职能，是历史文化名城重点保护地区和集中展示区。功能优化疏解、历史文化名城保护与传承是中心区的重要任务，其商业设施的发展受到限制。北京市"十二五"规划指出，首都功能核心区积极推进功能和人口疏解，严格控制新建住宅开发项目和大型公建项目，严格限制医疗、行政办公、商业等大型服务设施的新建和扩建。

商业中心商务化的挤出效应。20 世纪 80 年代至 90 年代末，王府井、西单逐步完成大规模改造，办公职能得到强化，由单一零售中心转为办公、零售综合中心。20 世纪 90 年代西二环金融街开始建设，崇文门外大街进行了改造，原有的商业功能转变为零售、商务功能，强化了中心区的商务职能。北京"十二五"规划指出首都功能核心区重点发展金融保险、商务会议、文化旅游等高端服务业，将促进传统商业职能向郊区外围转移。

商业激烈竞争与高地价的挤出效应。北京旧城区商业中心和商业街的改造升级，提高了中心区商业的集聚程度，如王府井地区改造后，商业总面积将超过 100 万平方米，其中万米以上的大型商场就有 40 多个。在中心区人口疏散、郊区商业中心蓬勃发展分流消费者的趋势下，旧城区商业设施趋于饱和，竞争加剧，而郊区商业设施数量相对较少，竞争环境宽松。中心区商业用地出让价格和商铺的租赁价格较高，郊区商业基础较薄弱，价格相比市中心要低，在成本因素驱动下，许多商家更倾向于在郊区发展。

最后，中心区交通拥堵、停车设施缺乏阻碍了私家车消费者市场的发展，北京市小汽车的普及以及郊区大型连锁超市和购物中心的发展，将引导居民购物空间从中心区向近郊区甚至远郊区转移。

（四）规划的引导作用

北京市各种类型的规划，包括城市总体规划、土地利用规划、商业规划、居住区规划和交通规划等均对北京市商业发展产生一定影响，其中以商业规划的影响最为具体和明确。

1. 城市总体规划

《北京城市总体规划（1991—2010 年）》，强调大力发展第三产业，建立起服务首都、面向全国和世界的、功能齐全、布局合理、服务一流的第三产业体系；适应进一步扩大国际、国内经济活动的需要，建设具有国际水平的商务中心区和现代化的商业服务设施，逐步形成发达的消费资料市场、生产资料市场、房地产市场、金融市场、技术文化市场、信息服务市场和劳务市场；同时，把北京建设成第一流的国际旅游城市。在对商业发展方面的规划内容有："加快调整改造王府井、西单、前门原有的三大市级商业中心，建设成高水平、高档次、现代化的商业文化服务中心。按照多中心格局建设朝阳门外、公主坟、海淀、木樨园、马甸等新的市级商业文化服务中心。在旧城内的鼓楼前、西四、新街口、北新桥、东四、东单、花市、珠市口、菜市口，以及在旧城以外的北太平庄、五道口、甘家口、三里河、酒仙桥、望京、六里屯、定福庄、南磨房、方庄、西罗园、丰台、古城、鲁谷等合适地点，通过调整用地，成街成片地建设 70 个左右地区级中型商业文化服务中心或商业街区，形成多层次、多功能的市场网络。"该规划同时强调实行危旧房改造与新区开发相结合的原则，大力向新区和卫星城疏散人口；继续进行新居住区的开发建设，以满足日益增长的住宅需求；肯定了边缘集团是市区的组成部分，要在边缘区进行综合开发，安排一定的住宅和配套设施以及部分产业，分散中心地区建设的压力。

《北京城市总体规划（2004—2020 年）》对各个地区的商业发展提出了要求：西部地区是城市未来重要的发展地区，要在西部积极引导商业物流业等的发展，强调门头沟新城是西部发展带的重要组成部分，要引导商业服务功能；同时，对大兴新城及地区的发展中也强调了其商业物流业的功能。

在城市轴线的保护与发展的相关规定中，该规划强调大力发展第三产业，重点支持发展金融、保险、商贸、物流、文化、会展、旅游等产业；提出要全面实现商贸流通现代化，多种商业业态合理分布，形成具有首都特色和现代国际城市水平的商贸流通规模和布局；实施以"优化核心、延伸两轴、发展新城、强化特色"为主要内容的商贸服务空间发展战略；完善由旧城商业区、中心城商业区和外围商业区组成的商业体系，丰富商业区的内容，发展多种商业业态，实现多元化协调发展的格局。旧城内进一步完善王府井、西单和前门（含大栅栏、琉璃厂）商业区，将其发展成为现代商贸和传统商贸有机结合、功能互补的商贸文化旅游区。中心城内大部分地区结合现有设施的改造完善，依托交通枢纽和边缘集团的发展，逐步建成公主坟、木樨园、望京、北苑、石景山等若干规模适当、布局合理的集商业、文化、休闲、娱乐为一体的综合商业区。

这些规划具体提出了北京市商业发展的方向和重点，其中也明确表明了要在发展旧城内商业中心区的基础上，大力发展郊区的商业，使郊区商业成为功能完善的综合商业区，这些具有指导意义的内容，将指导郊区商业更加全面地发展。

2. 土地利用规划

《北京市土地利用总体规划（1997—2010 年）》的总目标中明确提出为保障首都的发展建设和各项职能的充分发挥，以及实现北京市跨世纪经济和社会发展目标提供土地保障。其中，将北京的东城、西城、崇文、宣武四个区确定为北京的城市中心地区，将朝阳、海淀、丰台、石景山四个区确定为城市边缘集团。

该规划确定了城市边缘集团地区是城市人口和产业的转移区。土地利用的发展方向和管理措施按照《北京城市总体规划（1991—2010 年）》的要求，将城市建设的重点要从市区向远郊区转移，市区建设要从外延扩展向调整改造转移，市区要坚持"分散集团式"的布局原则，严格保护并尽快实施中心城区与边缘集团间的绿化隔离，进一步调整和优化市区土地利用结构和布局，保障首都各项功能的充分发挥及与首都特点相适应的高新技术和第三产业发展的用地需求。

《北京市土地利用总体规划（2006—2020 年）》中土地功能定位是北京土地利用方式和功能结构的调整，应按照首都政治、经济、社会、文化发展的要求，着力体现首都土地独有的战略价值，高度重视土地的资源、资产双重属性，充分发挥首都土地的国家服务、公共服务、生态服务的功能，优先满足国家政治事务和党政机关行政办公、国家级文体教育、国防安全、国际交往、历史文化名城保护和现代服务业的用地需求。

东城、西城、崇文、宣武四区构成首都功能核心区。本区域土地功能突出首都土地利用特有的国家服务功能、公共服务功能，实现土地的发展载体功能、生态服务功能和景观美化功能的平衡，高度重视和保护本区域土地所承载的历史文化价值，维持土地利用的适当强度。疏导不适合在旧城内发展的城市职能，进一步疏散旧城区的居住人口；保障发展适合旧城传统空间特色的文化事业和旅游产业用地需要。

朝阳、海淀、丰台、石景山四区构成城市功能拓展区。该区涵盖中关村科技园区核心区、奥林匹克中心区、北京商务中心区等重要区域，是体现北京现代经济与国际交往功能的重要区域。着重发展高新技术产业、现代服务业。

城市发展新区包括通州、顺义、大兴以及房山的平原地区和昌平区的平原地区，是北京发展现代制造业和现代农业的主要载体，也是北京疏散中心城产业与人口的重要区域。

根据北京最近两轮的土地利用总体规划，将进一步疏散城市中心四区的人口和产业，而城市近郊区（功能拓展区）和部分远郊区（城市发展新区）是北京未来人口的主要集聚地，也是服务业发展的重要载体。

3. 商业发展规划及五年规划纲要

《北京市"十五"时期商业发展规划》指出了北京市商业发展的重点：促进两网，即促进连锁商业网和电子商务网的发展；提高三区，即提高城市中心区（包括王府井、西单、前门—大栅栏三个商业中心）、商务中心区（包括建国门外、朝阳门外两个商业中心）、中关村科技园区商业发展的水平；繁荣三圈，即发展三环路周边以零售商业为主的商业圈，四环路周边以大型专业市场、批发市场和新型零售业为主的商业圈，二环周边以大型多功能购物中心和现代化商业物流配送区为主的商业圈；开拓十城，即开拓十个远郊区（县）中心城镇的商业中心；培育十街，即培育十条左右各具经营特色的商业街（区）；完善400社区，即完善市区和郊区城镇400个左右社区商业中心；加快发展四类商业，即加快发展发挥北京优势的服务会展商业、旅游休闲商业、科技文化商业和绿色生态商业。

总体上初步形成以城市中心区商业为核心，以"两网三区三圈十城十街400社区"为骨干的商业网络新格局；以四类发挥北京优势的商业为龙头、以突出北京特色的辐射型、服务型商业为主体的现代大都市商业体系。

调整提高三环路、四环路周边市级、地区级商业中心的布局和水平。城市发展和住宅郊区化的趋势，使三环路和四环路周边地区成为北京商业最有发展潜力的地带。《北京城市总体规划》中规划的市级、地区级商业中心约有50%位于这一地带，大部分已基本形成或正在形成。要区别不同情况，加快发展和进一步完善功能。翠微路（公主坟）、木樨园、马甸等市级商业中心分别位于三环路西、南、北方向，主要为周边的居民及部分流动人口服务，网点设置以完善功能为主，营业面积总规模分别在10万～20万平方米。其中翠微路商业中心主要以档次齐全、大众化为特征，木樨园商业中心、马甸商业中心要加快发展成为综合性的商业中心。大钟寺地区商业的批发功能已不适应城市发展趋势，应逐步调整为发展零售商业为主，与双榆树地区商业共同组成新型现代化商业中心，双榆树—大钟寺地区商业营业面积总规模在20万平方米左右。三环路和四环路周边原规划的地区级商业中心，已经基本形成的要进一步完善功能；尚未形成规模的要加快发展，如酒仙桥、丰台镇、卢沟桥、望京、丰台桥南、西三旗、五路居、芍药居、六里屯、南八里庄、南磨房、北太平庄、五道口等；尚未建设的要与周边住宅的开发建设同步发展，近期不能开发建设的要保留商业规划用地，如角门、毛家坟、大红门、万泉寺、二里庄、太平桥、西八里庄等。其中，万泉寺、二里庄为新增地区级商业中心。

调整提高四环路周边各类专业市场和批发市场的布局和水平。现有三环路附近的农产品批发市场，多数将不适宜继续发展，要逐步调整转变功能。今后 10 年重点在四环路外的适当地区发展规模较大的永久性大型农产品批发市场和各类工业品专业市场。除新发地、玉泉路等原有的农产品批发市场根据具体情况适当发展外，在东北和东南四环路外交通比较便利的地方，各发展 1 个占地 30 万～40 万平方米、管理规范的大型农产品批发市场，使农产品批发市场布局更加合理。在四环路外逐步形成 10 个左右大型工业品和原材料市场，10 个左右规范化的大型再生资源集散市场，3～5 个规模化、规范化的旧货交易市场和租赁市场，4 个规范化的汽车贸易服务园区。

在二环以外发展大型多功能购物中心和现代化商业物流配送区。参照国外经验，选择二环以外交通方便、接近旅游风景区和新建居住区的适当地点，在条件具备的时候，鼓励投资商或大型商业集团投资建设集购物、餐饮、休闲、娱乐和旅游功能为一体的大型多功能购物中心。根据市场需求和实际条件，结合城市边缘集团建设，可依次在城市西北、东南、东北和西南方规划建设 4 个风格各异的大型多功能购物中心，每个建筑面积 20 万平方米左右。综合考虑交通、用地等条件，在二环以外京石快速路附近、京津或京沈高速公路附近以及靠近京沪或京九铁路附近地区，规划 3～4 个大型物流配送区，每个占地面积分别为 2～5 平方公里，根据市场发展需要逐步建设现代化的物流配送区。

适应提高市民生活品质的需要，大力发展和完善社区商业。社区商业的重点是规划、建设好配套齐全的社区商业中心，在全市市区和郊区城镇大体形成 400 个左右。距离市级、地区级商业中心 1 公里以外的居民区，原则上居住人口 1 万～3 万人应有一个综合性的社区商业中心，营业面积总规模一般应为 5000～15 000 平方米，以一家经营食品、日常生活用品为主的大、中型综合超市和一家经营蔬菜等鲜活商品、摊商集中的社区菜市场为骨干，同时发展餐饮、美发、洗染、修理、回收、代办等各类小型生活服务及金融、邮政等配套网点，使之基本满足周边居民日常生活的多方面需要。已经建成的城市居住区及平房保护区，商业服务功能不够完善的，应通过调整结构、置换房屋用途等办法，按社区商业中心的要求逐步加以完善。新建居民区和危改区要按照社区商业中心配置标准进行配置。在老年人居住较集中的地方，适当发展为老年人服务的经营网点。在少数民族聚居地区，适当发展符合民族消费习惯的商业服务经营网点。

《北京市"十一五"时期商业发展规划》中强调了要加强社区商业设施建设的分类指导。已建成社区要重点整合商业存量资源，通过重新调整合理配置来提升社区商业服务潜力。新建改建居住区要严格按照《北京市新建改建居住区公共服务设施配套指标》来配置商业服务设施。新建大型社区要高起点规划建设设施相对集中、具有多种服务功能的社区商业中心，实现商住分离。新建中、小型社区要完善便利化的社区商业综合服务功能。

提出健全郊区现代商业网络、大力提高连锁经营水平。进一步扩大连锁经营的行业覆盖面，增加连锁经营业种数量，推进连锁经营朝生活服务等行业的延伸发展。鼓励优势连锁企业通过兼并、收购、重组等形式，朝郊区和外埠拓展。鼓励各行业龙头企业通过连锁经营，整合社会分散资源，提升行业组织化程度。规范发展特许连锁模式，推进自愿连锁方式健康发展。

现在的商业布局总体思路是应按照城乡统筹发展和市委、市政府关于区县功能定位的新要求，加强本市不同区域商业发展和布局的分类指导，规范提升首都核心区商业，健全完善城市功能拓展区商业，加快发展城市发展新区商业，配套建设生态涵养发展区商业，形成符合区域功能定位的商业体系。

对零售商业空间布局制定的原则是优化核心，延伸两轴，发展新城，强化特色。优化核心主要是重点突出王府井、西单、前门—大栅栏三个著名商业街区的服务功能，提升核心区商业的吸引力、辐射力。延伸两轴是确定东西、南北两轴延长线上都要发展各自特色的商业集群。发展新城是根据新城功能定位，建立体系完整、功能完备的新城商业，实现高起点、高标准、跨越式发展。

北京市"十一五"规划指出，要改造首都功能核心区和提升传统服务业，限制一般商业设施的简单规模扩张和房地产开发，逐步关闭改造中心城区影响交通、环境、有重大安全隐患的商品交易市场。重点建设城市发展新区，依托新城建设和工业园区，集中发展为生产和生活配套的服务业。

北京"十二五"规划指出，要严格限制医疗、行政办公、商业等大型服务设施的新建和扩建，建设功能完善的现代新城，重点建设通州、顺义、亦庄、大兴、昌平和房山等新城，发展便捷、完善的生活性服务业，配套更高水平的教育、医疗、文化体育等公共服务设施，引导中心城优质服务资源向新城辐射。

根据《北京市流通业发展分类指导目录》，2003 年二环路以内限制新增10 000 平方米以上大型百货店、大型综合超市、大型专业超市；三环路以内限制新增营业面积 10 000 平方米以上的大型仓储式商场、各类批发市场。鼓励发展前门—大栅栏、马甸、公主坟、双榆树—大钟寺、木樨园市级商业中心，鼓励建设望京、回龙观、天通苑等新兴住宅区域商业中心。2009 年二环路以内限制新增营业面积 6000 平方米以上的大型超市、仓储式会员店、建材家居商店；三环路以内限制新建、改建、扩建建筑面积在 10 000 平方米以上的大型批发、零售商业设施，东、西、北五环、南四环以内地区限制新建、改建、扩建建筑面积在 50 000 平方米以上的大型商业设施。较大幅度地提升郊区商业连锁化水平，提高商品和服务的水平和质量。

北京市的规划政策显示，在功能疏解的背景下，中心区商业发展侧重优化，规模、类型受限性逐步增强，近郊区商业中心、大型居住区商业设施配套、远郊区新城商业水平提升是未来发展的重点，将进一步引导商业的郊区化扩散。

（五）新农村建设的要求

根据中央提出的社会主义新农村建设要求，要在广大的农村地区发展商业网点，即"万村千乡"工程，"万村千乡"市场工程是商务部在全国推行的建立和发展农村现代流通体系的一项工程，从 2005 年 2 月起在全国进行试点。这项工程提出从 2005 年开始，用三年时间，在试点区域内培育出 25 万家左右"农家店"，形成以城市店为龙头、乡镇店为骨干、村级店为基础的农村现代流通体系，逐步缩小城乡消费差距。

北京市的新农村建设一直走在全国的前列，北京市农村商业网点的发展逐步完善。但是这项工程并不是简单地把城市超市、便利店及其经营的商品原版复制到农村，而是要建立一套完整的商务流通体系。这个体系的建立不仅包括超市或便利店门店的扩散，也包括物流、配送中心的扩散，这些设施在农村地区的配套促进了商业在更大范围的扩散。

主 要 参 考 文 献

《北京市产业布局规划研究》课题组．2005．调整与改善北京市产业布局的构想．宏观经济研究，（11）：52-58

柴彦威．2002．中国城市的时空间结构．北京：北京大学出版社．

柴彦威，翁桂兰，沈洁．2008．基于居民购物消费行为的上海城市商业空间结构研究．地理研究，27（4）：897-906.

陈建明．1998．中国开发区建议：理论与实践．复旦大学博士学位论文．

冯健．2004．转型期中国城市内部空间重构．北京：科学出版社．

冯健，周一星．2004．郊区化进程中北京城市内部迁居及相关空间行为——基于千份问卷调查的分析．地理研究，23（2）：227-242.

傅晓霞，魏后凯．2007．城市工业搬迁的动因、方式和效果．经济管理，（21）：66.

盖文启，蒋振威．2007．北京市现代制造业发展的布局问题探讨．北京社会科学，（5）：10-15.

郭力君．2008．知识经济时代的城市空间结构研究．天津：天津大学出版社．

贺静，张杰．2011．城市边缘住区商业配套服务设施发展规律研究．建筑学报，(2)：17-19．

江曼琦．2001a．城市空间结构优化的经济分析．北京：人民出版社．

江曼琦．2001b．知识经济与信息革命影响下的城市空间结构．南开学报，(1)：26-31．

鞠鹏艳．2006．大型传统重工业区改造与北京城市发展——以首钢工业区搬迁改造为例．北京规划建设，(5)：51-54．

鞠鹏艳．2007．转型期的石景山区规划．北京规划建设，(2)：133-138．

鞠鹏艳，和朝东，张帆．2007．首钢工业区用地改造发展策略．北京规划建设，(2)：15-20．

李程骅．2008．城市空间重组的产业动力机制．南京师大学报（社会科学版），(4)：59-64．

李海．2003-02-11．现代版的"桃花源"——亦庄：稀释之城．北京现代商报．

李小建．2009．经济地理学．第二版．北京：高等教育出版社．

林耿．2009．居住郊区化背景下消费空间的特征及其演化——以广州市为例．地理科学，29 (3)：353-359．

刘春成，白旭飞，侯汉坡．2008．浅析北京工业空间布局演变路径．北京社会科学，(4)：25-29．

刘玲．2003．中关村科技园区在北京城市空间扩展中的地位与作用．人文地理，18 (1)：66-69，89．

刘念雄．1998．北京城市大型商业设施边缘化的思考．北京规划建设，(2)：39-41．

刘铁军，叶庆余．1999．关于北京经济技术开发区与北京新技术产业开发试验区一体化的思考．中国高新技术企业杂志，(1)：43-45．

钱俭．2010．城市边缘区发展困境及摆脱途径．城市问题，(6)：56-59．

沈洁，柴彦威．2006．郊区化背景下北京市民城市中心商业区的利用特征．人文地理，21 (5)：113-116，123．

史向前．1997．北京市零售业"中心空洞化"趋势浅析．中国流通经济，(2)：32-34．

宋金平，李丽平．2000．北京市城乡过渡地带产业结构演化研究．地理科学，20 (1)：20-26．

汤国安，杨昕．2006．Arcgis 地理信息系统空间分析实验教程．北京：科学出版社．

陶伟，林敏慧，刘开萌．2006．城市大型连锁超市的空间布局模式探析——以广州"好又多"连锁超市为例．中山大学学报（自然科学版），45（2）：97-100.

王德，张晋庆．2001．上海市消费者出行特征与商业空间结构分析．城市规划，25（10）：6-14.

王法辉．2009．基于GIS的数量方法与应用．姜世国，滕骏华译．北京：商务印书馆．

王慧．2003．开发区与城市相互关系的内在肌理及空间效应．城市规划，(3)：20-25.

王霞．1997．东南沿海城市开发区空间区域及形态构成研究．同济大学博士学位论文．

吴郁文，谢彬，骆慈广，等．1988．广州市城区零售商业企业区位布局的探讨．地理科学，8（3）：208-217.

仵宗卿．2000．北京市商业活动空间结构研究．北京大学博士学位论文．

仵宗卿，柴彦威，戴学珍，等．2001．购物出行空间的等级结构研究——以天津市为例．地理研究，20（4）：479-488.

仵宗卿，柴彦威，张志斌．2000．天津市民购物行为特征研究．地理科学，20（6）：534-539.

仵宗卿，戴学珍．2001．北京市商业中心的空间结构研究．城市规划，(10)：15-19.

徐放．1984．北京市的商业服务地理．经济地理，(1)：40-46.

徐一帆．2010．中国零售和餐饮连锁企业统计年鉴．北京：中国统计出版社

徐逸伦．1999．谈经济组织形式与城市空间结构．城市规划汇刊，(2)：18-20.

徐振宇，兰新梅．2008．北京的郊区化困境与服务业发展机遇．北京社会科学，(3)：42-46.

许芳．2008．北京城市边缘区人口分布的空间特征及其影响因素研究．北京师范大学硕士论文．

许学强，周素红，林耿．2002．广州市大型零售商店布局分析．城市规划，26（7）：23-28.

许学强，周一星，宁越敏．1997．城市地理学．北京：高等教育出版社．

薛娟娟．2006．北京市土地出让价格空间格局的统计学分析．北京师范大学硕士学位论文．

杨吾扬．1994．北京市零售商业与服务业中心和网点的过去、现在和未来．地理学报，49（1）：9-17.

杨吾杨. 1999. 商业地理学. 兰州：甘肃人民出版社.

易峥, 况光贤. 2002. 90 年代重庆零售商业离心化研究. 人文地理, 17 (6): 53-57.

张水清. 2002. 商业业态及其对城市商业空间结构的影响. 人文地理, 17 (5): 36-40.

张文忠, 李业锦. 2005. 北京市商业布局的新特征和趋势. 商业研究, (8): 170-172.

张文忠, 李业锦. 2006. 北京城市居民消费区位偏好与决策行为分析——以西城区和海淀中心地区为例. 地理学报, 61 (10): 1037-1045.

张晓平, 刘卫东. 2003. 开发区与我国城市空间结构演进及其动力机制. 地理科学, (4): 142-149.

赵仁康, 许正宁. 2010. 城市空间结构重组的产业动力机制. 西南民族大学学报 (人文社科版), (4): 146-150.

郑国. 2005a. 北京经济技术开发区对北京城市空间结构的影响研究. 北京大学博士学位论文.

郑国. 2005b. 转型期开发区发展与城市空间重构——以北京市为例. 地域研究与开发, (6): 39-42.

郑国. 2006. 北京市制造业空间结构演化研究. 人文地理, (5): 84-88.

郑国. 2007. 开发区职住分离问题及解决措施——以北京经济技术开发区为例. 城市问题, (3): 12-15.

周尚意, 纪李梅. 2009. 北京老城商业空间演替过程研究——以 1996 年到 2006 年内城南北剖线变化为例. 地理科学, 29 (4): 493-499.

朱玮, 王德. 2011. 基于多代理人的零售业空间结构模拟. 地理学报, 66 (6): 796-804.

朱郁郁, 孙娟. 2005. 中国新时期城市空间重组模式探讨. 云南师范大学学报, (2): 53-58.

Atkinson-Palombo C. 2010. New housing construction in Phoenix: evidence of "new suburbanism". Cities, (27): 77-86.

第五章
北京城市边缘区的社会空间结构

　　人口是城市空间结构演变中最为活跃的因素之一，它几乎主宰了城市生活空间的全部，对城市边缘区社会空间结构的研究必然要求研究人口对空间作用的方方面面。同时，由于人口数据资料较为容易获取，容易做到时间和空间上的连续，因此，人口往往是衡量城市内部空间结构的重要指标之一。所以，对城市边缘区人口空间特征与空间结构的研究对于分析城市边缘区的空间重组与优化显得尤为重要。

第一节　北京城市边缘区人口与居住空间结构

　　从 20 世纪 80 年代开始，改革开放政策使中国的经济、社会迅速发展，城市化进程加快。北京市作为中国的首都，城市化水平不断提高，城市功能不断完善和增加，城市人口急剧膨胀，城市规模不断扩大。目前已面临用地、基础设施、环境等多方面的巨大压力。在这种压力下，以土地使用制度改革、道路的大量修建、房地产开发、产业结构调整等为契机，北京市的居住、产业出现了向郊区拓展的离散倾向。北京的郊区化与美国多中心郊区化模式不同，郊区依然由城市中心控制，郊区就业与配套设施大大滞后于住宅的发展速度，这就导致了城市圈层蔓延和交通拥挤等一系列问题。户籍、就业、教育等传统的体制还没有完全打破，行政力量依然在郊区化过程中发挥了主导作用。

一、北京住宅郊区化

（一）新建住宅的区域变化

新中国成立前，北京城市建成区基本在二环路内；新中国成立后，向四周扩展。20 世纪五六十年代仍然由里向外逐步扩展,主要是在二环与三环之间。70 年代主要在三环内,80 年代北京进入郊区化发展阶段,部分居住区建在三环外,90 年代居住郊区化速度加快,居住扩展到四环外,后扩展到五环,并建设了一些如望京、天通苑、回龙观等人口在几十万左右的大型居住区。21 世纪以来,居住郊区化趋势进一步加快,如 2001 年四环以内新开楼盘占全市的 51.9%,四环外占 48.1%,2004 年,四环内比重下降为 47.0%,四环外比重上升为 53.0%,特别是五环外占到 31.1%。2009 年,包括城市发展新区与生态涵养发展区在内 10 个区县的住宅销售面积占全市的比重达到 45.5%(表 5-1)。

表 5-1 新中国成立前后北京新建居住区扩展范围

时间	新建居住区扩展	典型代表
新中国成立前	二环以内	
20 世纪五六十年代	二环至三环间	百万庄、三里河、和平里等
20 世纪七八十年代	三环内外	劲松、方庄、北大地、祁家豁子等
90 年代以来	四环甚至五环	望京、天通苑、回龙观等
21 世纪以来	五环外甚至六环	小汤山、北七家、沙河、黄村、良乡等

从北京 1982~2009 年北京新建住宅竣工及销售情况看,中心区新建住宅面积 1996 年以前一直在 100 万平方米上下波动,1996 年之后,面积波动上升,2003 年达到最大值 327.4 万平方米,之后下降。从不同区域住宅竣工面积占全市面积比重来看,中心区整体呈下降趋势,最大值出现在 1984 年,为 29.31%,1993 年最低值 4.09%,自 2006 年以来,比重均超过 10%。从 1982~2009 年累积总量上看,中心城区新建住宅 3832 万平方米,占全市累积总面积的 11.68%。

近郊区 1982 年新建住宅面积为 289.5 万平方米,以年平均增长率为 10%左右的速度上升,2004 年达到 1920.6 万平方米,自 2005 年以来开始下降。从比重来看,1982~2004 年基本在 60%以上,年均达到 67.2%,1993 年最高值为 80.30%,2005 年以来逐步下降,2009 年降至 48.59%。从不同年份的累积总量上来看,28 年来,近郊区新建住宅竣工及销售面积为 20 890 万平方米,占全市累积总面积的 63.68%。

远郊区新建住宅竣工面积在 1993 年之前面积较小,变化不大,1994~2004 年缓慢增长,2005~2009 年快速增长,2009 年超过 800 万平方米。从比重上看,1982 年时比重为 18.31%,1993 年之间比重经历一个平稳期,1994~2004 年所占比重波动较大,2005 年以来快速上升,2009 年达到 45.48%。从累积总量上看,28 年间远郊区新建住宅竣工面积为 8084 万平方米,占累积总面积的 24.64%(图 5-1 和图 5-2)。

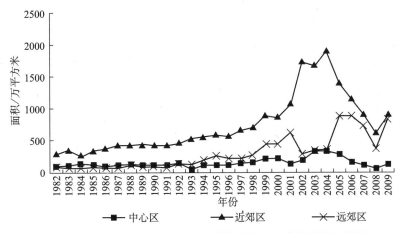

图 5-1　1982～2009 年北京不同地域范围内新建住宅面积变化图

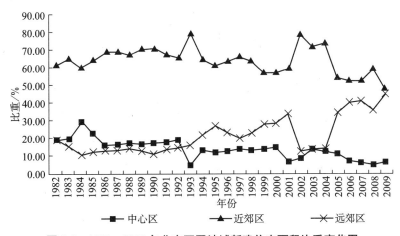

图 5-2　1982～2009 年北京不同地域新建住宅面积比重变化图

由此可见，中心区的住宅建设与郊区相比，其增长幅度要小，且近郊区的增长速度明显的快于城区，自 2005 年以来远郊区呈现快速增长的势头。总体来说，近郊区和远郊区新建住宅面积占总新建住宅面积比例明显增加，呈现明显的郊外扩展趋势。特别是近郊区，是近 30 年来新建住宅的主体地域。

（二）北京市住宅郊区化的阶段划分

1990 年以前，郊区基础设施落后，房屋建设面积少，以 1990 年北京亚运会为契机，开始大规模的郊区开发。将 1990 年作为北京住宅郊区化的起点，可以将其分为三个阶段。

1. 初始阶段（1990～1995 年）

从 1990 年开始，北京市近郊和远郊新建住宅面积均呈现上升趋势，20 世纪 90 年代初期是我国城镇土地使用制度改革试点阶段，政府对房地产市场的宏观调控没有把握好，使整个市场基本上处于自发状态，从而导致盲目批地用地，盲目建设，出现了 1994 年的"房地产热"。但总体上看 1995 年前住宅出让项目较少，而且发展也不太稳定，但郊区出让的项目已占明显的优势（图 5-1）。

2. 近郊化阶段（1996～2000 年）

从 1996 年开始，北京市住宅用地整体出让项目明显增加，其中近郊区的出让项目最集中，每年的出让项目占总量的 55% 以上。1996～2001 年，内城区的新建住宅建筑面积呈现稳定的发展态势，近郊区和远郊区则明显增加，住宅郊区化现象日益明显。由于旧城改造与再建设，内城还有一定的发展空间，因此其住宅建设下降幅度相对较小，同时郊区扩展也仅停留在近郊区，而远郊区的发展尚在起步阶段。

3. 快速发展阶段（2001～2009 年）

2001～2004 年，近郊区新建住宅竣工面积与 2000 年前相比，呈现大幅度增加趋势。2004 年较 2000 年增长了 1000 万平方米，期间增长高峰出现在 2002 年，较 2001 年增长 650 万平方米，年增长率为 60%。2001 年以来居住区的建设向外拓展的速度进一步加快，如 2001 年四环以内新开楼盘占全市 51.9%，四环外占 48.1%，至 2004 年四环以内比重下降为 47.0%，四环外比重上升为 53%，其中五环外占 31.1%。2005～2009 年，昌平、通州、大兴、房山、顺义等远郊区住房销售面积迅速上升，住房呈现出远郊区扩散的趋势。随着我国住房制度改革深入，经济社会发展水平的不断提高，城市基础设施的进一步完善，城市住宅建设发展的重心也开始从城区向近郊区进而向远郊区扩展，北京开始进入住宅郊区化的高速发展阶段。

（三）北京住宅郊区化的基本特征

1. 沿公路环线呈同心圆向外扩展

从图 5-3 与图 5-4 可以看出，住宅用地呈现明显的环状分布。1992～2000 年，主要分布于五环以内区域，2001～2010 年以来，五环以外区域分布较多。

1992～2005 年，在采集的 2678 个住宅出让样本中，在三、四环，四、五环，五、六环的近郊区居住用地出让的样点占到总数的 67%，而三环以内的旧城区仅占总数的 27%。尤其是 1997 年以来，随着房地产市场的完善，房地产开发的强度增加，开始出现规模化效益。1997～2005 年住宅出让数为 1992～2005 年总数的 94%，并且在 2003 年出现了一次增长高峰，同时沿环状呈同心圆分布的特征更加明显。造成了城市"摊大饼"式蔓延，但是密度

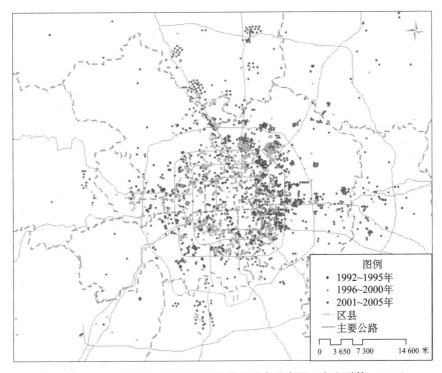

图 5-3 1992～2005 年北京住宅用地出让样点分布图（宋金平等，2007）

相对比较高，低密度单体别墅所占比例很小。2005～2010 年，住宅出让样点512 个，在六环周围的远郊区及部分乡镇出让数量明显增多。

2. 沿快速交通干线呈扇面分布

从图 5-5 可以看出，住宅出让沿快速交通干线分布特征明显。首先，表现最为明显的是机场高速路和京通快速路，1992～2005 年沿这两条道路出让住宅项目总数为 352 个和 351 个，其次是京昌高速路和石景山路。总体上是沿东北部、东部（机场高速路和京通快速路）、西北部、西部和北部（京昌高速路、石景山路和京汤路）呈扇面发展，以快速交通干线为廊道向郊外发展。而东南部、南部及西南部扇面相对来说发展不够，整体布局是北部密集而南部相对较稀疏。

3. 各类型住宅分布区域差异明显

利用 2003 年秋季楼盘分布资料，收集了 779 个样点，其分布如图 5-6 所示，别墅、公寓、写字楼（商住楼）、普通住宅（商品住宅）及经济适用房等五种类型的楼盘分布呈现出明显的区域差异，城四区的分布明显少于近郊区，城区除写字楼的开发占的比重较大外，住宅方面的楼盘分布相对郊区来说要少很多，呈现出明显的郊区化趋势。

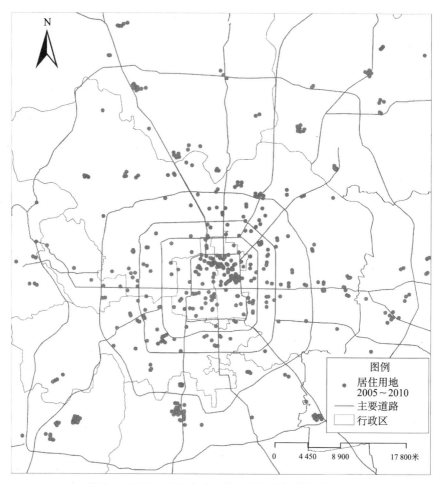

图 5-4　2005～2009 年北京住宅用地出让样点分布图

写字楼集中分布在城区和近郊区，充分体现出级差地租作用的结果，这种与工业用地的功能置换是城市化的必然结果，也是城市经济发展的必然趋势。普通商品住宅集中分布在近郊区，占总数的 66％，远郊区占 21％，而城区仅占 13％。公寓同样集中分布在近郊区，占 76％，城区与远郊区则不到 24％。原因是公寓属于高档消费品，是一种收益性住宅，大多用于出租，因此，其分布主要是交通便利，周边商业、服务业条件较好的地区，城区及靠近城区边缘的近郊区是其分布的最佳选择。别墅的分布相对远离城区，集中分布在五环外，占整体项目的 83％，这主要是因为别墅具有大面积、低密度、周围环境优美等特点，它主要满足有钱、有车阶层的需要。到 2003 年北京市经济适用房项目达到 58 个，其中城区有 9 个，郊区达 49 个，尤以石景

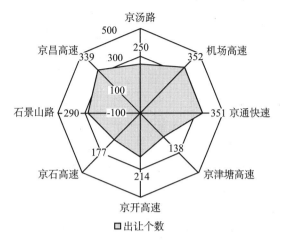

图5-5　1992～2005年住宅用地出让项目的扇面分布图

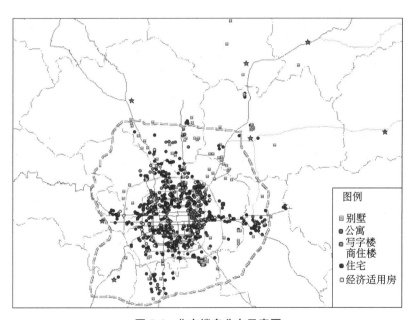

图5-6　北京楼盘分布示意图

山、丰台、朝阳等三区最为集中。三环内有12个，三环外为46个，其分布多集中在近郊相对位置比较差、土地价格比较低廉的地区。

　　住宅种类分布的区域差异反映了北京出现由收入高低体现的社会阶层的居住分异，高收入阶层集中居住在近郊高档住宅区或者交通方便、环境优美的较远地区，而低收入阶层则居住在交通不便、相对偏远的地区。

　　北京城市住宅建筑高度受到城市控制性详细规划的严格限制，由于中心区的地价昂贵，住宅建设的相对容积率较高，越往郊区，由于地价相对较低，容积率也相对较低。一般是由城区往郊外，低层住宅比重越来越大，高层楼房所占比重越来越小，楼层呈梯级递减的趋势。这充分体现了在地价梯度场的作用下，城区土地利用的集约化程度较高，郊区相对较低，从而使住宅建设由城区高密度向郊外低密度地区扩展。

二、北京城市边缘区人口空间分布的变化特征

（一）1982～1990年人口空间变动特征

1982～1990年，北京城市边缘区人口增长近50万人，增长率为21.8%，其中边缘区的朝阳、石景山、大兴、顺义、海淀部分人口增长率较大，年均增长率在1%以上，特别是朝阳年均增长率达到6.61%，如表5-2所示。此时，随着户籍制度改革力度的加大和城市化水平的逐步提高，区位优势明显、配套设施较为齐全的城市边缘区成为外来人口集聚的首选地，同时，由于该时期"旧城改造"、"退二进三"土地利用的调整等原因，部分中心区人口主动或被迫迁向了城市边缘区，中心区出现了较小幅度的人口负增长，即开始出现人口郊区化，如表5-3所示。从人口空间增长来看，北京城市东部地区成为该时期人口主要集中地，北京城市边缘区的朝阳、大兴和顺义、通州部分是该时期人口大规模集聚的典型地区，如图5-7所示。除了石景山，北京城市边缘区的西部各区在该时期人口增长都较为平缓，如海淀年均增长1.09%、门头沟年均增长1.67%。北京城市边缘区在该时期之所以出现"东强西弱"的人口空间增长不平衡的主要原因有以下三个方面。

第一，朝阳是北京CBD所在地，功能完备、配套设施齐全，吸引力强，朝阳区中的城市边缘区距离CBD较近，区位优势得天独厚，人们选择在此可以得到更多的外部经济效益，因此，朝阳区成为人口增长最明显的地区。第二，朝阳、顺义、通州等区大都处于北京市东部发展带上，该地区一直是政府极力引导发展的地区，部分制造业因此也开始向该地转移，提供了较多的就业机会，吸引了大量人口向此集聚。第三，该阶段北京市的海淀、昌平等区西部地带只是零星地出现了产业点，并不能吸聚大量人口向此迁移集聚。

表5-2　1982～1990年边缘区分区统计增长指标对比

区域	1982年数量/万人	1990年数量/万人	增长率/%	全区增长率/%	年均增长率/%	全区年均增长率/%
城市边缘区	206.4	251.5	21.8	——	2.5	——
朝阳部分	19.3	32.2	66.8	41.68	6.61	4.45

续表

区域	1982 年数量/万人	1990 年数量/万人	增长率/%	全区增长率/%	年均增长率/%	全区年均增长率/%
海淀部分	26.8	30.9	15.3	44.62	1.80	4.72
丰台部分	23.1	25.2	9.1	34.9	1.09	3.81
石景山部分	23.5	30.9	31.5	31.39	3.48	3.47
通州部分	33.1	38.1	15.1	12.8	1.77	1.5
昌平部分	22.7	23.6	4.0	14.18	0.5	1.67
顺义部分	11.4	14.4	26.3	16.12	2.96	1.89
房山部分	12.6	14.3	13.6	10.88	1.61	1.3
门头沟部分	10.2	11.1	8.8	4.22	1.06	0.52
大兴部分	23.7	30.8	30.0	22.1	3.33	2.53

资料来源：根据北京市第三次、第四次人口普查数据整理计算而得。

表 5-3　1982 年、1990 年和 2000 年北京市不同地域的总人口数量　（单位：万人）

区域	1982 年	1990 年	2000 年	1982～1990 年增长		1990～2000 年增长	
市域	923.07	1081.94	1356.92	158.87	17.21	274.98	25.42
中心区	241.82	233.65	211.46	−8.16	−3.38	−22.20	−9.50
近郊区	284.00	398.92	638.88	114.91	40.46	239.96	60.15
远郊区	397.24	449.37	506.58	52.12	13.12	57.21	12.73

资料来源：根据北京市第三次、第四次和第五次人口普查数据整理计算而得。

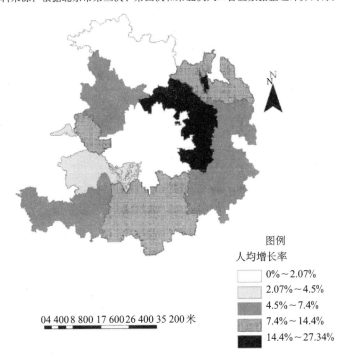

图例

人均增长率

- ☐ 0%～2.07%
- ☐ 2.07%～4.5%
- ▨ 4.5%～7.4%
- ▨ 7.4%～14.4%
- ■ 14.4%～27.34%

0 4 400 8 800 17 600 26 400 35 200 米

图 5-7　边缘区人口平均增长率

将边缘区各行政区部分与所属行政区总人口变化对比可以看出，边缘区往往是人口变化最激烈的区域，其人口增长率较之整个行政区变化大得多，如朝阳边缘区人口增长率高于全区增长率的 25.12%，顺义高 10.18% 等。这也说明，城市边缘区在城市化过程中较之外围区域具有很强的区位优势，农业人口首先转变为非农业人口，外来人口也会大量集聚。该时期北京城市边缘区人口变化已经显现，但仍未出现大规模的人口变化。1990~2000 年真正迎来了北京城市边缘区人口变化的高峰期。

（二）1990~2000 年人口空间变动特征

自 20 世纪 90 年代以后，北京城市边缘区人口增长比 80 年代更为迅速，并且出现了"西强东弱，全面增长"的新特点。1990~2000 年，北京城市边缘区的人口增长达 134.0 万人，增长率高达 49.2%，远远高于 1982~1990 年的 21.8%；人口密度也由 1990 年的 938 人/平方公里增长到 2000 年的 1399 人/平方公里，增长率高达 49.17%，增长速度是核心区的 1.8 倍。该时期，城市边缘区所属的 10 个行政区部分除了门头沟区人口数量呈现小幅度的减少以外，其他地区都有较大幅度的增长，其中，海淀区人口增长最多、增长速度最快，增长率高达 105.1%，人口密度增长量为 817 人/平方公里；其次为昌平区，增长率为 69.2%，人口密度增加了 455 人/平方公里；其他地区如石景山、顺义和大兴区人口增长率也都超过了 50%。如表 5-4 所示，门头沟人口数量减少的主要原因是：门头沟属于太行山余脉，地势险要，是北京城市边缘区中山地最多的地区之一，先前其产业发展以资源型产业为主，集聚了部分劳动力，随着国家对生态环境建设和可持续发展的重视，门头沟区的功能定位就一直作为北京市的生态涵养区，产业发展受到一定程度的影响，减弱了对人口的吸聚作用，甚至导致一部分常住人口开始迁向其他地区，如属于城市边缘区的东辛房街道、城子街道人口已经有所减少。

表 5-4 1990~2000 年北京城市边缘区人口总量和人口密度的变化

区域	1990~2000 年人口		1990~2000 年人口密度	
	增长量/万人	增长率/%	增长量/（人/平方公里）	增长率/%
城市边缘区	134	49.2	461	49.2
朝阳部分	18.8	46.1	642	46.1
海淀部分	32.5	105.1	817	105.1
丰台部分	9.2	45.2	326	45.2
石景山部分	16.3	54.7	1901	54.7
通州部分	8.8	23.2	185	23.2
昌平部分	18.4	69.2	455	69.2
顺义部分	7.7	53.4	457	53.4
房山部分	6.9	23.3	247	23.3
门头沟部分	−0.3	−2.7	−119	−2.7
大兴部分	15.8	51.1	320	51.1

从边缘区人口变化方向来看，该时期的北京城市边缘区人口集聚区逐渐由上一时期的朝阳、通州、顺义等东部发展轴转向了以海淀、昌平、石景山等地区为主的西部发展轴。然而，东部发展轴上的朝阳、顺义等人口数量也在急速增长，其增长速度比 1982～1990 年有所增加，但增长率略逊于西部发展轴上的北京城市边缘区。就边缘区人口扩展的具体方向而言，1990～2000年的人口主要增长最明显的方向为北部、西部、西北部和东部，其次为东北部、南部，而东南部增长缓慢。

就各个街镇的人口分布变动来分析，1990～2000 年，北京城市边缘区 88 个街道、乡镇中，74 个街区的人口呈现正增长，只有 14 个街区的人口有所减少，人口减少的街区绝大部分位于城市边缘区外缘、紧靠远郊区。其中，人口增长率超过各街区人口增长率中位数 50.3% 的街区有 37 个，几乎全部位于城市边缘区的内缘地带；人口增长率超过 100% 的街道、乡镇 15 个，主要为朝阳的奥运村街道，海淀的香山街道、万柳地区，丰台的长辛店镇、宛平地区，石景山的八宝山街道、老山街道，通州的梨园镇、永顺镇，昌平的城南街道、东小口街道、回龙观镇和大兴的西红门镇。其中，长辛店镇和城南街道的人口分别增长 5.2 万人和 2.0 万人，增长率高达 204.0% 和 202.6%；其次为东小口街道，增长率为 186.4%，香山街道 165.7%，如图 5-8 所示。

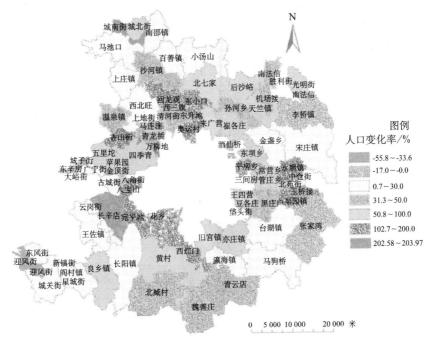

图 5-8　1990～2000 年北京城市边缘区的人口变化率图

（三）2000～2009 年人口空间变动特征

2000 年以后，限于统计资料的有限性，无法获取具体到各个乡镇的统计年鉴，只能以城市功能拓展区作为城市边缘区的内缘区，城市发展新区作为城市边缘区的外缘区。

2000～2005 年，首都功能核心区的人口密度呈递减趋势，人口密度年均减少 2068 人/平方公里、年均变化率为－1.76%，与 20 世纪 90 年代年均－2548 人/平方公里的变化量和年均－0.99% 的变化率相比，人口密度降低的强度加大，是 90 年代的 1.8 倍；功能拓展区的人口密度进一步加大，年均增长 176 人/平方公里、年增长率达 3.31%，分别是 90 年代的 94.1% 和 68.7%，增长的幅度和强度率略有下降；发展新区人口密度的年均增长率最高达 3.37%，增加幅度和强度更为明显，分别是 90 年代的 2.3 倍和 2.0 倍；生态涵养发展区作为远离城区的远郊区域，各区县的人口密度均实现正增长，且增加的幅度和强度也比前一阶段（90 年代）有了明显的提高，如表 5-5、图 5-9 所示。

表 5-5 1990 年、2000 年和 2005 年北京不同地域的人口密度变动

区域	人口密度（人/平方公里）			1990～2000 年		2000～2005 年	
	1990 年	2000 年	2005 年	增长量/（人/平方公里）	年均增长率/%	增长量/（人/平方公里）	年均增长率/%
市　域	644	807	937	164	2.29	130	3
首都功能核心区	26 826	24 278	22 210	－2 548	－0.99	－2 068	－1.76
城市功能拓展区	3 110	4 980	5 862	1 871	4.82	882	3.31
城市发展新区	467	554	654	87	1.73	100	3.37
生态涵养发展区	174	178	198	4	0.23	20	2.12

资料来源：根据《北京统计年鉴》数据整理所得。

2005～2009 年，北京市中心区人口出现了反弹，总计增长 20.6 万人，年均增长率为 1.96%，近郊区总计增长 344.5 万人，年均增长率为 10.46%，远郊区总计增长 219.9 万人，年均增长率为 8.42%。可以看出，2005 年以来，北京城市外缘区逐步成为人口增长的重点区域，内缘区人口增加幅度开始放缓，圈层式的人口转移模式仍在继续。

就各区县而言，2000～2005 年，除了中心四区人口密度均有下降外，其他区县人口密度均呈现递增的趋势。其中，崇文区的减幅最大，5 年间每平方公里减少 3754 人，而朝阳增幅最大，每平方公里增加 1294 人。在人口密度变动方面，中心区除了东城外，其他区人口密度降低的速度都比前一阶段有了明显的提高；近郊区除了朝阳，其他区变动的强度都有所缓和；远郊区中，大兴、昌平、通州等区县的变动强度增大。

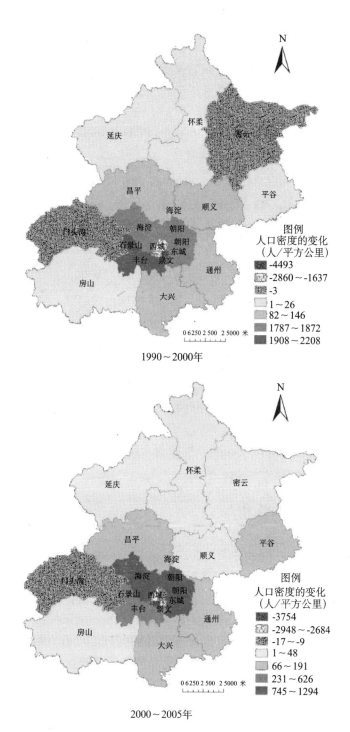

图 5-9　1990～2000 年和 2000～2005 年北京市人口密度变化图

综上所述，自 2000 年以来，北京市的人口变动整体上保持着 20 世纪八九十年代形成的"中心区人口减少、近郊区人口快速增加、远郊区人口低速增长"的区域差异格局；人口增减的强度有所变化，中心区人口总量的减少较 90 年代有所缓和，2005 年以来甚至有了少量增加，近郊区人口总量和人口密度的增速减缓，而远郊区的增速加快。与 20 世纪八九十年代相比，2000年以后，北京城区人口继续向外扩散，人口郊区化的幅度进一步加大。

第二节　北京城市边缘区居住与就业空间错位现象

随着北京城市化进程的加快，城市空间不断向外围扩张，居住郊区化随之产生，然而富有吸引力的就业机会仍集中于城市中心区，致使居住与就业出现空间错位（spatial mismatch），并引发了交通拥挤、通勤成本增加等一系列社会问题。其实，早在 20 世纪 60 年代，国外学者 Kain（1992）就提出了"空间错位假说"，之后众多学者相继从不同的角度进行了验证，并取得了一系列的研究成果（Martin，2004）。国内，周江平（2004）引入了"空间不匹配"的概念，李纯斌（2006）等研究了"空间失配"在就业、交通规划等方面的应用，宋金平和王恩儒（2007）深入分析了北京住宅郊区化并由此产生的居住-就业空间错位现象。本书旨在前人研究的基础上，采用问卷调查、定量分析等方法进一步探讨北京城市边缘区居住-就业空间错位现象。

一、问卷调查分析

在边缘区范围内，综合考虑位置、交通及小区的规模，我们选择了 13 个建筑面积 10 万平方米以上、入住人口在 1000 户以上的小区①，包括芳源里、银地家园、怡海花园、晓月苑、永乐小区、乐府江南、美丽园、回龙观、育新花园、天通苑、北苑家园、望京新居和兴隆家园，其分布如图 5-10 所示。采用抽样调查方法，其中具体又分为方便抽样（社会拦截）、交叉控制配额（性别、年龄）、等距随机抽样等。由调查人员协助被调查者完成问卷，当时

---

①　就位置而言，在四环以内、四五环之间以及五环以外都有选择；就交通而言，既有靠近高速公路、地铁、城市快速公交的交通便利的小区，又有交通相对不便的小区；就小区的规模而言，一般选择建筑面积在 10 万平方米以上、入住人口在 1000 户以上的小区。

填完当时回收。最终回收问卷1090份，其中有效问卷745份。此次调查对象男女参半，以年轻人及中青年为主、年龄在26~35岁之间的占了1/2。被调查者高学历所占的比例相对较多、大学以上学历占到70%。行业分配比较均匀。低收入者为多数，个人月收入在3000元以下的占了1/2。

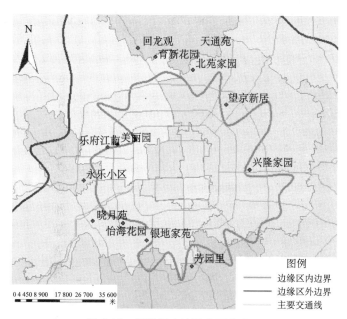

图5-10　问卷调查涉及小区分布图

北京自20世纪90年代以来在郊区新建的一些大型居住区功能单一，就业岗位较少，公共服务设施不配套，基础设施、文化教育、医疗卫生、环境整治等方面的发展较为滞后，上班、上学、看病、游乐都要进城，形成非常典型的"卧城"，这部分居民居住与就业的错位非常明显。依据问卷资料具体分析如下。

（一）居民居住与就业空间错位的基本情况分析

居民就地（本居住区）或就近就业的比例较低。调查表明，居民就地或就近就业的比例比较低，以表5-6若干小区为例，芳源里就地（在本居住组团）就业只占问卷总数的4%，最高的望京也只有16%；就近上班（在本地区内），天通苑只占5%，最高的望京占59%，这是因为望京距离朝阳CBD较近，就业机会相对较多。到相邻地区工作的望京占到20%，回龙观、天通苑、芳源里和乐府江南占到50%以上，天通苑占到68%，其中海淀和朝阳是其主要的就业目的地。到邻区外主要地区就业的，芳源里和永乐小区最多，大致为1/4。

表 5-6　边缘区居住区居民上班地点比重　　　　　　（单位:%）

居住区名称	本居住区	所在地区	相邻地区	邻区外主要地区
回龙观	15	15（昌平）	60（海淀：42；朝阳：14）	10（西城：8；东城：2）
天通苑	8	5（昌平）	68（海淀：36；朝阳：32）	18（宣武，东城：5；丰台，大兴，崇文：3）
望京	16	59（朝阳）	20（海淀，东城：8）	6（西城：4；丰台：2）
芳源里	4	6（大兴）	65（丰台：57；朝阳：6）	26（宣武：12；西城：4；海淀：6）
晓月苑	12	20（丰台）	31（海淀：20；石景山：4）	18（西城：10；通州，东城，朝阳，昌平：2）
永乐小区	13	19（石景山）	46（海淀：39；丰台：7）	22（西城：6；宣武，朝阳：4）
乐府江南	11	34（海淀）	50（西城：36；朝阳：9）	5（东城：4）

通勤距离远，超过一半的通勤者通勤距离在 10～40 公里。从表 5-7 和图 5-11 可以知道，大部分通勤者通勤距离在 40 公里以内，但是超过一半的通勤者通勤距离在 10～40 公里。27.60％的居民居住地与工作地之间的距离是 10～20 公里，27.17％的居民两者之间的距离为 20～40 公里。居住地与工作地距离在 40 公里以上的占 6.42％。

表 5-7　通勤距离与样本之间的关系

距离	样本个数/个	比例/%	距离/公里	样本个数/个	比例/%
5 公里以内	189	25.55	20～40	158	27.17
5～10 公里	144	19.26	40～60	37	4.92
10～20 公里	206	27.60	大于 60	11	1.50

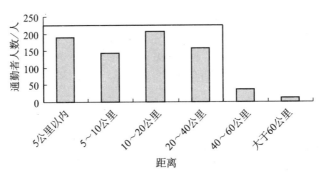

图 5-11　通勤距离与通勤者人数关系图

通勤方式以公交、地铁和私家车为主。首先公交车所占比重为 29.53％；其次为私家车，比重占到 24.97％；地铁/轻轨的比重也较大，为 14.36％；自行车、步行的比例分别为 13.02％和 10.07％，这说明近距离工作的居民也占一定的比例。单位班车及单位配车、出租车所占比重很低，分别占到 6.85％、1.21％（表 5-8）。

表 5-8　通勤方式样本数及比重

通勤方式	公交车	私家车	地铁/轻轨	自行车	步行	单位班（配）车	出租车
样本数/个	220	186	107	97	75	51	9
比例/%	29.53	24.97	14.36	13.02	10.07	6.85	1.21

通勤时间长，接近一半的居民通勤时间超过 1 小时。居民每天通勤所需要的时间最多集中在 1～2 个小时范围内，样本数共 237 个，所占比重为 31.81%；其次是半小时以内和半小时到 1 小时范围内，所占比重为 27%；通勤时间在 2 个小时以上的比重为 14.37%（表 5-9）。

表 5-9　居民上下班所需要的时间

时间	半小时以内	半小时到 1 小时	1～2 小时	2～3 小时	3 小时以上
样本数/个	201	200	237	75	32
比例/%	26.98	26.85	31.81	10.07	4.30

注：关于居民每天上下班所需要的时间而言，在调查中我们发现，居民所填写的时间一般仅仅指在车上的时间，并没有完全考虑如从居住地到公交站、地铁站的时间，等车的时间，甚至拥堵的时间，因此，实际上居民上班所需要的时间要比表中所列数据要大。

将通勤时间与通勤者所占比重进行回归，发现二项式拟合效果最好，$R^2 = 0.925\,4$。通勤时间存在一个临界值，大致为 90 分钟，超过临界值之后，随着通勤时间的增长，通勤者所占比重下降（图 5-12）。

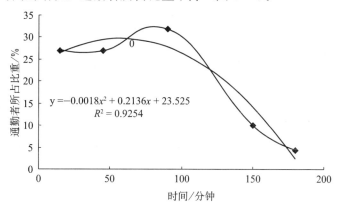

$$y = -0.0018x^2 + 0.2136x + 23.525$$
$$R^2 = 0.9254$$

图 5-12　通勤时间与通勤者所占比重关系图

月通勤费用不高，大部分在 100 元以内。首先，居民每月通勤的费用[①]比重最大的分布在少于 50 元的范围内，占 31.98%，这主要是相当一部分居民通勤选择公交车、自行车及步行，费用较低；其次为 400 元以上，比重占到 21.19%，这部分主要是以私家车通勤为主的居民（表 5-10）。

① 自 2007 年 1 月 1 日起，北京市政府实行公交票价制度改革，公交车票大幅度降价。

表 5-10　居民每月通勤的费用

费用	少于 50 元	50～100 元	101～200 元	201～400 元	400 元以上
样本数/个	237	128	117	107	156
比例/%	31.81	17.18	15.80	14.36	20.94

（二）居民居住与就业空间错位的交叉分析

为了进一步探讨居民居住与就业之间的空间错位对居民带来的影响，分别对通勤距离、通勤方式、通勤时间进行交叉分析。

1）通勤距离与通勤方式之间的关系

在 5 公里范围内，步行、自行车、公交车及私家车是主要的通勤方式；大于 5 公里时，公交车、私家车的优势地位逐渐显现出来，在 5～10 公里范围内，比例相当，分别为 44% 和 43%；当距离大于 10 公里时地铁/轻轨开始发挥作用；在大于 20 公里范围内，公交车、地铁/轻轨和私家车是主要交通方式，且公交车所占比重最大，其次才是地铁/轻轨和私家车（图 5-13）。

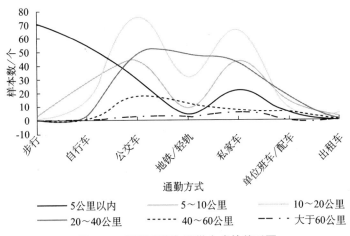

图 5-13　通勤距离与通勤方式的关系图

2）通勤距离与通勤时间之间的关系

在各个通勤距离范围内，总体呈现出随着距离的增加，长时间通勤所占比重越来越大的趋势。在 5 公里以内和 5～10 公里通勤范围内，主要的通勤时间分别是半小时以内和半小时至 1 小时；在 10～20 公里和 20～40 公里距离内，通勤时间主要在 1～2 小时内；当距离大于 40 公里时，2 小时以上通勤时间所占比重上升（图 5-14）。

3）通勤方式与通勤时间

当通勤机动化程度不高时，如采取步行、自行车时，一般在半个小时内

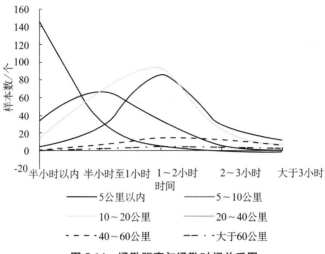

图 5-14　通勤距离与通勤时间关系图

能够到达；使用公交车和地铁/轻轨时，通勤时间主要在 1～2 小时范围内；私家车的使用相对而言，时间分配比较均匀，在半小时以内、半小时至 1 小时、1～2 小时时间范围内的样本数相当，这说明私家车在北京比较普及，不管通勤距离的远近，它是相当部分居民上班的方式；单位班车/配车的分布也比较均匀，出租车所占比重较低（图 5-15）。

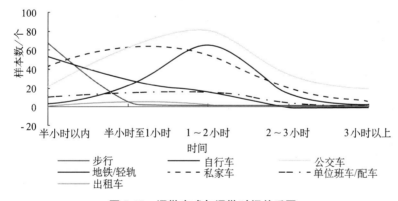

图 5-15　通勤方式与通勤时间关系图

（三）居民对居住区的满意度评价

总体而言，居民对小区各种服务评价并不是很高，满意度总体以一般为主。相对而言，对出行交通状况、购物环境、停车场比较满意，对餐饮、医疗设施、休闲娱乐设施、儿童游乐设施、教育设施（中学以下）、金融服务设施比较不满意。这说明边缘区虽然距离市中心较远，交通还是比较方便的，而且商业设施配套也不错，但是其他服务设施配套不够，无法满足居民的需求。这是因为，近年来北京市道路建设快速发展。轨道交通工程建设也全面展开，城市轻轨、地铁、高速公路、城市快速路、主干路和城区路网、五环、六环路等等都为郊区居民的通勤提供了便利。在其他各种配套服务设施中，对居民影响较大的是教育和医疗。近年来，虽然各区发展了一些民办的教育和医疗机构，但规模小、质量差，居民对其信任度低，而公办的教育、医疗机构数量很少，且水平不高，因此居民的满意度很低。

当问到未来是否打算搬出该区时，有 275 个居民表示希望搬出该区，所占比重为 37.62%。居民打算搬出小区的原因，首先是改善住房，比重占到 19.61%；其次是工作交通不便、孩子入学不便以及就医不便，所占的比重分别为 18.37%、14.13% 和 8.13%；认为物业管理差、购物条件差、小区环境差、金融服务差、政府服务差而有搬迁念头的分为占到 7.77%、7.07%、8.13%、4.77% 和 4.59%。

（四）上下班时间车流量实景分析

为进一步证实空间错位的存在性，通过调研上班高峰期城市边缘区进城与离城车流量状况反映这种错位现象；调研地点选取通向回龙观的一个重要结点清河小营桥（图 5-16）。调研时间为上班高峰时间段，即上午 7：30～8：30。

图 5-16　清河小营桥位置示意图（谷歌截图）

在上班高峰期时，从边缘区居住区向城市中心区的车流量无论是在高速公路还是在普通行车道上都远远高于反向行驶的车流量。在高速公路上，进城方向的车流量达到 110 辆/分钟，而出城方向的车流量仅为 62 辆/分钟；在普通行车道上也存在明显的情况，进城方向的车流量达到 75 辆/分钟，而出城方向的车流量仅为 32 辆/分钟。而下班时间，则正好出现相反的情况，出城方向的车流量远远高于进城方向的车流量。这种状况从某种程度上反映出，人们居住地在城市边缘区而工作地点则在城市中心区，居住地与工作地之间形成了一定的空间错位。如图 5-17、图 5-18 所示。

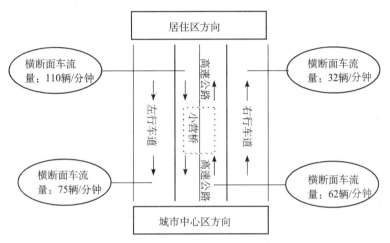

图 5-17　清河小营桥上班（7∶30～8∶30）高峰段调研

进城方向　　　　　　　　　　出城方向

图 5-18　上班高峰期进城与出城方向公交及车辆数对比

资料来源：作者拍摄。

同样，从公交车的出行时间来看，进城与出城方向车辆的末班车时间设置也是不同的，即使是同一路车的末班车时间也是不同的，往往进城方向的末班车时间较早，而离城方向的末班车则时间较晚。以通向西三旗的 392 路公交车为例，其进城方向末班车时间为 21∶20；而离城方向末班车时间则为 22∶00。这种差异恰恰说明了政府在制定公共交通服务体系中也考虑到了居住与就业空间错位的存在。

二、空间错位量化评价

（一）数据和方法

这部分所用到的人口数据和就业数据来自北京市第三次、第四次和第五次人口普查。

评价方法借助于空间错位指数（SMI）分析模型，一般而言，大都市区 j 的空间错位指数 SMI 计算如下：

$$\text{SMI}_j = \frac{1}{2P_j} \sum_{i=1}^{N_j} \left| \left(\frac{e_{ij}}{E_j}\right)P_j - p_{ij} \right| \tag{5-1}$$

式中，p_{ij} 为大都市区 j 中 i 县的人口；N_j 为大都市区 j 中县的个数；e_{ij} 为大都市区 j 中 i 县总的就业机会；E_j 为大都市区 j 中总的就业机会；P_j 为大都市区 j 中的总人口。

我们首先借助于模型（5-1）求出北京市不同地域范围内的空间错位指数，然后分析一下 1982～2000 年就业和人口流动对北京市空间错位指数的影响。

（二）计算结果

1. 北京市不同地域范围内的空间错位指数

如表 5-11 所示，分别求出了 1982 年、1990 年和 2000 年三个年份中心城区、城八区以及整个北京市的空间错位指数（SMI）。

表 5-11 北京市不同地域范围的空间错位指数

区域	1982 年	1990 年	2000 年
中心区	0.41	0.69	0.95
城八区	1.48	2.46	13.00
北京市	3.13	1.98	16.81

从北京市整体空间错位情况看，在 20 世纪 90 年代之前，空间错位并不明显，1982 年的 SMI 为 3.13，且到 1990 年减少为 1.98。此后，SMI 以年均增长 1.48 个点迅速增加，到 2000 年 SMI 达到 16.81。这说明，随着北京城市经济的发展、城市"摊大饼"式的蔓延，居民由城市中心区向近郊、远郊方向迁移，居民工作出行的范围越来越大，居住地与工作地之间的距离也是越来越大，发展到 2000 年，空间错位已经非常明显。

就中心城区而言，在这三年中变化非常平缓，年均增长 0.03 个百分点，2000 年仍小于 1。可以看出，中心城区的错位是非常不明显的。中心城区是整个北京市的经济活动重心所在，能提供的就业机会较多，且由于中心城区能提供的各种便利性，也是居民居住与就业的向往之地。因此，就业与居民居住地距离不大，错位不明显。

城八区20年来的SMI也是不断增大的，但20世纪80年代年均增长0.13个点，90年代年均增长1.05个点，大致是80年代增速的8倍。1990年时，城八区的SMI是2.46，大于同期整个北京市；2000年时，城八区的SMI是13.00，空间错位程度也是非常明显的。近郊四区是20多年来人口增长的重心所在，1982～1990年和1990～2000年人口增长百分比分别达到40.46%和60.15%。从城八区范围看，就业也是不断增长的，但是人口增长速度大于就业增长的速度（80年代和90年代人口增长速度分别为20.30%和34.43%，而就业增长分别为15.71%和17.29%），特别是90年代，因此，空间错位情况并没有缓和。

2.1982～2000年就业及人口流动对空间错位造成的影响

人口和就业流动之间的关系很重要，它能够决定郊区化对大城市发展模式的影响。如果由于人口流动增强了就业流动，这就可以看做是居民重视能够靠近新就业中心的机会，郊区化使产生的新的商业区如同单中心城市模型中的CBD一样起作用。从另一个方面讲，如果由于人口流动抵消了就业流动，这就可以理解为就业郊区化导致了工厂"侵犯"了那些由于低密度、非城市特性而被选做居住区位的地方。

每个年代根据模型（5-1）求出三个值，其中两个分别代表了起始年份和最末年份的SMI值，另外一个是"混合值"，这个值在计算时使用某一年的人口数据，使用下一年的就业数据，比如，20世纪80年代的"混合值"就使用1982年的人口数据和1990年的就业数据，90年代的算法依此类推。这样混合值由于其特殊的计算方法而被用于确定就业流动对SMI的影响。

人口流动对空间错位的影响可以通过将一个特定年份的混合值与下一个年份的"非混合"的SMI比较。例如，将80年代的混合SMI值与1990年的SMI值比较，可以揭示80年代的人口流动对空间错位的影响——是导致人口和就业分布的趋同还是趋异。

表5-12提供了1982～2000年全部的SMI以及混合SMI。表5-12中Panel A部分提供了80年代的SMI，Panel B提供了90年代的SMI。

表5-12　1982～2000年北京市空间错位指数

Panel A：80年代的空间错位指数					
	1982年	混合值	1990年	总变化	就业带来的变化	人口带来的变化
城八区	1.48	12.22	2.46	0.98	10.74	−9.76
市域	3.13	7.79	1.98	−1.15	4.66	−5.81

续表

Panel B：90 年代的空间错位指数					
	1990 年	混合值	2000 年	总变化	就业带来的变化	人口带来的变化
城八区	2.46	20.16	13.00	10.54	17.7	−7.16
市域	1.98	19.08	16.81	14.83	17.1	−2.27

每一部分的第一行展示了城八区相关年份所有 SMI 的变化，第二行展示了北京市域相关年份所有 SMI 的变化。

第一列：平均而言，为了使 10 年之初的就业和人口分布相同，所有大城市居民需要移入到另一个区的人口所占的百分比。

第二列：确定在一个特定的 10 年中，就业流动对 SMI 的影响。它是利用 10 年末总就业水平和 10 年初的人口数据计算得来的。它表示：为了使 10 年之初的人口分布与 10 年末的就业分布相同，而需要移动的 10 年之初的人口。它表现了就业流动对空间错位的影响。

第三列：确定人口流动对 SMI 的影响。

第四至六列分别是样本中总的变化、就业流动带来的变化以及人口流动带来的变化。总变化计算：用 10 年末的 SMI 减去 10 年初的 SMI；就业流动带来的变化：用混合 SMI 减去 10 年初的 SMI；人口流动带来的变化：用 10 年末的 SMI 减去混合 SMI。这些数据如果为正，表明人口和就业的分布趋异，空间错位情况加剧；如果数据为负，表明人口和就业的分布趋同，空间错位情况缓和。

结果显示：

第一，不论就城八区和市域而言，还是就 20 世纪 80 年代和 90 年代而言，就业流动带来的空间错位指数变化为正值，说明每 10 年的就业增长使就业的分布远离总人口的分布，空间错位指数增大。且就业流动的作用在 90 年代最强，就业流动使城八区和整个市域空间错位指数分别增加了 17.7 个和 17.1 个点。

第二，不论就城八区和市域而言，还是就 20 世纪 80 年代和 90 年代而言，人口流动带来的空间错位指数变化为负值，这说明人口流动使人口的分布和就业的分布趋同，空间错位指数减少。

第三，就城八区而言，无论是 80 年代还是 90 年代，就业流动的作用远远强于人口流动的作用，且在 90 年代更为显著。就北京整个市域而言，80 年代人口流动的作用强于就业流动带来的变化，90 年代就业流动的作用远强于人口流动的作用。

第四，城八区在 80 年代和 90 年代空间错位都呈加强趋势，只是在 80 年代比较微弱，空间错位指数增长了 0.98 个百分点，在 90 年代非常显著，空间错位指数增长了 10.54 个百分点；北京市在 80 年代空间错位减轻，但在 90 年代显著增加，增加了 14.83 个百分点。

由以上的数据和分析可以知道，就北京而言，就业远离居民，而居民追逐就业。空间错位的强度就取决于就业和人口流动两者作用的强弱：如果就业流动的作用强于人口流动的作用，就业远离居民，居住与就业的空间错位程度增强；如果人口流动的作用强于就业流动的作用，人口追逐就业，居住与就业的空间错位程度减弱。

（三）昼夜人口比

"夜间人口"指的是城市中居住地的从业人口，而"白昼人口"则指的是工作地的从业人口。昼夜人口比则指一定地域内作为工作地的从事第二、第三产业的人数与居住在该地域的从事第二、第三产业的人数之比[①]。一般地，昼夜人口比大于 1.0 时，该地域作为"工作地"的特色就比较强，或者说，土地作为"社会活动地"的用途的可能性就较大，可将这类地区称为"功能区"；昼夜人口比小于 1.0 时，该地域作为"居住地"的特色就比较强，或者说，土地作为"生活居住地"用途的可能性就较大，这类地区可称为"生活区"；当昼夜人口比接近 1.0 时，我们把这类地区称为"混合区"。昼夜人口比能够从某种程度上说明居住与就业的空间不均衡性，可以较好地解释城市各种功能组合的完备性。

从表 5-13 中可以看到，中心区昼夜人口比都在 1.0 以上，说明城四区仍是北京市的主要就业集聚地，2001 年，中心区法人单位的密度为 578 个/平方公里，工作人口密度达到 20 184 人/平方公里，但却由于旧城改造、地价以及城市规划等政策性因素，城四区的居住人口较就业人口相对较少，形成了目前城四区昼夜人口比如此之大的态势。而城市边缘区面积较大，并且工作机会较中心区也相对减少，2001 年，其法人单位的密度为 95 个/平方公里，工作人口密度为 2992 人/平方公里，相反居住人口却大量集聚于边缘区，这也造成了昼夜人口比的下降，除朝阳区外，其他边缘区的昼夜人口比都在 1.0 以下。在这些边缘区中，丰台区、海淀区的人口比几乎接近于 1.0，两区的居住人口与就业人口相当，视为"混合区"。远郊四区县昼夜人口比也基本接近于 1.0，主要因为平谷、怀柔、密云和延庆四区县远离中心区，这些区域的居住人口基本在当地就业，形成功能相对完善而又独立的"混合区"。而

---

① "工作地"的就业人口可以从 1996 年和 2001 年的全国第一次和第二次基本单位普查的资料中获得，"居住地"的就业人口数可以从第三次人口普查、第四次人口普查和第五次人口普查中得到，由于统计时间的不吻合性，获得的数据与实际稍有偏差，但总体上可以反映昼夜人口变化的趋势。

紧邻城市中心区的边缘区，却往往成为昼夜人口比最低的区域，造成这种状况的主要原因是，这些区域与中心区的联系紧密，并承担了中心区的居住功能，而该区域的工作机会则又相对较少，往往形成所谓的"卧城"。昌平、大兴和顺义昼夜人口比在所有区域中最低，就是这种现象的集中体现，目前北京城市向北拓展的趋势明显，"居住先导"成为这一时期的典型特征，如距中心区较近的昌平区已经建立了回龙观、天通苑等大型居住区。

表 5-13　北京各区（县）昼夜人口比估计

地区		昼夜人口比
中心区	东城	2.17
	西城	1.88
	崇文	1.05
	宣武	1.17
近郊区	朝阳	1.05
	丰台	0.98
	石景山	0.78
	海淀	0.99
远郊区	门头沟	0.75
	房山	0.61
	通州	0.92
	顺义	0.47
	昌平	0.51
	大兴	0.51
远郊区（县）	平谷	0.85
	怀柔	0.86
	密云县	0.91
	延庆县	0.87

资料来源：第五次人口普查及第二次全国基本单位普查资料，国家统计局普查中心，《基普查分析之二十九——北京城市地域构造研究》，2003 年 9 月。

　　然而，北京城市边缘区中一些大型居住区之所以形成"卧城"，继而发生居住与就业的空间错位，引起上下班时间交通拥堵等问题，主要是地方利益的博弈所致。如上文提到的清河，清河原本是工业区，然而在产业"优二新三"后，企业开始衰落，此时房地产业利润丰厚，城市规划政策执行不力，当地政府将工业用地全部转化为居住用地。昌平为促进地方经济发展，凭借回龙观和天通苑距离市区较近的区位优势，极力发展利润丰厚的房地产业，而能提供大量就业机会的工业、商业服务业等配套产业却重视不足，直接造成了当前居住用地过多而其他产业用地再发展处处受到限制的被动局面。在过去的北京城市总体规划中所设定的边缘集团都遇到了类似问题。

　　20 世纪 90 年代规划望京为新城，其中居住人口为 33 万人，就业岗位约为 11.5 万个，规划为具有工作生产、居住生活、娱乐文化等功能，设有扩大地区级的生活服务设施和部分市级大型公建的综合性新区。经过十几年的建设，现在的望京是一个中高档居住小区鳞次栉比，地区内、外部路网健全的地区，同时也是一个区内就业岗位缺乏，区内、外联络通道有限，出入口严重拥堵的地区。原因之一是居住开发的收益速度明显高于其他开发，因此开发商千方百计改变土地使用性质或增加居住用地进行房地产开发，导致望京地区居住用地与工业用地规模比例失衡，居住人口与就业岗位相差悬殊，望京地区就地吸纳的比例大大减少，区内外交换交通的大幅度提高，潮汐式的出行特征日趋明显。据调查，2004 年望京地区的人口达到 18 万人，而望京地区内部提供的就业岗位不足 2 万个，居住人口与就业岗位之间悬殊的差距使望京地区对市区中心的依赖越来越强（陈春妹和刘欣，2004）。

总之，正是城市规划政策执行的不到位和地方利益的竞相追逐造成了当前用地结构的不平衡，致使城市边缘集团吸引力远低于中心区，昼夜人口比不断加大，北京的"单中心"城市格局至今也无法突破。

三、居住与就业空间错位带来的问题

1. 市区与边缘区之间交通拥堵、压力大

交通是城市运行、发展的重要因素，并直接关系着市民的生活质量。到目前为止，北京已经形成了 80 多个万人以上规模的流动人口聚居区，吸纳了近 200 万外地进京人口，他们主要以边缘区为聚居地。特别地，在边缘区也形成了一些如望京、天通苑、回龙观人口在 10 万乃至 35 万人左右的大型居住区。由于这部分居民大部分在市区工作，每天仅交通高峰时间就会有几十万人往返于这些地区和市区之间，形成了该区域交通周期性拥堵。

大部分居民平均每天花费在路上的时间是 2～3 小时，这加大了居民工作的时间成本，居民在承受工作辛苦的同时，不得不忍受交通压力带来的辛苦。

2. 边缘区基础设施与公用设施配套不足

边缘区开发的居住区大都功能单一，就业岗位少，配套基础设施建设和公用设施滞后。财政对郊区的投资有限，而开发商总是尽量压缩基础设施的投入规模或延期建设，结果使得许多郊外新区服务设施不足。

居民对小区各种服务评价并不是很高，满意度总体以一般为主。教育、医疗、餐饮、购物、金融等方面设施跟不上，在居住区附近不能顺便购买商品和获得服务，还要专门到其他地方才能获得，形成非常典型的"卧城"，给居民造成多方面的不便，同时也加大了汽车流量与交通拥挤程度。

3. 社会空间产生分异

随着市场经济的发展，城市居民之间的经济收入和职业分化不可避免。"物以类聚，人以群分"，社会属性相似的人群倾向于居住在一起，这样很容易产生社会空间的分异。在北京郊区化的进程中，社会分异已经明显存在，社会空间的分化也初露苗头，突出地表现在：富裕人士选择居住在郊区低密度的独户别墅区，而近郊区兴起的大量经济适用房居住区主要针对中低收入的一般工薪阶层。

4. 边缘区土地利用效率低，生态环境受到破坏

蔓延性和低密度是北京郊区化的特点之一。由于房地产产业与农业之间存在着巨大的级差收益，城市建设用地不断地蚕食周围的农业用地，房地产开发过程中土地规划管理失控，存在越权批地、乱占农用地甚至占而不用现象。郊区土地集约化利用程度比较低，用地规模偏大，郊区人均用地一般在90～110平方米，若以人均100平方米计算，比大城市市区要高出30平方米左右，这对于人多地少矛盾十分尖锐的中国来说，是一种土地资源的隐性浪费。郊区化的发展，吞噬了大量的农用地。更为严重的是生态环境造成了巨大的破坏，包括空气和水源的污染、自然景观的破坏。

第三节　中美居住与就业空间错位对比

早在20世纪60年代，美国就开始研究居住隔离（housing segregation）及居住与就业的空间错位问题，哈佛大学的学者John Kain最早提出了这一理论的雏形。后来，学者们相继完善了这一理论并提出了"空间不匹配"（spatial mismatch）的假设。美国的居住与就业空间错位主要是针对美国历史上由来已久的对黑人和少数民族歧视引起的系列问题做出的反应，然而在我国不存在种族歧视问题，因此，两者空间与就业空间错位的主体、形式与原因也是截然不同的。

一、错位主体对比

（一）美国错位的主体是黑人等有色人种群体

在美国，居住与就业空间错位研究的主体是黑人等有色人种群体。郊区化使美国城市人口的分布模式以及就业形式发生了很大的变化，从而对美国

的经济、社会产生了重大的影响。

居住隔离是美国城市人口分布的最大特点之一。在郊区化进程中，出于对家庭和儿童的考虑，也就是追求郊区独户住宅的住宅模式以及郊区有利于儿童身心健康成长的良好环境，以中产阶级为主的并且主要是白人的中上层阶级不断地向郊区迁移，将社会财富和税收基础从中心城市转移到郊区。而由于难以支付到郊区居住的费用，同时也由于美国社会普遍存在的种族隔离制度以及郊区政府的排他性规划，黑人等有色人种群体只能在内城已经很拥挤的聚居区内居住。

同时，随着人口向郊区的大规模迁移，美国的经济重心也从城市向郊区迁移。首先是制造业，商业、服务业紧跟其后，然后企业的办事机构也纷纷到郊区落户。这种就业的郊区化，尤其是以蓝领工作为主的制造业的郊区化，导致了中心城市就业机会减少，黑人等下层少数民族就业机会减少，工资水平降低；有些黑人居民不得不在中心城区和郊区之间通勤上班，增加了家庭的经济负担，生活舒适度降低。

因此，从某种程度上讲，美国城市中普遍存在的居住与就业的空间错位主要是针对居住在中心城市的黑人等少数民族而言的，对居住在郊区的白人而言，是不存在这种错位的。

（二）北京错位的主体是低收入者

就北京而言，存在着居住与就业空间错位现象的人群主要是收入水平相对低的群体。

外来人口多集中居住在近郊的出租屋中，在城市改造过程中低收入人员不得不到比较偏远的城郊购买新房，其他低收入阶层同样如此，而高收入阶层则在距离城市中心较近、交通方便的地区居住（也有部分高收入阶层追求舒适和生活质量，在郊区买房）。居住在偏远地区的低收入居民不得不到较远的地方就业，增加了时间成本、交通成本，并造成了交通拥挤、社会隔离、空间隔离（spatial isolation）等社会问题。空间隔离造成就业成本增加，就业信息不畅，导致失业率上升。

住宅郊区化速度加快，但是郊区产业配套滞后、各种设施尚不健全，居民的生活、工作以及孩子上学都不方便。大量的人在郊区居住，到城里上班，比如，望京、回龙观、天通苑，都是 20 多万人的居住区，是功能单一的"卧城"，缺乏产业支撑与就业机会，居住和就业不平衡，所以这些人口每天早晚必须进出城，交通压力很大。

二、错位原因对比

(一) 美国错位的原因归根结底是种族歧视和居住隔离

在美国，黑人等少数民族居住和就业的空间错位表面上看是在于就业的郊区化，但归根结底，真正原因在于美国社会中普遍存在的种族歧视和居住隔离。

Richard W. Martin 在 21 世纪初期研究发现，一方面，就业增长使就业机会远离黑人居民，从而使大城市就业和黑人人口的分布趋异；但另一方面，黑人居民被那些正在经历就业增长的区域所吸引，倾向于移向就业增长的区域，从而使人口和就业的分布更接近，原因在于黑人居民高度重视到达就业区位的便利性。然而，虽然黑人居民有追逐工作的主动性，但并没有完全抵消就业流动的影响，黑人居民和就业的空间分布仍然趋异，黑人失业率仍在增长。原因在于黑人居民无法对就业流动做出自主反应。

首先，到郊区定居，需要有一定的经济实力。比如，购买小汽车或者支付公共交通费用，另外购置宽敞舒适的郊区独户住宅，更需要一大笔开销。这些对相对比较贫穷的黑人等少数民族移民而言是无力承担的。

其次，住宅法令中存在"排他性规划"。美国各城市为了合理规划城市的发展普遍采用了分区规划的原则，将商业、工厂、住宅等不同的功能区分开。但这些却被一些富裕阶层和中产阶级所利用，来排斥黑人等少数民族从而保护其郊区特征。比如，人为地提高住宅价格，将低收入者排斥在外。

同时，美国联邦政府的住宅政策也为阶级和种族隔离起了推波助澜的作用。其住宅政策严重地偏向郊区，特别地偏向于独户住宅。能从政策中获益的主要是那些能够从中心城市迁移到郊区定居的中产阶级。

(二) 北京在居住郊区化的同时，就业郊区化发展不足

城市土地有偿使用制度建立、城市中心区的危旧房改造、住房制度改革以及北京向管理服务型的职能转变、交通设施的发展和私家车的普及，大大加快了人口郊区化的进程。但与此同时，就业的发展并没有跟上人口的发展。北京在郊区化过程中，不但没有出现"空心化"现象，中心区反而更加繁荣，各种经济活动郊区化程度不高。大部分居民还是依靠公交、地铁/轻轨等交通方式通勤到市中心就业，造成居住与就业的空间错位问题。

居民社区与就业场所分离，甚至许多就业场所与购物城、娱乐休闲中心、文化机构、医疗服务机构等商业性和服务性机构都是分离的，人们在工作之

余不能顺便购买商品和获得服务，还要专门乘车到其他地方才能获得这些商品和服务，从而大大加大了汽车流量和交通拥挤，给生活带来了诸多不便。

三、错位形式对比

（一）美国弱势群体从中心区通勤到郊区就业

在美国，由于郊区化发展，经济重心也从城市向郊区迁移。首先是制造业，商业、服务业紧跟其后，然后企业的办事机构也纷纷到郊区落户。因此郊区是就业的主体。同时，以白人为主的中产阶级甚至富裕阶层为了追求郊区优美的环境和低密度住宅，纷纷搬向郊区。而以黑人为主的少数民族则留在市中心。这样，居住与就业的空间错位主要是这种形式：黑人等少数民族从中心区通勤到郊区就业。因为黑人等少数民族是弱势群体，经济地位相对低，出行不便，因此备受学者关注。

（二）北京低收入者从郊区通勤到中心区就业

就北京而言，空间错位形式主要表现为两种：一是在中心区居民居住地与工作地之间的错位，二是由于居住郊区化的发展，低收入者由于种种因素搬到郊区，而市中心区仍然是就业的主体，因此，居民要从郊区通勤到市中心上班而产生的错位。前者由于行政地域单元较小，并不明显。后者由于通勤距离长、成本大、给工作生活带来的影响影响大，因此是研究的重点。

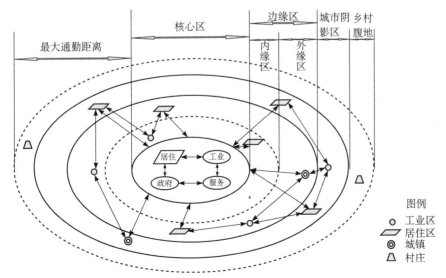

图 5-19　北京住宅郊区化与空间错位结构示意图（宋金平等，2007）

四、错位地域表现对比

(一)美国中心区"产业空心化"和经济衰退,郊区则蓬勃发展

随着人口居住郊区化、工商业郊区化与服务办公业郊区化的进程,大量经济活动的逐步外迁,使郊区成为经济活动的集聚中心,而市中心则失去了原有的丰厚财政税收源泉,导致了经济的萧条和衰退。到1980年,在美国前15位的大都市区,只有1/3的工作岗位分布于中心城市,而郊区占了2/3。而在其后的另外10个大都市区,中心城市就业率也只有36%,郊区占了64%。就全国范围来说,20世纪70年代郊区与中心城市新增工作岗位之比为4∶1。1980年全美就业有将近一半分布在郊区。

各种经济活动和城市职能迁入郊区,郊区非农产业日益发达,产业结构日益高度化。同时,郊区在发展过程中,由于得到合理的规划,绿化条件好、风景优美,交通便利、各种设施配套齐全,同时由于住宅面积大,社区的建筑和人口密度低,郊区成为很多美国人的向往之地。随着郊区经济实力的增强,其独立程度也越来越高,郊区已不是城市边缘的松散形态,而成为城市各种功能的新的集聚中心。

郊区人口的聚居结构往往与收入水平、年龄周期(或家庭周期)、社会地位、种族差异、居住偏好等有直接关系。从美国郊区化发展史可以看出,最初从城市中心外迁的是富人;到了电车时代,中产阶级也开始加入郊区化的行列;随着汽车的普及,中产阶级甚至一些低收入阶层也迁往郊区。但相比较而言,富人往往迁得更远一些,而中低收入者则通常在市中心和近郊。

(二)北京郊区产业发展尚不完善、基础设施配套不足,就业郊区化尚不明显

北京的郊区化过程中,不但没有出现"空心化"现象,中心区经济一直非常繁荣。首先,中心区有强大的吸引力,依然是城市经济活动的核心。其次,经过CBD优化和产业结构高度化以及城市用地结构"退二进三"的调整,原有的市中心工业特别是劳动密集型、污染较重的工业搬迁至郊区,而向心性很强的商业、金融业、办公业等第三产业集中于市中心,加强了市中心城市现代化的功能。再次,北京市将大量资金用于旧城改造。在市场经济体制下实行土地有偿使用制度,城市建设资金有了保障,城区特别是市中心也获得了生机。

由于各种经济活动郊区化程度不高，城市市中心的吸引力大于郊区，郊区居民仍需要到城市中心区解决就业问题。由于郊区的低收入者离市中心距离较远，大部分居民依靠公交、地铁/轻轨，通勤的时间成本较高。

总之，中国与美国相比较，居住与就业空间错位理论发展存在很大差距。美国主要是针对弱势群体——黑人等有色人种群体，带有浓厚的种族主义色彩。而在北京，研究主体主要是居住于边缘区的相对的低收入者。就错位形成原因来讲，美国归根结底是种族歧视和居住隔离导致的系列连锁反应。而在北京，则主要是由于在居住郊区化的同时，郊区就业发展不足造成的。美国黑人等弱势群体从中心区通勤到郊区就业，而北京的错位者要从郊区通勤到中心区就业；美国中心区经济衰退，产生"产业空心化"，郊区则蓬勃发展，在北京，郊区产业发展尚不完善、基础设施配套不足，就业郊区化不明显。

虽然中美空间错位存在着很大的差异，但是空间错位的实质是一样的，都是出现居住与就业的空间分离现象，都是由于收入分配决定了社会阶层的居住隔离。

第四节　空间错位的模式与形成机制

一、"钟摆状"空间错位模式

（一）空间错位模式

目前，北京市居住与就业空间错位基本形成，其空间错位模式如图 5-20 所示，图中阴影部分为中心区的投影，表示大量的就业机会仍集中在中心区，而外围地区就业机会则比较少，不足以提供周边地区居住人口充足的就业机会，直接导致居民在居住地与就业地之间呈"钟摆状"移动，并且随着基础设施以及交通工具的日益完善"钟摆"距离在不断加大。造成这种态势的直接动力是经济活动空间分配的不平衡性，虽然随着经济的发展，提供的就业机会普遍增多，然而现阶段城市中心仍然是就业机会集聚区。2004 年，北京 CBD 在 4 平方公里的范围内集中了 1895 家企业（其中外资企业 570 家），从业人员 7 万余人，其影响范围远达通州东部。

随着向外辐射交通干线的不断健全，如老四带（京昌路、安立路、机场

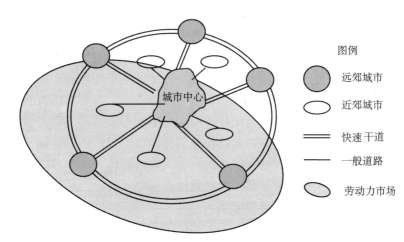

图 5-20 北京市居住就业的空间错位模式

路、京通路）和新四带（京承线、京沈线、京津线、京开线）的形成，使得郊区与中心区就业聚集区的联系更加便捷了，直接催生出道路两侧多条重要居住带，现仍有不断延伸的趋势。如回龙观布局于京昌路、天通苑布局于安立路附近，其他居住区也正在沿路向北扩散，由此引起的空间错位直径也正逐渐扩大，由原先的近郊城市蔓延到远郊城市。

（二）空间错位的一般性解释

随着土地有偿制度的健全和郊区基础设施的不断完善，在市场经济杠杆的作用下，人口大量迁往近郊区，致使中心区 2006 年常住人口密度（22 308 人/平方公里）比 1982 年常住人口密度（27 763 人/平方公里）年下降了 19 个百分点，而近郊区的常住人口密度由 1982 年的 2214 人/平方公里上升到 2006 年的 6063 人/平方公里，上升了 1.74 倍。中心区原有的居住用地大部分让位于金融、商业、写字楼等第三产业用地，居住用地所占的比重越来越小，致使中心区最终形成为主要就业集聚地。

大量住宅用地不断向城市郊区扩张，而富有就业机会的商业写字楼仍停留在中心区。20 世纪 90 年代后，大规模的住宅建筑已逐渐扩展到四环、五环，有些几十万人口的大型居住区如天通苑、回龙观等都已在远郊的昌平区、通州区发展起来了。2001 年四环以外的住宅新开楼盘占全市的 48.1%，2004 年，上升为 53.0%，特别是五环外占到 31.1%。居住区越来越远离中心区。同时，富有大量就业机会的商业写字楼集聚区主要有：国贸—建国门写字楼商圈、燕莎写字楼商圈、金融街写字楼商圈、中关村写字楼商圈、亚运村写字楼商圈、公主坟—西客站写字楼商圈、西南二环写字楼商圈、天坛东写字楼商圈，这些商业写字楼集聚区基本位于城市中心区，如图 5-21 所示。然而，自 20 世纪 90 年代以来在郊区新建的大型居住区功能十分单一，就业岗位很少，公共服务不配套，形成了典型的"卧城"（马清裕和张文尝，2006）。这就使得大部分居民回到就业机会较多的中心区或近郊区工作，从而形成了居住—就业的空间错位。图 5-21 显示了研究区中自 1992～2005 年新建的 2678 个住宅用地、八大写字楼商业圈（就业集聚区）和昌平、通州的居住组团。回龙观居住组团距离最近的中关村商业圈直线距离为 10 公里，天通苑居住组团距离最近的亚运村商业圈直线距离为 17 公里，通州的商业圈距离国贸—建国门商业圈则达到 20 公里，仅以直线距离计算通勤时间就远远超过中小城市的平均通勤距离。通勤时间不仅受到通勤距离的影响，交通状况（如拥挤程度、交通方式）等对其影响也是巨大的，错位由此产生。

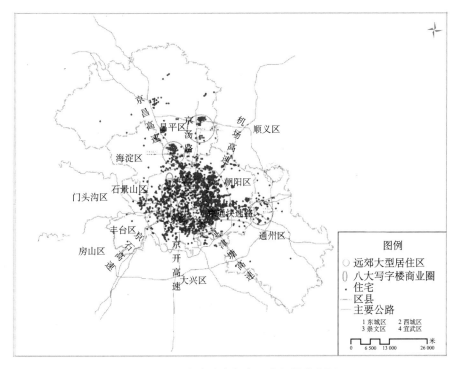

图 5-21　住宅出让点与主要商业圈分布图

二、空间错位形成机制分析

1. 效益最大化是造成空间错位的内部驱动力

中心区与郊区房地产价格的巨大差别是影响空间错位的直接原因。2004

年东城区商品住宅平均销售价为 9374 元/平方米，而郊区平均售价则在 3000～6000 元/平方米，两者相差至少 4000 元/平方米。中心城区与郊区的商品房套价之差相当于 2004 年北京人均家庭收入的 27 倍。巨大的房价差异直接促成了居民郊区购房的倾向。然而，强大的中心城区就业引力和薄弱的郊区就业容纳力，导致了郊区居民中心区就业的"钟摆式"通勤格局，这种格局无疑增加了交通成本和时间成本。居民在效益最大化的倾向下，形成了选择郊区住宅和增加通勤成本两者之间的博弈，然而，随着高速公路、地铁以及快速轨道的修建，加之郊区所形成的大型居住区一般布局于这些交通线附近，使中心区和郊区之间的时间成本大幅压缩，即"时空压缩"，从而形成了居住和就业的空间错位。

2. 过快的城市化是造成空间错位的外部驱动力

自改革开放特别是 20 世纪 90 年代以来，随着户籍制度的逐渐弱化，农村人口可以突破户籍界限享受城市文明。城市巨大的就业机会、诱人的工资水平等直接吸引了大量的外来人口。长期以来，北京人口规模一直处于加速膨胀的状态，2008 年北京常住人口比 1978 年增加了近 825 万人，常住人口中非北京籍人口数量也由 1978 年的 21.8 万人扩大到 2008 年的 465.1 万人。大量外地人口涌向北京，住房成为首当其冲的社会问题。以人均 20 平方米住宅建筑面积计算，2006 年就要达到 3.3 亿多平方米。在如此巨大的住房需求下，城市扩张势不可挡。另外，这种城市化在很大程度上并非是由工业化带动所形成的，创造的就业岗位也不会随着居住的郊区化而向郊区偏移，而仍集聚于中心区，这就使得居住区逐渐远离就业集聚区成为必然。

3. 基础设施的不断完善为空间错位提供了保障

北京市的交通运输业一直处于加速发展阶段，从 1994 年三环路建成通车到 2009 年六环路通车，北京市形成了完善的公路干道网系统，包括 5 条环路、17 条放射路、贯通旧城区的 6 条东西方向干路和 3 条南北方向干路，公路通车里程从 1985 年的 8482 公里增加到 2009 年的 20 755 公里（含村道）。此外，便捷的交通运输方式如轻轨、地铁等不断增加，并向郊区蔓延，大大提高了郊区居民的通达性。特别是进入 21 世纪，城市四环、五环相继开通，六环路也即将开通，与此同时，向外辐射的京开、京承（北京段）高速路、城铁 13 号和地铁八通线先后建成加剧了居住郊区化，从而加速了空间错位的形成。

另处，私家车的迅速增加以及大型居住区公交服务的完善也成为空间错位的一个重要因素。近几年北京拥有私有轿车的速度呈几何级数增长，2009年，北京市民用汽车达到 372.1 万辆，每 100 户家庭汽车拥有量 76 辆，已进入汽车时代。私人汽车拥有量的增加提高了居民的通行距离，缩短了通勤时间，从而为居住与就业的空间错位提供了可能。根据北京市三次居民出行调查报告，1986 年小汽车在居民各种交通方式出行构成中仅占 5.0%，2000 年占 23.2%，2005 年达到 29.8%。此外，城市近郊的大型住宅小区如回龙观等也专门配置了小区的公交服务，更加方便了居住在郊区的居民到城区上班。由此可见，发达的交通基础设施网络、先进的交通工具及人性化的居住社区为空间错位提供了保障。

4. 生活质量的追求加速了空间错位的程度

2009 年北京城镇居民人均可支配收入为 26 738 元，城市居民家庭恩格尔系数为 33.2%，比 1978 年下降了近 25 个百分点。根据联合国粮农组织的划分标准，恩格尔系数在 30%～39% 为富裕阶段，可见，北京已进入该阶段。人们已开始注重生活质量，对住房空间的要求也越来越高，这使得北京市人均住宅使用面积在不断加大，1995 年为 13.34 平方米，到 2006 年已提高到 20.1 平方米。据调查，郊区人均用地一般在 90～110 平方米，若以人均 100 平方米计算，比大城市市区要高出 30 平方米左右。富有就业机会的城市中心区远远满足不了人们不断扩大的对住宅空间的要求，在这种形势下，大量居民被推向城市外围，远离就业区。城市中心区人口密集、车流较多，由此带来了一系列生态环境问题，居住环境远不如郊区，加之郊区的大型社区外部配套设施如大型商店、娱乐设施的不断完善，一定程度上吸引了居民。在这种条件下，为了追求高质量的生活环境，部分市民宁愿选择距离就业区较远的郊区居住。

总之，无论是从人口（总量和密度）还是住宅的发展变化来看，北京居住郊区化的趋势明显。郊区特别是近郊区，是中心区人口扩散的主要承接地，是新建住宅选址的主要目的地。居住郊区化对北京城市发展起到了积极作用，如促进了北京城市内部地域结构转型、扩大了城市容量提高城市的承载能力、促进了北京经济的发展。但也带来了一些负面影响，首先是扩大了城市容量、增大了居住与就业的空间错位程度，其次是造成城市圈层扩展"摊大饼"蔓延，绿化隔离带被大量蚕食，加重了北京城市交通的压力。

主 要 参 考 文 献

柴彦威，周一星．2000．图书馆大连市居住郊区化的现状、机制及趋势．地理科学，20（2）：127-132.

陈春妹，刘欣．2004．望京地区交通症结浅析．北京规划建设，（2）：39-43.

冯建，周一星．2002．杭州市人口的空间变动与郊区化研究．城市规划，（1）：58-65.

冯建．2004．转型期中国城市内部空间重构．北京：科学出版社．

顾朝林，熊江波．1989．简论城市边缘区研究．地理研究，8（3）：95-101．

顾克东，杨涛，郭宏定，等．2011．城市边缘区低收入人群通勤交通保障策略研究．江苏城市规划，（5）：25-28．

蒋达强．2002．大城市人口郊区化住宅空间分布的效应研究．人口与经济，（3）：10-16．

景乃权，刘玉录．2002．住宅郊区化现象及对策研究．中国房地产，（6）：56-58．

柯焕章．2003．北京城市空间布局发展的回顾与构想．北京规划建设，（4）：28-33．

李纯斌，吴静．2006．"空间失配"假设及对中国城市问题研究的启示．城市问题，（2）：16-21．

李峥嵘，柴彦威．2000．大连市民通勤特征研究．人文地理，15（2）：67-72．

丽凌．2000．北京市城区危旧房改造的沿革及政策建议．中国房地产，（12）：33-36．

刘威，栾贵勤．2005．区域经济演进过程中的"空间不匹配"．经济问题，（7）：1-3．

马清裕，张文尝．2006．北京市居住郊区化分布特征及其影响因素．地理研究，25（1）：121-131．

钱俭．2010．城市边缘区发展困境及摆脱途径．城市问题，（6）：56-59．

宋金平，李丽平．2000．北京市城乡过渡地带产业结构演化研究．地理科学，20（1）：20-26．

宋金平，王恩儒，张文新，等．2007．北京住宅郊区化与就业空间错位．地理学报，62（4）：387-396．

孙群郎．2004．美国大都市区的阶级和种族隔离与开放郊区运动．东北师大学报（哲学社会科学版），（4）：5-12．

孙群郎．2005．美国城市郊区化研究．北京：商务印书馆．

田文祝．1997．改革开放后北京城市居住空间结构研究．北京大学博士学位论文．

王玲慧．2008．大城市边缘地区空间整合与社区发展．北京：中国建筑工业出版社．

徐涛．2007．北京城市边缘区居住与就业的空间错位研究．北京师范大学硕士学位论文．

徐涛，宋金平．2009．北京城市居住与就业的空间错位研究．地理科学，29（2）：174-180．

许芳．2008．北京城市边缘区人口分布的空间特征及其影响因素研究．北京师范大学硕士学位论文.

叶依广. 2002. 大城市居住房地产区位演变趋势探讨. 中国房地产,（3）: 41-43.

张文忠, 李业锦. 2005. 北京市商业布局的新特征和趋势. 商业研究,（8）: 170-172.

周江平. 2004. "空间不匹配"与城市弱势群体就业问题: 美国相关研究及其对中国的启示. 现代城市研究,（9）: 8-14.

周一星. 1996. 北京的郊区化及引发的思考. 地理科学, 16（3）: 198-206.

周一星, 孟延春. 1997. 沈阳的郊区化: 兼论中西方郊区化的比较. 地理学报, 52（7）: 289-298.

宗跃光, 周尚意, 张振世, 等. 2002. 北京城郊化空间特征与发展对策. 地理学报, 57（2）: 135-142.

Arunott R. 1998. Economic theory and the spatial mismatch hypothesis. Urban Studies, 35（7）: 1171-1185.

Ihlanfeldt K R, Sjoquist D L. 1990. Job accessibility and racial differences in youth employment rates. American Economic Review, 80（1）: 267-276.

Ihlanfeldt K R, Sjoquist D L. 1991. The effect of job access and black youth employment: a cross-sectional analysis. Urban Studies, 28: 255-265.

Jackson K. 1985. Crabgrass Frontier: The Suburbanization of the United States. New York: Oxford University Press.

Kain J F. 1992. The Spatial mismatch Hypothesis: three decades later. Housing Policy Debate, 3（2）: 371-392.

Lopez R, Hyne H P. 2003. Sprawl in the 1990s: measurement, distribution, and trends. Urban Affairs Review, 38（3）: 325-355.

Martin R W. 2004. Can black workers escape spatial mismatch? Employment shifts, and black unemployment in American cities. Journal of Urban Economics, 55: 179-194.

McGovern P. 1998. San Francisco Bay area edge cities. Journal of Planning Education and Research, 17: 246-258.

Phelps N. 1998. On the edge of something big: edge city economic development in Croydon, south London Town. Planning Review, 69（4）: 441-465.

Pinto S M. 2002. Residential choice, mobility, and the labor market. Journal of Urban Economics, 51: 469-496.

Li S-M. 2003. Housing tenure and residential mobility in urban China: a study of commodity housing development in Beijing and Guangzhou. Urban Affairs Review, 38 (4): 510-534.

Wang Y P, Murie A. 2000. Social and spatial implications of housing reform in China. International Journal of Urban and Regional Research, 24 (2): 397-417.

Zhou Yixing, Ma L J C. 2000. Economic restructuring and suburbanization in China. Urban Geography, 21 (3): 205-236.

第六章
国外大城市空间结构优化重组案例及启示

通过以上研究，城市边缘区存在着人口居住-就业空间错位、人口空间分异、产业间联系薄弱、空间分散等问题，从某种程度上而言，主要是由边缘区空间结构的转型重组与社会、经济的转型没有同步进行所致（陈修颖，2004）。发达国家在城市发展历程中也经历了相似的问题，并总结出了一系列的经验和教训，本章通过梳理国外大城市空间结构优化理论与实践，提炼一些具有思考性和启发性的结论，以期为我国城市边缘区空间结构的优化重组提供借鉴。

第一节　国外典型城市郊区
空间组织理论及启示

国外大城市的发展一般经历三个阶段：初始阶段，城市人口增长缓慢，城市处于向心集聚阶段；快速发展阶段，城市经济增长和人口膨胀速度很快，中心城区迅速向外扩展，在空间上普遍出现"摊大饼"现象；平稳发展阶段，城镇人口的增长速度开始变缓，城市的空间结构由"摊大饼"式的向心集聚演变为向更远的郊区或城市以外的范围扩散。城市边缘区在城市的成长中，空间组织方式也在不断进行着主动或者被动的转变，直到这种组织方式适合该城市的发展特征和发展阶段才最终得以确定。由于边缘区是城市空间扩张的前沿阵地，在快速城市化阶段，城市边缘区是城市空间的重要组织对象，因此，整理国外城市空间组织的理论与实践有助于汲取城市边缘区空间组织的经验，从而为我国城市边缘区空间重组与优化提供借鉴，如表6-1所示。

表 6-1　西方国家空间组织的理论与实践总结及评析

	代表性理论	代表人物	空间组织主张	评析
理论	雅典宪章	——	理性功能分区	过于严格地将空间划分为居住、交通、游憩、工作四大功能区
	马丘比丘宪章	——	人本主义的空间布局；实施动态空间组织	代表了一种可持续性的发展空间模式
	田园城市	霍华德	城乡一体的融合	带有理想主义城市形态设想的概念规划
	集中主义	柯布西耶	紧凑式发展	集中式发展解决城市问题，反对分散主义
	有机疏散理论	沙里宁	将城市各种功能适当集中，并将这些集中点做有机疏散	将城市分解为一个既统一又分散的城市有机整体，具有一定的借鉴意义
	工业城市模式	夏涅	划分秩序性的功能区域	将城市比喻成机器，过分强调区域划分
	广亩城市	赖特	分散的、低密度的布局	过度强调分散式发展，不利于土地的集约利用

	代表性城市	边缘空间组织方式	实施评价	
实践	东京	多中心的发展模式	东京都市在迅速城市化阶段不断扩展蔓延，最初制订的周边中心城市计划失败；继续在周边建立副中心，取得了较好的成效	
	巴黎	带型城市空间组织	一方面，国家进行了区域平衡发展的调控，分散巴黎大都市的吸引力；另一方面，又确定了两条带型发展轴，取得了成功	
	伦敦	卫星城	从最初的卫星城到当前的新城建设，前后进行了三次大规模的空间重组，最终形成了"反磁力"中心，抑制了伦敦城市的继续蔓延	
	堪培拉	自然景观与形体环境的融合	体现了城市结合自然环境与生态环境的原则，是自然风貌与城市景观融为一体的典范	

一、城市功能分区理论及借鉴

（一）内容概述

城市功能分区是按功能要求将城市中各种物质要素，如工厂、仓库、住宅等进行分区布置，组成一个互相联系、布局合理的有机整体，为城市的各项活动创造良好的环境和条件。根据功能分区的原则确定土地利用和空间布局形式，是城市总体规划的一种重要方法。

《雅典宪章》是提出城市功能分区的经典理论，将城市分为居住、工作、游憩、交通四大部分。在城市功能分区理论的框架下，城市的基本组成单元是：①近百家住宅组成一个邻里单元；②几个邻里单元组成一个邻里单位，中间是邻里单位的中心；③几个邻里单位围绕一个包括各项公共生活设施的城市次中心，中心的服务半径正好覆盖这些邻里单位。城市中心被多个这样的城市基本组织单元，以及独立出来的工业用地、绿地等围绕，从而使城市结构表现为由大至小等级化梯度形成的中心体系（城市中心、城市次中心等）组织的城市空间，同时城市道路也根据各中心的等级相应呈等级化的梯度变化。城市各项功能严格分开，居住、工作、游憩空间由交通线彼此分隔，也彼此联系，被交通线划分的各个地块只具有单一的功能（表6-2）。

表6-2 城市功能分区理论的内涵及对城市边缘空间组织的借鉴

主要理论	内涵及评析	对城市边缘空间组织的借鉴
《雅典宪章》	城市功能分区的典型理论，将城市空间划分为居住、交通、游憩、工作四大功能区。后来人们发现功能分区肢解了城市的有机组成，导致城市缺乏活力	吸收《雅典宪章》功能分区精髓，城市边缘区的空间结构中也应划分居住、交通、游憩和工作等功能区划，但并不是机械的布局与分区，而应将各个部分有机联系在一起

（二）理论述评及借鉴

《雅典宪章》是功能理性主义的集中体现和思想结晶，在第二次世界大战后的几十年中，《雅典宪章》一直作为西方城市规划的经典理论指导着城市发展，对其思想深邃的挖掘有助于边缘区空间组织的借鉴。《雅典宪章》最伟大的成就是提出了功能分区的思想，并将城市划分为居住、工作、游憩和交通四大功能部分，在当时有着非常重要的现实意义和历史意义。它不仅建立了现代城市规划的基本内涵，而且在其指导下，纽约、伦敦、巴黎及许多城市从无计划、无秩序发展过程中走出困境，缓解工业和居住混杂导致的严重卫生问题、交通问题和居住环境问题。

由于《雅典宪章》将城市空间过于严格地划分为居住、交通、游憩、工作四大功能区，并对城市进行比较机械的布局和分区，直接导致了其经过几十年的发展后走向衰落。然而，《雅典宪章》对城市基本职能的表述非常准确并且没有过时。因为，尽管世界发生了很大变化，科学技术有了很大进步，城市的基本职能还是不变的，只是内容、表象、形式和在城市空间结构中的相互关系有所变化，只要在城市空间结构中适应经济社会发展的变化，仍然对城市空间组织有重要的借鉴作用。如交通要比《雅典宪章》具有更广阔的含义，当前城市的流通不仅是道路网络、交通网络，还包括信息化技术发展以后的信息流通。流通也不仅仅是人的流动、物的流动，还有信息的流动。信息流动的发展甚至可以取代一部分人和物的流通，进而影响到我们的生活方式。可以说，城市的四个基本职能是永恒的，未来科学技术的进步和发达，不能取消"居住"的基本职能；而没有工作或就业的城市只会走向消亡。游憩、交通的内容将随着社会的发展逐渐丰富、深化。

二、新城市主义理论及借鉴

(一) 内容概述

新城市主义理论是美国针对 20 世纪 50 年代出现的城市无序蔓延、中心区衰落的客观现实，在借鉴欧洲传统小镇模式的基础上，提出的新型郊区发展模式，主张塑造具有城镇生活氛围的、紧凑的社区，以此来避免郊区的蔓延发展。

"新城市主义"倡导许多独特的设计理念，其中最突出地反映在对社区的组织和建构上。邻里、分区和走廊是"新城市主义"社区的基本组织元素。其认为社区的理想模式是：紧凑的、功能混合的、适宜步行的邻里；空间和内涵适当的用地功能分区；能将自然环境与人造社区结合成一个可持续发展的整体功能化和艺术化的走廊。这主要包括以下三个设计层面：一是区域层面，大都市区、城市、村镇；二是城镇层面，邻里、城市特别片区、交通走廊；三是社区层面，街区、街道、房屋。

新城市主义具体包括公交主导发展模式（TOD）和传统邻里发展模式（TND）两种开发战略。公共交通导向战略利用了运输与土地使用之间的一个基本联系，将开发集中在沿轨道交通线和公交网络的节点上，把大量人流发生点设置在距公交车站很近的步行范围内，鼓励更多的人使用公共交通。TND 主张社区是人性化、适宜步行的中等至高密度社区。TND 通过鼓励和建设多种交通方式，促进社区内交流，降低车辆的行驶路程。TND 强调更为精细的社区设计规则，比 TOD 战略更具灵活性，但使用范围较小（李倞和李利，2008）。

(二) 理论述评及借鉴

新城市主义起源于美国，其主要是为解决由于原有城市空心化和城市中心区衰落而导致的城市郊区的无序蔓延才被提出来的，"新城市主义"某种意义上是对传统的怀旧。虽然其形成的背景与我国当前郊区化有很大不同，但其部分核心要义仍值得我们在城市边缘区实施空间组织时借鉴。主要表现为以下三点。

第一，明确居住区发展边界，强调区域合理发展。新城市主义者对郊区居住社区建设提出明确的发展边界，通过设置社区与社区、社区与城市中心区之间的绿化开敞空间，限制城市的扩张。边界的确定对城市发展至关重要，城市边缘如果缺乏限定，毫无限制地发展，必将使得城市边缘区迅速扩张，城市绿化带也会不断被蚕食，城市呈现出"摊大饼"的蔓延趋势。第二，注重土地的混合使用，建立适宜步行的住区环境。"新城市主义"提倡对土地进行混合使用，在邻里街坊或以公交站点为中心步行距离为半径的范围内，布置商店、服务、绿地、中小学、活动中心以及尽可能多的就业岗位，这对我国目前大规模的居住社区建设有较强的借鉴意义。第三，强化建筑类型的组合，建立混合居住的住区。建立混居、多元化（指多阶层、多种族、多年龄段的混合居住）的混合居住社区应是城市边缘区发展的重要趋势。

"新城市主义"在 20 世纪 90 年代又延伸出"精明增长"、"紧凑城市"等思想。美国人意识到低密度土地开发、空间分离、单一功能的土地利用等会形成种种弊病，而欧洲的"紧凑发展"却让许多历史城镇保持了紧凑、高密度的形态，被认为是居住和工作的理想环境。基于此，1997 年，马里兰州首先提出了"精明增长"的概念。到 2000 年，美国已有 20 个州建立了精明增长管理计划或制定了各自的"精明增长法"。这两大思想也十分有利于城市边缘区空间组织的借鉴（表 6-3）。

表 6-3　新城市主义理论的内涵及对城市边缘空间组织的借鉴

主要理论	内涵及评析	对城市边缘空间组织的借鉴
新城市主义	基本理念是从传统的城市规划设计思想中发掘灵感，并与现代生活的各种要素相结合，重构一个被人们所钟爱的、具有地方特色和文化气息的紧凑性邻里社区来取代缺乏吸引力的"郊区模式"。虽然产生背景与我国有很大不同，但其中的很多思想值得借鉴	在城市边缘区空间组织中应注重边界的设定，这一边界是由自然环境容量所限定的，同时，引导建设紧凑型边缘区 边缘区应建设功能混合的、适宜步行的邻里 边缘区应注重生态与环境保护，空间上提倡社区与自然环境融为一体

三、城市功能混合理论及借鉴

（一）内容概述

功能混合主要指的是多用途功能区，在这个功能区里，既有办公楼群，也有住宅、餐馆、购物中心和文化设施等。20 世纪 60 年代以来，随着社会生产力的进一步发展和科学技术的不断进步（如计算机的应用、高速交通的发展、环境污染的防治等），城市功能分区已经不像先前那样具有严格的界限，开始出现融合的趋势。如英国 1970 年开始建设的新城——米尔顿·凯恩斯，不设置过分集中的工业区，而把工厂、行政、经济和文化管理机构等有机地布置在居住地段附近，形成综合居住区，并基本做到就业和居住就地平衡。1971年苏联批准的莫斯科总体规划，把公路环以内875平方公里的城市用地，从规划结构上划分为8个分区，每个区逐步做到劳动人口和劳动场所的相对平衡，并均有完善的服务设施和各自的市级公共中心（图6-1）。

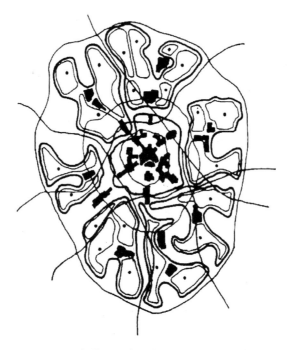

图6-1　1971年莫斯科的城市规划结构（张京祥，2005）

最有突破性的是《马丘比丘宪章》，其强调要努力创造综合的、多功能的环境，提出不要过分追求严格的功能分区，以免损害城市各个组成部分之间的有机联系。它继承了《雅典宪章》的基本思想，但又强调不应当把城市当做一系列孤立的组成部分拼在一起，而必须努力去创造一个综合的、多功能的环境。它要求城市空间组织必须对人类的各种需求做出解释和反应，并应该按照可能的经济条件和文化意义提供与人民要求相适应的城市服务设施和城市形态。《马丘比丘宪章》认为城市是一个动态系统，改变了过去将城市规划视作对终极状态进行描述的观点，强调城市规划的过程性和动态性，认为城市规划就是一个不断模拟、实践、反馈、重新模拟的循环过程，只有通过这样不间断的连续过程才能更有效地与城市系统相协同，《马丘比丘宪章》还强调了公众参与城市规划的极端重要性。《马丘比丘宪章》对城市边缘区空间组织的最大借鉴意义在于，其强调人本主义思想、空间组织的动态性和城市功能的多元性。

（二）理论评述及借鉴

城市功能区是实现城市职能的载体，集中地反映了城市的特性，是现代城市存在的一种形式。一个实现资源优化配置的现代城市，是由多个特点清晰明确的功能区组成的。城市的职能就是由这些功能区充分地发挥自己的作用来实现的。从动态的角度讲，城市功能区的形成过程是产业或者城市功能要素在特定的城市空间集聚的过程。因此，在城市空间组织的过程中，应进行城市功能区划，但不是《雅典宪章》式的绝对性功能区划，而是在所划分的功能区中带有居住、就业、商业等各种城市功能混合的意义，从而实现功能分区理论与功能混合理论两者的优势互补。在城市整体空间结构上则表现为城市从单中心同心圆结构向多中心的城市空间结构演变。在城市和居住空间的组织结构上，表现为不断地摆脱功能主义城市规划理念的束缚，从强调功能分区向重视功能复合转变，从等级化的组织结构向多元化、网络化的组织结构转变，从重视物质形体环境的优美向重视以人为本的社会生活丰富的转变，居住空间的建设观从物质之上的功能主义向人本主义的回归。因此，这对城市边缘区空间组织具有很强的借鉴意义，具体如表6-4所示。

表6-4　城市功能混合理论的内涵及对城市边缘空间组织的借鉴

主要理论	内涵及评析	对城市边缘空间组织的借鉴
《马丘比丘宪章》	《马丘比丘宪章》摒弃了《雅典宪章》机械主义和物质空间决定论的思想基石，宣扬社会文化论的基本思想；实现了功能分区理论与功能混合理论的优势互补	边缘区应进行功能分区，但这种功能区在职能上应是多元化的 边缘区的空间组织应该是动态的，而非静止的 注重人本主义思想在边缘区空间优化与重组中的体现 注重边缘区多中心的培育

四、城市集中与分散理论

（一）内容概述

集中与分散理论是针对快速城市化过程中出现的人口爆炸、交通拥挤、环境恶化等"城市病"提出的两种截然相反的探索性理论，试图从城市空间结构的角度寻求合理的城市发展模式。比较著名的城市分散主义发展理论有霍华德的"田园城市"、卫星城理论、马塔的"带型城市"、夏涅的工业城市模式和莱特广亩城市理论，城市集中主义则以柯布西耶的城市集中主义理论为代表。

1. 城市分散主义的空间组织

田园城市是城市分散主义的典型代表。霍华德的"田园城市"针对工业革命后现代城市复杂的城市问题，提出控制城市核心的人口和规模，将疏解出去的人口安置在城市外围，形成同心圆布局的城市核心与低密度的组团共同构成的城市体系，其中居住空间布局于同心圆的外围并向卫星城疏解。

1944 年，在霍华德的田园城市理论基础上，大伦敦规划确定了伦敦的空间模式为"中心城-绿化隔离带-卫星城"结构，目标是通过鼓励人口的迁移、扩散来缓解内城拥塞的压力。具体措施包括：①对于伦敦中心城，采用绿化隔离带阻止中心城市的蔓延；②按田园城市的构想，在绿带外面的乡村环（类似于我国城市的远郊区）规划建设卫星城镇，以疏解伦敦的人口和产业，控制大城市规模。然而，此时的卫星城是按邻里单位进行建设的，功能分区比较严格，道路网由环状和放射状路组成，却很少考虑经济和社会问题，致使在卫星城就业困难，城市生活缺少色彩，很多人又回流到大城市，并且这些卫星城还吸引了其他地区的人口，最终未能起到控制和疏散伦敦人口的作用。这如同北京城市的卫星城，在最初时成了功能单一的"卧城"，而这种方式无法控制人们与中心区的紧密往来，导致城市卫星城的分散发展模式失败。后来，伦敦在总结第一次失败经验的基础上，改变了邻里单位的结构方式，在更远的城市边缘区建设规模巨大、强而有吸引力的"反磁性"新城以分散伦敦主城区的吸引力。总体来讲，该实践最重要的贡献是把动态平衡和有机平衡这种重要的生物标准引入城市中来，建立了城市内部各种各样的功能平衡，尤其是通过限制面积、人口数目、居住密度等积极措施来控制发展（段进，2000）。同时，在疏散中心城市功能时，尤其要注意第三产业和新兴产业对城市增长的促进作用，不能仅外迁工业企业，而且应引导多种产业到新城集聚，发展综合职能的新城。

美国的新城建设主要是在围绕大城市的绿地之外建立卫星城镇，设有工业企业，这些新城建设类型多样，有大城市周围新建的城镇，也有原有基础上扩建的新城，以及市内改建或新建的城中之城，更有远离大城市完全独立的新城，这些新城和大城市保持一定的联系。巴黎则提出了"带型城市"方案，在郊区居住建筑规划中制定了"卧城"，并以高效的交通网络相互连接起新旧城。总之，分散主义思想指导下的卫星城实践起到了一定的疏散人口、控制大城市恶性膨胀的目的。我国大都市边缘区的建设完全可以借鉴田园城市理论的"有机疏散"和城乡一体化的思想进行空间组织，并在一定程度上进行功能集中。

2. 城市集中主义的空间组织

以上几种理论主张城市分散式发展，而与城市分散主义完全相反的是城市集中主义，以柯布西耶为代表的城市集中主义者认为，城市的聚集趋势和吸引力是无法回避的,所以应采用现代化的技术力量进行建筑设计和城市规划,其中心思想包括两个方面。第一,采用大量的高层建筑来提高密度。高层建筑是柯布西耶心目中象征工业社会的图腾,是"人口集中,避免用地日益紧张,提高城市内部效率的一种极好的手段",高层建筑的形式能够腾出许多空间用作绿化,使居住环境得以改善。第二,新型的、高效率的城市交通系统。这种系统由地铁和人、车完全分离的高架道路结合起来,建筑物的底层全部架空,地面层由行人支配,屋顶设花园,地下通地铁,距地面5米高处设汽车运输干道和停车场。他主张以城市人口高密度、建筑低密度来解决城市问题。在居住空间建设上将日照、通风、绿地、人口居住密度作为权衡居住空间优劣的标准,提出利用高层住宅提高居住密度并空出大量绿地,从而改善城市的拥挤状况并提供优美的绿色环境(图6-2)。

图 6-2　柯布西耶的现代城市意向(张京祥,2005)

如果说霍华德的田园城市理论是希望通过分散的手段来解决城市的空间与效率问题,那么显然,柯布西耶则是通过对大城市结构的重组,在人口进一步集中的基础上借助新技术来解决城市问题。因此,霍华德与柯布西耶提供了两种截然不同的模式标志着现代城市规划思想中的两种基本指向"分散发展与集中发展"。霍华德的"田园城市"源自他对社会改革的理想,因此在其理论中更多体现出了"人文关怀"和对社会、经济问题的关注；而柯布西耶则基本上纯粹是从一个建筑师的角度出发，对工程技术手段更为关心，希望以物质空间的改造来实现改善整个社会的目标。在关于现代城市发展的基本走向上，霍华德的思想与柯布西耶的也是完全不同的：霍华德希望通过建设一组规模适度的城市群（城镇群）来解决大城市模式可能出现的问题，遏制大、特大城市的出现；而柯布西耶则希望通过对既有大城市内部空间的集聚方式与功能改造，使这些大、特大城市能够适应现代社会发展的需要（张京祥，2005）。

（二）理论评述及借鉴

本书认为城市分散主义与集中主义虽是两种不同的战略思路，但各有利弊。分散主义认为居住空间应与自然环境更好地融合，追求郊区蔓延、低密度的居住方式，但这种方式能否在我国大都市实现存在很大的制约性，一方面，土地资源日益紧张的情况，成为郊区蔓延的重要阻碍。另一方面，郊区功能配套设施（教育、医疗、商业、就业机会等）不健全，现阶段很难吸引居住人口大规模迁向郊区，即使在地租理论的作用下城市居民被迫迁往边缘区，中心区大量的就业机会仍会把他们吸引过来就业，从而造成"上下班"的拥堵。城市集中主义更偏向一种技术层面，其倡导的人口高密度和住宅高层低密度都是建立在高技术手段的运用上的，这种思想在某种程度上适合我国大都市快速无序蔓延的实际情况，但却面临成本高、技术运用困难的问题。就目前我国大都市发展的情况来看，可以将这两种思想结合起来运用，对于大都市整体上采取分散主义的做法，建立新城以分散城市中心区功能，同时，对于建筑群体采取集中主义的发展模式，共同支撑当前我国大都市的发展（表6-5）。

表 6-5　城市集中与分散理论的内涵及对城市边缘空间组织的借鉴

主要理论	内涵及评析	对城市边缘空间组织的借鉴
田园城市	"田园城市"理论主要是疏散过于拥挤的城市人口，建设城乡一体的社会结构形态。田园城市理论对现代城市规划思想起了重要的启蒙作用，对后来出现的一些城市规划理论，如"有机疏散"论、卫星城镇的理论颇有影响	城市边缘区是城乡结合的关键部位，对疏散中心城市职能具有重要作用。因此，可以借鉴田园城市疏散的思想，在城市边缘区的空间与职能上瞄准新城建设方向
柯布西耶城市集中主义	主张在现代技术条件下，以城市人口高密度、建筑低密度来解决城市问题。柯氏提出高层建筑和立体交叉的设想是具有远见的	在我国处于高速城市化的阶段，边缘区作为疏散中心城区人口的重要地区，其空间组织也必然要适度应用这种集中主义思想

五、生态城市空间组织理论

借鉴生态学的观点，生态城市空间组织理论认为城市自身存在类似生态组织，它构成了城市空间形态发展变化的实质性因素。人口城市化过程、产业结构调整、交通体系变化和社会意识形态的转变等，这一系列的"过程"都具有物种群落发展"过程"中的竞争与选择的现象。新的人口集聚形式、经济行为、生产方式和文化意识等要素的"侵入"导致旧的组织形式解体，相应产生新型的空间与社区组织。从这一理论看，城市空间组织必须要考虑自然环境与形体环境①的有机融合。大都市边缘区本身处于自然景观较多的农村与城市结合区域，因此，在未来的空间组织中更应前瞻性地考虑自然环境与形体环境的统一，如尽量保留生态自然环境较好的区域，并且要充分利用山丘、河流和湖泊等自然景观。

六、重要启示

国外关于城市空间组织的理论众多，本书只是根据边缘区空间结构优化与重组的需要，选择了五个较为典型的空间组织理论，特别是注重郊区空间组织的理论，进行了简要阐述和分析，试图为转型期北京城市边缘区空间组织提供借鉴。通过以上城市空间组织理论的梳理，我们可以总结出以下几点经验。

（1）人文主义将会成为未来空间组织的主流思想，因此，应将其融入大都市边缘区的空间组织中，特别应重视人文关怀和市民参与、可持续发展等。

（2）为提高城市土地利用效率，集约利用大都市土地，应设定城市边缘区扩展边界，逐步开发利用。

（3）为优化配置城市土地资源，城市边缘区空间组织应实行功能分区，但不能实行绝对的、严格的理性功能分区，可以采取"大分区、小混合"的土地利用方式。

（4）现代大城市的外部发展，已经从孤立的个体城市建设，过渡到区域内城市之间更加紧密的协作与竞争。城市内部发展，则通过优化内部组团功能，强调内部的分工与协作，以提升城市的整体竞争力，城市与周边城市之

---

①　形体环境是指人类在城市发展中物质建设环境的总和，由建筑、基面、小品和开敞空间等要素构成。

间、城市内部组团之间，越来越形成紧密联系、不可分割的整体。因此，对于新城或卫星城的空间规划组织不能仅仅停留在单个城市的层面上，而是要着眼于整个大范围区域进行空间组织。

（5）要根据城市化不同阶段适时调整城市结构，首都过于复杂的功能必须疏解，应寻求宏观区域上的分散布局。在后工业化阶段疏散中心城市功能时，尤其要注意第三产业和新兴产业对城市增长的促进作用，不能仅外迁工业企业。应引导多种产业到新城集聚，发展综合职能的新城。

第二节　国外典型城市郊区空间组织案例剖析

一、东京郊区空间组织案例

20 世纪，东京经历了与当前北京相似的高速城市化发展阶段，也出现了各种"城市病"，如交通拥堵、城市蔓延等。针对这种情形，东京没有单纯"摊大饼"式地被动外延，而是采取了各种行之有效的措施进行积极引导，如以放射状大容量轨道交通为依托，沿轨道交通站点建设居民区等，最终打造了人口众多、经济实力强大的东京都市圈。因此，对东京城市化，特别是对其郊区发展的经验和发展路径进行梳理和总结，有助于转型期北京城市边缘区空间组织的借鉴。

（一）多中心城市模式

多中心城市模式是为分散中心城区的居住、就业、交通等诸方面的压力，在中心区外围建设分散化组团，以此达到分散中心区职能、减小中心区功能拥挤压力过大的目的。多中心城市模式是较为普遍的大城市发展模式，东京是采用这种模式较为典型的城市，下面从第二次世界大战后东京城市的成长历程入手探讨该模式在城市空间组织中的运用。

第二次世界大战以后，大量的人口、产业大规模迁向东京市，1945～1965 年东京人口年均增长率为 5.8%，远远高于日本全国的年均增长率（1.6%）；东京占全国总人口的比重由 4.8% 提高到 11%，其中，东京市 23 个区占东京人口的比重由 1945 年的 79.6% 提高到 1955 年的 86.7%。这种大规模的人口和产业迁移直接导致了东京市过度拥挤和大规模的城市蔓延。面对城市快速扩张的趋势，日本在历次城市规划过程中，中心任务是如何转移城市功能，试图由传统的单中心城市结构转变为多中心城市结构，防止人口、产业和城市功能向核心区过度集中，达到控制城市规模过度扩张的目的。

1958 年的第一次首都地区总体规划，仿效 1944 年大伦敦规划，试图通过在距东京市中心半径 16 公里处，设置 5～11 公里宽的绿带，阻止城市无限制地蔓延。同时计划将新宿、涩谷、池袋建成综合性副中心。在绿带外围设立城市发展区，建设 13 座卫星城。但由于 20 世纪 50 年代末 60 年代初，东京地区的人口及就业增长速度远超过规划预测，郊区居住区的建设侵占了大量绿化用地，导致建设绿化带的设想基本落空。1968 年的第二次总体规划建议将周转功能和教育、研究设施向东京外围地区疏散。继续建设新宿、涩谷、池袋等副中心，分散老商业区丸之内、有东町的压力。

1976 年的第三次总体规划再次强调分散中心城市的功能，建设多中心城市，这些多中心城市发展成为主要的就业和服务副中心以缓解东京都心的发展压力，并构建出一个多核的都市结构。主要方式是通过向周边地区疏散工业、大学和大型综合服务机构，合理安排功能区，适度增加人口，并以此为依托建设副中心，减轻对东京中心区的依靠。这些副中心不仅是商业中心，而且应成为具有多种功能的地区综合中心，同时在这些多中心城区之外创造新的就业中心，以满足地区的职住平衡，缩短上下班的路程，减小居住-就业空间错位程度。这些副中心一般选择在位于交通节点、有大量未利用土地、未来有发展潜力的地区。然而仅到 20 世纪 90 年代，原来东京山手线沿线的副中心，如新宿、涩谷、池袋等，已成为东京都心的一部分，失去了缓解中心城区拥挤的积极作用，因此需要在东京圈的郊区发展更多的副中心城市，从而将以前形成的东京都心地区的一级依存型结构改为多核多圈域型的地域结构。在最新一轮规划中，东京港滨水区被规划成第七个副中心，面积大约为 4.4 平方公里，计划建设世界最大的电信港（Teleport）、东京国际中心（TIC）和东京科学园（Tokyo Academic Park），包括办公、休闲、会展等多种功能。

目前，东京城市边缘区形成了功能各异、互为补充的多个副中心城市组合的空间结构。新宿、涩谷、池袋等七大副中心，位于距中心 10 公里范围内，主要发展以商务办公、商业、娱乐和信息业为主的综合服务功能。新宿已成为以商务办公和娱乐功能为主的东京第一大副中心，池袋、涩谷等中心也已基本形成。郊区卫星城以多摩地区的八王子、立川和町田为核心，距中心约 30 公里，以居住功能为主。

（二）同城化模式

为缓解东京城市扩张带来的诸多问题，东京城市内部采取了多中心城市发展的模式。同时，东京城市边缘区又积极与周边城市进行对接，构建了东京大都市圈，即以东京为中心与周围的横滨、川崎、千叶、浦和、大宫等城市结成了一个关系紧密、互为联动的城市网络。其中，横滨位于东京南方约30公里处，东京湾的西岸是日本的第三大港口，仅次于神户、千叶港。目前，东京与横滨已逐步实现同城化发展的战略模式，主要表现在：第一，两市之间没有明显的界线，住宅建筑从东京一直绵延到横滨，同时，横滨与东京的地铁线路已经变成一个整体。第二，从东京繁华的涩谷到横滨的中华街或海滩，乘坐地铁或电车一小时之内就可以到达，若是乘坐新干线大约耗时20分钟。第三，交通手段的便利缩短了城市间的空间距离，使得人们可以随时在不同的城市间进行移动，比如，居民在东京居住而在横滨就业或者在横滨居住而在东京就业，进行跨城市生活、工作、娱乐、体育活动的情况非常普遍。

同城化模式使得东京与横滨的城市边缘区有机联系起来，并实现了功能互补。这种模式挣脱了单个城市内部空间发展的束缚，在现代科技的支撑下寻求从外部毗邻城市进行协作，以此解决城市内部空间过于扩张或中心区过于集聚的问题。同城化模式要注意城市之间的功能定位及相互协调。如在东京外围县确立川崎、横滨、千叶、筑波等8个邻县中心，其中，位于茨城县，距东京约60公里的筑波，只接纳从东京建成区迁出的科研教育机构，形成了以研发为主的科学城。

（三）模式的借鉴及启示

由以上内容可以看出，日本东京在城市化过程中，也同样经历了北京城市类似的发展阶段，即中心区不断向外蔓延扩张，早期在边缘区制定的用以缓解中心区压力的绿化隔离带和卫星城一次又一次被蚕食掉或中心区化，却又不得不在吸收失败经验的基础上继续在城市外缘区制定新的增长点。北京早期在城市边缘区规划了十大边缘集团以及绿化隔离带，也收效甚微，依旧维持了单中心"摊大饼"式的扩张方式。东京城市发展模式的成功经验对北京大都市边缘区空间组织有如下经验和启示可以借鉴。

1. 中心区功能分散

东京"多中心"模式是以发达的公共大交通为基础，城市副中心既是市民的集中居住地，又是特定产业和技术创新的集聚区，同时还是分散首都功能的大都市功能区，最终形成多功能、集约型的都市构造。虽然在过去一段时间内北京城市也采用了十大边缘集团的发展模式（北苑、酒仙桥、东坝、定福庄、垡头、南苑、丰台、石景山、西苑、清河），然而，随着转型期北京城市化的大幅度推进，人口大规模集聚，房地产、大型工业、仓储、物流、商业等用地不断向外扩张，致使边缘集团被蚕食。然而，这种模式会随着城市化进入相对稳定的阶段而起到有效的作用，目前，北京城市化水平超过80%，该阶段的多中心模式应当是有效的，因此，北京在城市发展战略中应放弃"向心放射状"的城市模式，而应坚持"轴向"发展和"多中心"发展模式。

2. 外部的城市联盟

从上面的分析可以看出，东京一直站在大区域的角度寻求城市发展的空间，并不断地与周边城市进行协调发展，以实现功能互补、结构优化。外部联盟的模式，一方面，带动了周边城市的发展，避免了"大树底下不长草"的发展格局；另一方面，也从一定程度上解决了城市功能过于集聚而引发的"城市病"，如交通拥挤、环境污染等。目前，北京城市借助其首都政治优势对周边城市限制发展，如为保障北京水资源的充足而限制周边城市工业的发展，同时，在极化效应作用下，北京城市不自觉地吸附了周边城市大量的资本、劳动力、技术等先进生产要素，导致了北京仍与其周边城市形成以邻为壑的空间格局形态，并出现了举世瞩目的"环京津贫困带"。鉴于东京同城化模式的成功经验，迫切要求北京核心城市的"有机疏解"与京津冀范围的"重新集中"，重组发展空间。北京和天津作为华北地区的两大重要城市，两者间的区位关系如同东京与横滨，完全可以尝试进行同城化发展。同时，北京与周边较近的廊坊、保定等城市都应当积极协调发展，建立同城化模式。

3. 发达的交通设施条件是城市有序发展的支撑依据

东京城市之所以能形成目前有序的空间格局，离不开其发达的轨道交通体系。东京都市圈拥有全世界最密集的轨道交通网，大大提高了都市圈内各城市以及城市内部的可达性。东京都市圈绝大部分的客运依赖轨道交通。东京都都市整备局调查显示，东京都市圈每天通勤人数中，轨道交通的乘客占到86%，在高峰时段，这一比例更是高达91%，居全球首位。也正是这种日趋完善、迅速便捷的交通体系，致使自20世纪60年代中期开始，外部人口不再向东京中心区集中，而是逐步向外迁移，并形成了沿辐射状的区域轨道交通发展的城市边缘区居住区，甚至在轨道交通的终点站产生了城市次中心。

从这一点来看，为缓解北京当前人口空间急剧扩张的趋势，北京城市也应大力加强轨道交通和公共交通系统的建设，特别应加强中心区与边缘区以及边缘区之间道路系统的建设。一方面，应在城市中心区域建立轨道交通、地铁线网以及地面公共交通体系框架，确立中心区公共交通的合理服务半径。在加强北京中心区外围次中心城市培育的同时，应着力发展、完善这些交通体系。只有在发达的交通体系支撑下，"时空"压缩才能真正得到体现，居住与就业的空间错位等"城市病"才能从根本上得以消除。另一方面，在城际之间，应通过区域轨道交通体系、高速铁路线网实现城际、城市群的快速连接，促进城乡一体化的和谐发展。在外部城市拓展中，北京与天津有着很强的同质性，研究表明城市间的同性质程度越高，则该区域互动协作的阻力就越小，因此，京津城市在今后的发展中应当走同城化路线，同城化模式会使北京城市边缘区的空间资源要素不断与天津等周边城市进行交流融合、优化配置，空间组织也会不断得到优化，最终实现城市间的优势互补，如表 6-6 所示。这种模式也是通过外部力量解决北京"大城市病"问题的一种有效途径。

表 6-6　东京都与北京城市发展模式的演化对比

城市	发展模式	轨道交通里程	边缘区发展	历史背景及评析
东京	单中心→带型城市→多中心城市（1个都心＋7个副都心）即将东京的诸功能分散到周边的神奈川、千叶、埼玉、茨城、群马、栃木诸县，来构建区域多极、多圈层的空间结构	东京大都市圈现有 280 多公里地铁线，铁路近 3000 公里	第一阶段，中心向边缘区蔓延，边缘区被迫接受中心区转移的各项职能；第二阶段，边缘区与中心区合力协作发展，新城的出现，缓解了边缘区的压力，走向良性健康发展	东京在人均 GDP 突破 3000 美元的 20 世纪 60 年代，城市空间结构也开始呈现大城市以近域蔓延和同心圆式分散为主的独特的圈层状大都市区空间结构，呈现"单极集中"模式，出现了人口过密、地价高涨、交通拥挤、远距离通勤、生活环境恶化等城市问题。日本政府从 20 世纪 70 年代中后期城市化水平达到 76% 时，采取"多核分散"模式，经过 20 年的发展，形成了相对比较明显的区域职能分工与合作体系
北京	单中心"分散集团式"→"两轴两带多中心"	近 200 公里	中心城区突破五环，第一道绿化隔离带被蚕食，蔓延扩散，并在边缘区形成大大小小 400 多个开发区，城乡居民点无序分布	当前，北京兼有城市化初期阶段、快速发展阶段和后工业化社会信息化、全球化的特点和问题。中心城区人口、功能向外扩散，但集聚过程仍在继续，中心区并没有出现衰落的现象。多中心模式的发展模式成为一种解决途径

4. 体制的保障

20 世纪 60 年代以来，为缓解城市化快速发展中的"单极集中"空间发展模式所带来的诸多问题，日本政府一直积极致力于构建区域多极、多圈层的空间结构。1956 年日本国会制定了《首都圈整备法》，为东京城市"多中心"发展模式提供了法律依据，随后又相继颁布了《首都圈市街地开发区域整备法》(1958 年)、《首都圈建成区限制工业等的相关法律》(1959 年)、《首都圈近郊绿地保护法》(1966 年)、《多极分散型国土形成促进法》(1986 年)等多部法律法规。这些法律在东京首都圈建设的不同阶段，对相应的法律法规进行修改完善。可以看到，日本东京"多中心"模式的构建，离不开这些法律的支持。因此，北京都市多中心和北京都市圈的构建必须依靠法律的支持，才能达到预期的结果。一方面，要加强对《北京城市总体规划》施行力度的法律保障；另一方面，加强对城市边缘区土地利用审批制度的完善，并严格按照法律依据实施，尤其对用于城市绿化隔离带的土地更要严格保障其利用方式，以免转化为其他用地。

二、英国郊区空间组织案例

(一) 新城运动

20 世纪特别是第二次世界大战以后，英国进入到以分散型城市化为主的城市化高级阶段，在该阶段，人口向城市中心的过度集中已经成为制约城市发展的"瓶颈"，一些大城市中心地区的人口和工业出现了向郊区迁移的趋势，英国政府顺势开展了一场旨在解决城市恶性膨胀问题、合理规划城市的"新城运动"。

"新城运动"由政府实施的具体规划，最早来自于第二次世界大战结束前夕英国政府颁布的一个重要文件，即由阿伯克隆比 (Patrick Abercrombie) 在 1944 年主持制定的《大伦敦规划》，该规划吸收了霍华德"田园城市"理论的中分散主义的思想，以及盖迪斯的区域规划思想、集合城市概念，采纳了恩文的卫星城市建设模式，将伦敦城市周围较大的地域作为整体规划的考虑范围 (图 6-3)。该规划建议把伦敦区域分成四层，以分散人口、工业和就业。1946 年，按照此设计，英国政府通过了"新城法"，为建设新城奠定了法律基础，并于 1946~1949 年在离伦敦市中心约 35 英里 (1 英里≈1.609 公里) 处呈放射线状建成了 8 座新城 (徐强，1995)。新城运动从 20 世纪 40 年代末到 70 年代，先后共经历了三个阶段，每个阶段都是在吸收了上一阶段的经验和教训的基础上进行的，每一阶段都有着鲜明的特色 (表 6-7)。新城运动缓解了英国城市化初、中级阶段长期积累的一些城市问题，缓解了第二次世界大战后英国城市人口拥挤的问题和战争导致的城市无序发展问题，非常值得处于快速城市化时期的北京对城市边缘区空间结构进行优化重组时借鉴。

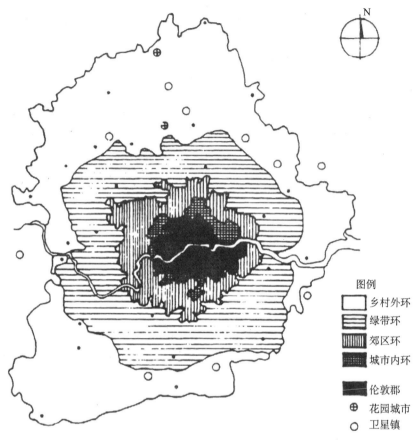

图 6-3　阿伯克隆比的大伦敦规划（张京祥，2005）

图例
- 乡村外环
- 绿带环
- 郊区环
- 城市内环
- 伦敦郡
- ⊕ 花园城市
- ○ 卫星镇

表 6-7　英国新城运动阶段特点及评析

	阶段	特点	评析
新城运动	第一阶段（1946～1950）	该阶段共建了 14 个新城，其中最具代表性的新城是距伦敦 37 公里的哈罗（Harrow）。哈罗新城的建设完全吸收了"田园城市"的思想，从内向外分为市中心区、居住区、工业区和郊区绿带，全城四处都有绿地点缀。市中心区在用地选择、功能划分和建筑造型方面都有特色	第一阶段建设的新城完全参考"田园城市"布局建设，但由于初始规划时的经验不足，很多具体问题没有考虑周全，城市里缺乏多样化的生活内容，就业、享受社区服务等方面都出现了不同程度的困难，所以出现了大批青年人回流大城市的现象
	第二阶段（1950～1964）	该阶段多是采取先发展新城经济以增加对人口吸引力的做法。规划中人口规模大幅度增加，大力吸收伦敦的工业企业进入该城，并向迁入的人口提供住房等优惠政策	该阶段新城在改善公共交通方面也做了很大努力，建了公交专用道。这一时期英国新城建设进入高潮，建设量剧增

续表

	阶段	特点	评析
新城运动	第三阶段 （1964 年至 20 世纪 70 年代后期）	此时开始建设一些具有中等规模的新城。这时的新城规模不再限于原来的 5 万～10 万人的规模，而是扩大到 15 万～40 万人，城市就业机会比过去大为增加，公共交通也大为改善	完全从人的需求角度进行的规划，充分考虑了就业与居住的平衡。每一个开发的新城都有完善的基础设施如水电、天然气、道路、公共交通等

专题 1：大伦敦地区的城市规划

大伦敦地区规划面积为 6731 平方公里，人口为 1250 万人。规划方案是在以伦敦城区为中心的半径约 48 公里的范围内，由内向外划分为四层地域圈：内圈、近郊圈、绿带圈、外圈。内圈是控制工业、改造旧街坊、降低人口密度、恢复功能的地区；近郊圈作为建设良好的居住区和健全地方自治团体的地区；绿带圈的宽度约 16 公里，以农田和游憩地带为主，严格控制建设，作为制止城市向外扩展的屏障；外圈计划建设 8 个具有工作场所和居住区的新城，从中心地区疏散 40 万人到新城去（每个新城平均容纳 5 万人），另外还计划疏散 60 万人到外圈地区现有小城镇去。大伦敦的规划结构为单中心同心圆封闭式系统，其交通组织采取放射路与同心环路直交的交通网。中心区改造重点在西区与河南岸，并对其作了详细规划。

（1）城市布局方面。设计中规定把重工业和有害生产企业迁到居住用地范围以外。

（2）交通方面。伦敦铁路枢纽被简化到 4 个大车站，并用地铁连接起来，对街道网也进行了改造，并补充了 3 条新环形路。阿伯克隆比在详细研究了伦敦原有的规划和建筑之后，设计了十分好用的功能分区图，并以此成功地选定了两条径向的干道：第一条是从西北向东南，经过瓦特卢大桥铺设的；第二条沿泰晤士河北岸铺设。

（3）中心区、老城区的改建方面。在建设有大量珍贵房屋（即历史遗留的宝贵建筑）的大城市中，规划设计采用了地下通道的方式，以保留其原来所呈现出的街景。

（4）城市开放空间规划。阿伯克隆比推进了 1929 年在伦敦规划中所采用的城市开放空间规划的思想并且引入一种设想，将伦敦的公园绿岛联成连续的绿化带，用绿色通道将内城的开放空间与大伦敦边缘的开放空间连接起来，创建伦敦的绿色通道网络；目标是实现城镇居民从家门口通过一系列的开放空间到乡村去。这些连接性公园道最大的优点就是能扩大开放空间的影响半径，使得这种较大的开放空间与周围区域关系更加密切。例如，规划后形成的离中心区的第二条环形干道与里真茨公园、西明斯特公墓、巴西特公园和首都其他公园及小游园相切，全程约 35 公里就在树荫下通过。

大伦敦规划在总体上是成功的，在于相关法规的共同作用下，它有效地控制了伦敦无序蔓延的势头。从今天的发展情况看，伦敦由 1951 年的 820 万人口减少到目前的 660 万人口，这其中固然有产业转型、人口自然增长率降低、郊区化过程推进等许多因素的影响，但毫无疑问，大伦敦规划的思想及其提出的措施，是使其成为成功舒缓现代城市压力的最典型的案例之一。

（二）借鉴及启示

综合来看，英国 20 世纪 40 年代末到 70 年代的"新城运动"有六大特点：第一，新城建设的目标是建立平衡和独立自足的新城，而不是单纯地分担中心城区的功能；第二，新城的建设不是自发的，而是依靠政府力量进行规划的，也是政府投资建设的；第三，新城必须选用地价较低的农业用地，而不允许选用建成区边缘地带土地；第四，新城规划重在强调住宅对居民的吸引力，这与传统的城市相比不同；第五，在工业发展上，新城合理规划和开发企业用地，还特别重视产业结构的平衡；第六，新城的布局采用分散布局，平均每个新城预留 20% 的土地以备未来开发。因此，从这些特点中我们可以总结出对城市边缘区空间组织优化具有借鉴意义的几点启示。

1. 树立自我平衡的发展目标

英国新城建设的主要目标是建设一个"既能生活又能工作的、平衡和独立自足的新城"。这里的"平衡"有三层含义：第一，总人口要有相当数量的本地就业人员；第二，新城的工业岗位不能是单一性的，以防止经济上的过分依赖性和单一企业造成垄断；第三，新城的阶级及阶层应该是混合型的，要能吸收不同层次的人来居住和工作。"独立自足"的含义是新城应有商业、学校、影院、公交、教堂等生活设施，要能给居民提供工作岗位。新城能否"独立自足"和能否达到"平衡"是密切相关、相辅相成的两个方面。就业人口和居住人口的"平衡"是"独立自足"的不可或缺的充分和必要条件。因此，在北京城市边缘区空间结构优化与重组中，其原始目标定位就应立足建设一个工作与就业均衡、功能齐备而又相对独立的新城，而非仅仅建成分担中心区职能的卫星城，这样就能有力避免居住与就业的空间错位问题的产生。当前，对北京城市边缘区建设来说，吸引工业企业入住要比提供足够的住房来说显得更为重要。

2. 成立专门的开发及管理机构

新城建设是一项耗资巨大的复杂系统工程，成立专门的管理机构，全面负责新城的开发建设、社会管理、政策落实等事宜，成为新城建设的主要做法。英国为了促进新城建设的顺利进行，政府一开始就成立了"新城开发局"，并赋予其三项主要职权：一是编制总体规划，确定选址方案；二是筹集资金进行基础设施建设；三是强制购买土地权，即可以按现有土地使用功能的价格购买新城开发土地（王唯山，2001）。因此，转型期的北京城市边缘区在建设中也应成立一个新的、负责新城建设的专门机构，以便为新城建设的顺利实施提供有力的组织保障。

3. 制定配套的法律和政策

一般来说，政府的行为对新城建设的成败具有决定性的作用。为保障新城建设的顺利进行，英国政府制定了相关法律条文和配套政策，在新城开发建设之初，就制定了《绿带法》和《1946 年新城法》，并整整实施了 30 年，后来为了适应新形势，对其进行了必要修改，制定了《1976 年新城法》。同时，政府在土地征用、财政税收、住房建设、吸引人员入住新城等方面制定了相应的政策，以推进新城建设计划的顺利实施。例如，在土地政策方面，英国制定了"土地强制征用"的法律政策，即地方政府有权征用城镇或乡村的土地用于"行动地区"的发展，可以强行要求土地所有者出让土地等。而在新城吸引人口和产业的优惠政策方面，伦敦采取开发简单廉价住宅（初期）、住宅供暖免费等措施。因此，北京城市边缘区也应指定相应的配套法律和政策，特别是在土地、就业以及吸引人口等方面应采取积极的优惠政策。

4. 多元化的融资渠道和开发模式

新城建设是一项需要巨额资金、有序进行的复杂工程，能否筹集足够的资金和选择有效的开发模式是直接关系新城建设成败的关键因素。英国新城建设前两个阶段的建设费用基本都是由中央政府全权负责的，后期阶段则表现出多元化特征，如在伦敦密尔顿凯恩斯的开发成本中，中央政府直接投资占 49%，地方政府投资占 21%，私人投资占 30%，即形成了以政府为主体、事业化运作的开发模式。因此，为了减轻政府的负担，北京城市边缘区在建设中应积极拓展民间投资的渠道，鼓励和吸引民间资本的进入。

5. 新城必须要与母城保持一定的距离，并具备一定的规模

不同时期建设的新城具有不同的目的，但从国外新城建设的主导目标来看，主要是为了有效疏解大都市中心城区的人口和产业，成为整个大都市区的有机功能区域。而要想真正发挥新城的"反磁力中心"作用，吸引中心区足够的人口和产业，就必须与母城有一定的距离，具备一定规模，功能完善，满足多元化的社会需求，具有相对独立性。这是英国在进行第三代新城建设时，从原来收效甚微的第一代、第二代新城中取得的经验教训。为了能够有效疏解北京城区人口、产业过于集中的局面，应在边缘区建设一些规模较大且具有吸引力的"反磁力"城市，以吸引不断涌向大城市的人口，这一距离

可以控制在 80～130 公里范围内。

三、巴黎城市空间组织案例

(一) 带型城市空间组织

随着现代交通技术的发展,特别是信息革命,交通成为影响城市空间结构的重要因素,同时,人们认为圈层式的城市发展模式只会带来城市拥挤、环境恶化,轴向扩散应成为空间组织的一种有效方式。与此同时,西班牙工程师马塔提出了"带型城市"理论(图 6-4 和图 6-5),主张以城市的交通线为延展轴,主要城市功能空间沿交通线两侧带状发展的城市形态,其中居住空间沿交通线与公共设施间隔布局。

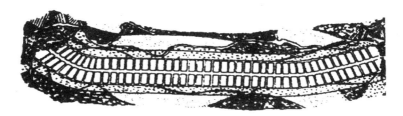

图 6-4　马塔的"带型城市"理论模型(张京祥,2005)

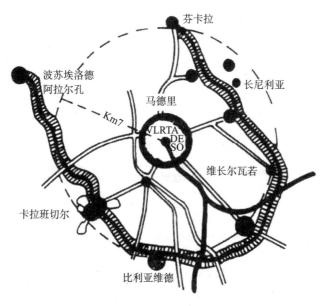

图 6-5　马塔设想的马德里带状城市(张京祥,2005)

　　1960 年丹下健三提出的东京规划展示了信息时代大城市空间组织的线形发展可能和方向。他认为，城市形态应呈带型轴向发展，反对放射状的扩散，向心放射状的城市发展模式是中世纪以来听任城市发展的自然状态。而开放性和非平衡性是一切有机组织在发展过程中的必然结果。这种带型城市发展战略在东京未能实施，东京仍由单一中心城市走向了多中心城市结构转化的道路。

　　在巴黎这种"带型城市"发展为其建立了一个新的空间秩序。在巴黎形成了两条平行轴线（图 6-6），所选择的两条平行发展轴线是巴黎与欧洲重要的经济联系方向，具有优越的发展条件，也使巴黎以后的城市发展具有向两端连续发展的良好的延伸性，空间广阔，灵活性强。新城的规模更大，更强调功能配置完整丰富，新城集聚了众多的商务、服务业、研发和轻工业等产业活动。综合的功能、完善的服务设施增强了新城的辐射力，使新城真正成为新的中心城市。城市发展极核的建设使巴黎改变了单中心的结构。

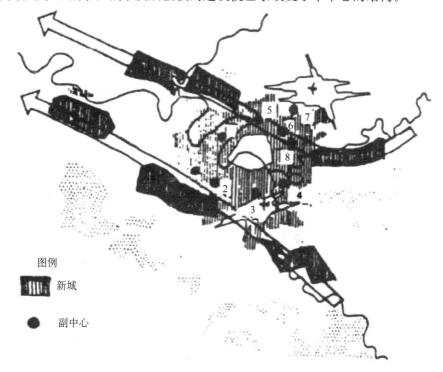

图 6-6　巴黎的发展轴线示意图（张京祥，2005）

　　巴黎实行交通设施先行，以城市交通干线引导新城的开发及各项功能的合理布局的做法，也值得北京借鉴。基于这一点考虑，结合北京城市地理条件及未来发展可能，建议把北京的城市空间变革为多中心带形城市，顺着对外交通主轴线，规划成若干能持续生长延伸的带状市区构架，以适应城市今后不断发展的需要。因为未来有许多不可知的因素，我们必须留有余地，并要充分考虑与京津冀区域一体化发展的衔接。

同时，城市分散主义倡导的控制大城市扩展范围，向城市远郊区中的卫星城或副中心周围疏解城市人口，使城市从单中心圈层结构向多中心体系发展这一重要的指导思想得以延续，也避免了居住空间在大城市外围的不断蔓延，并使其在宏观城市空间结构框架中能够合理分布。北京是典型的单中心圈层结构，也正是因为这样的空间结构，"城市病"非常突出，因此，完全可以借鉴分散主义的思想分散北京中心城区的压力，继续完善先前提出的"卫星城"或"新城"战略，进行城市空间结构的多中心重组。

专题 2 巴黎大都市圈规划

从 19 世纪末开始巴黎的城市发展进入扩张阶段，由此引发了交通拥挤、郊区扩散、公共设施严重不足等城市问题。有关部门意识到必须建立起以巴黎为中心的区域概念，从区域高度协调城市的空间布局。到 20 世纪末巴黎大都市圈已完成了六次规划。

第一次大都市圈规划（PROST 规划）是在巴黎地区郊区扩散现象日趋严重的情况下出台的，旨在对此加以抑制，从区域高度对城市建成区进行调整和完善。该规划将巴黎地区划定在以巴黎圣母院为中心、半径 35 公里的范围之内对区域道路结构、绿色空间保护和城市建设范围三方面作出详细规定。此次规划在遏止郊区蔓延的同时也限制了巴黎的扩展口。

第二次大都市圈规划（PARP 规划）继承了第一次规划以"限制"为重点的规划思想，在否认巴黎地区人口规模增长的前提下，继续主张通过划定城市建设区范围来限制巴黎地区城市空间的扩展。将规划重点放在城市建设布局、区域交通结构、社会住宅开发等具体的物质环境使其建设内容更为详尽，规定更为严谨，甚至苛刻。

第三次大都市圈规划（PADOG 规划）主旨仍是通过限定城市建设区范围来遏止郊区蔓延，将规划视野限定在城市聚集区内；主张在现有城市聚集区内建设新的城市中心，反对建设新城或扩建原有城镇来实现地区均衡发展。第三次规划的创新之处是将建设新的发展极核作为城市发展战略的重要内容。这是所谓"新城"概念第一次出现在正式规划文件中。

第四次大都市圈规划（SOAURP 规划）被称为巴黎大都市圈规划的"转折点"。主张突破现有建成区用地范围的限制。在空间布局上主张开发新城作为中间层次的地区，使城市中心容纳新人口的就业及新的建设项目，该规划提出将 8 座新城沿交通干线布局形成两条平行的发展轴线。

第五次大都市圈规划（SODAURIF 规划）重申了巴黎大都市圈城市发展的四个基本原则，即轴线-多中心空间格局原则；地区增长中心综合化、多样化建设原则；区域开敞空间严格保护原则；环状放射的便利交通系统原则等。与上次规划不同的是尽管本次规划仍强调城市扩展和空间重组是城市发展中不可偏颇的两个方面，但更侧重于对现状建成区的改造与完善，同时主张加强自然空间保护在城市化地区内部开辟更多的公共绿色空间。

第六次大都市圈规划（SDRIF 规划）是第五次规划的延续，其中大部分的发展原则和规划思想是一脉相承的，只是根据当今发展现状和国际潮流进行了必要的补充和完善。本次规划主要是在经济全球化的国际宏观背景下针对巴黎大都市圈在世界、欧洲、法国、巴黎盆地等不同区域层次的城市功能定位重新审视了巴黎大都市圈的地位和功能，阐述了区域发展的总体目标和基本战略，并且从自然环境保护、城市空间整合和运输系统建设三个方面对规划总体目标和基本原则进行了详细说明。

（二）借鉴及启示

1. 轴线分布模式

巴黎城市轴线由东向西延伸，功能不断拓展，形成串连模式。它明确提出在巴黎外围设立城市副中心，以平衡城市布局，分散居住人口，规划设计巴黎外围的 8 座新城沿着塞纳河两岸的轴线展开，塞纳河以南轴线从默伦到 Mantes，长 88 公里，塞纳河以北轴线从默伦到 Pontoise，长 72 公里。该规划用 860 公里的高速公路、250 公里的区域高速铁路来支撑这　规划构想。这也表明，城市轴线的功能分布以串连模式为主，城市轴线的序列性比较突出。从本质上来说，轴线布局也是分散式布局的一种典型代表。北京城市边缘区之间以及与中心区之间有大量的交通轴线，因此可以借鉴巴黎轴线发展模式进行分散式布局。

2. 工业分散化模式

"工业分散"政策对巴黎市产业布局产生了较大的影响。从 20 世纪 50 年代开始，尤其是 60 年代之后，法国政府实施了巴黎地区的整体规划，对巴黎地区工业的布局进行了调整。法国政府在巴黎地区实施"工业分散"政策，严格限制巴黎中心工业的继续集中，迫使工业企业向周边地区扩散，但同时也进一步强化了高级服务功能，如管理、研究发展、计划和营销等功能在城市中心的集中。在引导工业企业扩散的过程中，也加强了对产业布局的调整。工业分散化政策也是将更多的就业机会分散到城市边缘区，这样有利于均衡就业与居住分离的矛盾。

3. 多核化发展战略

1965 年是巴黎地区城市规划的转折点。巴黎地区城市规划实现了从"以限制为主"到"以发展为主"的发展战略的转变，提出城市发展轴线和新城的观念，为城市建设提供了新的发展空间，构架了区域空间格局的雏形，对未来的区域发展产生了深远影响。规划者的视野扩大到市郊，促进了整个巴黎地区的协调有序发展。以后的三次规划方案继承了以推动巴黎地区整体均衡发展为核心的城市发展思路，将人为限制城市建设区的扩展转变为有计划地为城市建设寻找新的发展空间，城市发展空间扩大，解决城市问题的途径增加。多中心的空间概念也从城市建成区延伸到整个巴黎地区，从而使区域的城市空间布局更具灵活性，适应了世界城市竞争的时代要求。这种发展战略突破了原来城镇发展的单中心结构，形成"多核多中心"的空间结构，有利于推动共同解决整个大区域的发展问题、社会问题和环境问题，促进了整个区域的全面发展。建立"共生区域"，是与伦敦规划思想的不同之处，巴黎建设的郊区城市化中心，被看做整个巴黎的一部分，以寻求市区、郊区社会经济的共同发展。北京城市边缘区的建设也应以多核发展为主，这需要周边城市和地区参与分工协作来承接溢出功能，通过培育新的增长极，有机疏散老中心城区的功能，为老城区的发展释放空间。

四、美国城市空间组织案例

（一）精明增长理论

美国郊区化开始于 20 世纪以后，先后共经历了三次大规模的郊区化浪潮（表 6-8）。特别是第二次世界大战以来，美国城市人口以空前的速度向郊区转移，到 70 年代郊区人口已经分别超过了中心城和乡村人口，郊区人口在总人口中逐步占据主导地位。80 年代以后，美国郊区化又出现了新的发展趋势，不仅人口，而且新的工厂区、办公园区也纷纷向郊区迁移，使城市用地规模不断扩张，土地资源浪费严重，这种无限制低密度的城市空间扩展模式被称为"城市蔓延"，它带来了一系列社会、经济和生态环境问题。在这样的背景下，紧凑、集中、高效的"精明增长"应运而生。总之，"精明增长"理念的提出与美国郊区化特别是 20 世纪 80 年代以后的"城市蔓延"所产生的一系列社会经济和生态环境问题密切相关。

概括地说，"精明增长"是旨在减少小汽车依赖性的规划措施，寻求小区、城镇和区域的和谐增长，通过经济、环境和社区宜居性的改善，来确保提高居民的生活质量。"精明增长"需要相应的发展政策和规划措施来提高土地开发效率和交通分布模式。它包括更具可达性的土地开发形式和多式联运交通系统，且特别适合人口和经济快速增长的地区。"精明增长"是美国城市空间组织的新兴典型理论，也成为 20 世纪 90 年代美国规划界最为流行和时髦的规划理念，对美国城市规划和城市发展提供了先进的理论指导。虽然"精明增长"在美国是作为一种规划理念而出现的，但其理论宗旨对我国郊区化尤其是在城市边缘区空间结构优化重组中同样具有重要的启示意义。

表 6-8 美国郊区化特点及评析

阶段	特点	评析
第一阶段（19世纪末至20世纪 20 年代）	进入 20 世纪以后，美国各大城市内部交通获得快速发展，高架铁路、地铁、电车等得到广泛推广，郊区发展锋芒毕露	这个阶段的郊区发展还主要依附于城市，接受城市扩张的渗透，但也开始着手处理污水治理、道路兴修等问题，为进一步发展奠定基础
第二阶段（20世纪 20 年代至第二次世界大战前期）	自 20 世纪 20 年代以来，美国汽车工业蓬勃发展，城市居民汽车拥有量急剧增加，促使郊区快速发展，人口增长率逐渐超过中心城市，郊区发展逐渐形成规模	这个时期汽车的逐步普及和交通设施的快速发展促进了郊区人口数量的突飞猛进，带动了美国郊区的全面发展
第三阶段（第二次世界大战后至今）	第二次世界大战以来，零售业、旅馆业、科技教育、文化娱乐等服务性行业大规模向郊区扩张，特别是交通通信和网络技术的超速发展及高级住宅和办公楼的大规模迁址，促使美国郊区发展进入了"大众化"发展阶段	郊区功能结构的转变已经完成，城市功能多元化趋势明显增强，逐步演变成具有相对独立地位的"边缘城市"

专题 3："精明增长"理论的内涵及原则

作为应对城市蔓延的产物，"精明增长"并没有确切的定义，不同的组织对其有不同的理解。美国规划协会对"精明增长"的定义是："精明增长是旨在促进地方归属感、自然文化资源保护、开发成本和利益公平分布的社区规划、社区设计、社区开发和社区复兴，通过提供多种交通方式、多种就业、多样住宅，精明增长能够促进近期和远期的生态完整性、提高生活质量。"美国"精明增长在线"（smart growth online）将其归纳为十大原则：①土地的混合使用；②设计紧凑的住宅；③能满足各种收入水平的符合质量标准的住宅；④适合步行的社区；⑤具有自身特色，极具场所感和吸引力的社区；⑥保护开敞空间、农田和自然景观以及重要的环境区域；⑦强化已有社区；⑧多种选择的交通方式；⑨城市增长的可预知性、公平性和成本收益；⑩公众参与。总的来说，"精明增长"是一种在提高土地利用效率的基础上控制城市扩张、保护生态环境、服务于经济发展、促进城乡协调发展和人们生活质量提高的发展模式。

"精明增长"最直接的目标就是控制城市蔓延，其具体目标包括四个方面：一是保护农地；二是保护环境，包括自然生态环境和社会人文环境两个方面；三是繁荣城市经济；四是提高城乡居民生活质量。通过城市精明增长计划的实行，促进社会可持续发展。

另外，"精明增长"是在拓宽容纳社会经济发展用地需求途径的基础上控制土地的粗放利用，改变城市浪费资源的不可持续发展模式，促进城市的健康发展。城市增长的"精明"主要体现在两个方面：一是增长的效益，有效的增长应该是服从市场经济规律、自然生态条件以及人们生活习惯的增长，城市的发展不但能繁荣经济，还能保护环境和提高人们的生活质量；二是容纳城市增长的途径，按其优先考虑的顺序依次为现有城区的再利用—基础设施完善、生态环境许可的区域内熟地开发—生态环境许可的其他区域内生地开发。通过土地开发的时空顺序控制，将城市边缘带农田的发展压力转移到城市或基础设施完善的近城市区域。因此，"精明增长"是一种高效、集约、紧凑的城市发展模式。

（二）借鉴及启示

1. 积极引导经济活动郊区化

美国不仅在人口方面成为一个郊区化的国家，而且其经济活动的重心也在日益向郊区转移。目前北京城市边缘区仍旧停留在人口郊区化方面，经济郊区化大大弱于人口的郊区化，致使北京的居住-就业空间错位问题较严重。经济活动的郊区化就意味着就业机会的郊区化，因此，美国的经济活动郊区化发展理念或发展方式非常值得政府在引导企业发展或城市规划布局中借鉴。这种发展方式与法国巴黎的工业分散化模式不谋而合。

2. 大力促使土地的混合利用

适度控制中心城教育、医疗、行政办公和科研服务设施的新建和改扩建，制定土地供应、建设资金投入、职工住房等方面的支持政策，推动向边缘区（或边缘新城）的功能转移。鼓励有影响力的学校、医院整建制外迁新城。完善名校办分校、名院办分院政策机制，增强边缘区公共服务资源的吸引力。加强边缘区特别是边缘区待建设开发区域的酒店、写字楼、商场、超市和银行、电信、邮政、加油站服务网点等服务设施的统筹规划。支持商店、办公、居住、学校、娱乐空间及其他公共设施的区位与紧凑的邻里相互在步行距离之内，邻里设计应为易于活动与交流提供多种选择，促使商业、住宅、公共服务、产业等要均衡发展，达到"精明增长"所要求的土地混合利用。

3. 走公共交通为导向的开发战略

"精明增长"注重交通的可达性以及公共交通的重要性。以公共交通为导向的开发（TOD）战略，即规划一个居民或者商业区时，使公共交通的使用最大化的一种非汽车化的规划设计方式显得尤为重要。由于历史的原因，大量的公共资源仍然集中在市中心，北京边缘区的建设在很长一段时间内不能取代中心城区的功能。因此，交通的可通达性就显得十分必要。根据国外的经验和我国的具体情况，要解决边缘区与中心城区"潮汐"式的交通流，必须大力发展公共交通，尤其是快速轨道交通。

4. 注重自然与社会环境保护

"精明增长"战略的要义之一就是保护自然美景和生态敏感区。因此，在城市边缘区空间结构优化中要注重保护环境，不仅要保护自然生态环境，也要保护社会人文环境，形成环境优美的宜居城市。边缘区中小城镇的规划、建设和管理中，要坚持科学发展观，高度重视生态环境问题，将生态环境保护贯穿于规划、建设和管理之中，绝不能再走"先污染，后治理"的老路，防止片面追求经济效益而造成资源和环境破坏，影响郊区乃至全市的经济社会可持续发展。在保护生态环境的同时，注重新城的人文景观建设，将人文景观与当地的历史文化、自然环境密切结合，形成独特的城市韵味，从而带来良好的社会效应和经济效应。建设具有特色的街道、广场和有代表性的建筑群以形成城市的亮点，从而反映城市的风貌，提升城市的品位。

五、重要启示

根据以上分析梳理的四个发达国家城市空间组织的案例，可以看出，发达国家也经历了与我国相似的快速城市化阶段，也出现了城市人口拥挤和城市无序发展的问题，只是各个国家根据自己不同的特点和国情采取了各不相同的措施，并且形成了相应的城市空间组织理论，在这些空间组织理论中也有很多相似之处，它们孕育着普适性的原理，值得为转型期北京城市边缘区空间组织提供借鉴。概括起来主要有以下几点。

（1）在城市边缘区的空间优化重组中，要注重经济活动与人口分布的平衡，以实现边缘区自我平衡发展的目标，实现居住与就业的协调发展。

（2）边缘区开发建设是一项任务繁重，耗资巨大的综合性大项目，因此，为保障边缘区能够达到预期的土地利用目标，离不开各级政府的行政干预，特别是在财政、金融、税收等政策方面的支持更加重要。因此，在边缘区开发建设中，要重视其法律法规的制定。

（3）注重交通等基础设施的建设。无论是巴黎的带型城市建设还是美国的精明增长理论指导下的城市建设，都十分重视交通等基础设施的建设，尤其是快速轨道的建设，它不仅是边缘区发展的大动脉，也是能够实现与主城区便捷联系的最主要的功能通道。因此，北京城市边缘区开发建设也必须是基于这种发达的交通体系和完善的基础设施为前提和保障的。

（4）支持商店、办公、居住、学校、娱乐空间及其他公共设施等各项功能在土地上的混合利用，尽量使其在布局上保持区位的紧凑，邻里设计应为易于活动与交流提供多种选择。

（5）边缘区的开发建设必须重视集约用地和节约用地，以最低的基础设施成本创造最高的土地开发收益；同时，也必须保护好边缘区的自然环境与人文环境。

主 要 参 考 文 献

陈修颖．2004．转型时期中国区域空间结构重组探论．经济经纬，（6）：52-54.

董晓峰，成刚．2006．国外典型大都市圈规划研究．现代城市研究，（8）：12-17.

段进．2000．城市空间发展论．南京：江苏科学技术出版社．

洪亮平，陶文铸．2010．法国的大巴黎计划及启示．城市问题，（10）：91-96.

侯景新，刘莹．2010．美国"精明增长"战略对北京郊区新城建设的启示．生态经济，（5）：163-167，174.

李倞，李利．2008．新城市主义的兴起与发展．山西建筑，34（32）：139-140.

李其荣．2000．城市发展历史逻辑新论．南京：东南大学出版社．

梅耀林．2007．美国大都市区的郊区规划．城市问题，（9）：84-88.

宋金平，李香芹．2006．美国的城市化历程及对我国的启示．城市问题，（1）：88-93.

陶希东．2005．国外新城建设的经验与教训．城市问题，（6）：95-98.

王唯山．2001．密尔顿·凯恩斯新城规划建设的经验和启示．国外城市规划，（2）：46.

武廷海．2001．探寻城市地区规划的新范式——从"程序性规划"到"规划过程"．城市规划，25（6）：14-19.

向俊波，谢惠芳．2005．新城建设：从伦敦、巴黎到北京——多中心下的同与异．城市问题，（3）：12-14.

徐强．1995．英国城市研究．上海：上海交通大学出版社．

虞震．2007．日本东京"多中心"城市发展模式的形成、特点与趋势．地域研究与开发，（5）：75-79.

张京祥. 2005. 西方城市规划思想史纲. 南京：东南大学出版社.

张庭伟. 1999. 控制城市用地蔓延：一个全球的问题. 城市规划, 23（8）：44-48, 63.

赵西君, 宋金平. 2008. 城市边缘区土地利用时空变化过程及预测研究. 水土保持研究, （10）：11-14.

Hall P. 2002. Urban and Regional Planning. 4th ed. New York：Routledge.

第七章
北京城市边缘区空间结构优化与重组模式

在借鉴国外城市边缘区空间组织成功经验的基础上，针对转型期我国城市边缘区出现的一系列问题，不仅需要对人口、产业等经济社会要素进行全面的洗牌重组，而且对边缘区总体的发展思路也要进行重新梳理。第一，城市边缘区是一个开放的空间，基于系统开放性的考虑，城市边缘区应立足于大区域尺度进行空间重组，不能就城市论城市。第二，要构建城市边缘区与中心城之间的有机联系，强调从城市整体发展的角度，重组边缘区与中心城之间的空间关系。第三，构建边缘区内部的各个部分的有机联系（如人口、产业以及各种功能设施的综合配套），强调在功能区内部之间形成有机的协调关系，将不同的空间特点及不同的功能个性融合到一个和谐的整体功能区中，并加强这个新生的城市肌体的有机性和活力性。

第一节 模式构建原则

一、整体优化原则

城市边缘区的空间组织必须从它更高一级的系统出发，整合与之相关的各要素，求得一种平衡，使城市机能向良性运转的方向发展；城市边缘区本身也是一个有机构成体，各组成要素互相关联、互为补充构成一个完整的统一体；从各层次的功能要求出发，统筹考虑，整体组织联结为一个有机的整体，发挥出它们的整体功效。

二、集约利用土地原则

土地粗放、破碎化的利用方式直接制约着城市边缘区的有序发展，因此，城市边缘区必须要提高土地的集约利用程度。在空间形态上，应围绕中心区在边缘区设立结构相近的功能区，针对不同的功能区设定一系列的指标，如土地利用强度、容积率等，以此约束城市边缘区土地无序扩张及粗放利用的局面。

三、可持续发展性原则

城市边缘区是城市扩展的最重要的前沿阵地，也是城市发展中各种问题最为集中的区域，特别是对处于快速城市化时期的城市边缘区来说更是如此。城市边缘区决定着整个城市在长时期内能否健康有序发展。因此，城市边缘区必须以可持续发展为重要原则。

第二节　城市边缘区空间重组模式

一、"非显性功能区划"空间重组模式

如图 7-1 所示，该模式的核心思想是：

（1）为加强土地集约利用强度，在城市边缘区内边界处设置明确的增长界限，建设用地严格控制在该边界之内，防止无节制的大面积外延。

（2）根据目前大都市边缘区经济社会发展的实际情况，应划定"非显性功能区"，即在明确划定"强"功能区的同时，还应在"强"功能区中设置若干个"弱"功能区，即保证居住、产业、各类配套服务设施的完备，最终形成数个功能明确、配套完善的综合性功能区，从而削弱中心区对功能区人口的吸引。

（3）在各个功能区中力求培植次级中心，打造大都市的多中心发展模式，消除单中心圈层式扩张的弊端。

（4）在大都市中心区与城市边缘区之间设置绿化隔离带，防止中心区圈层式蔓延，为多中心发展模式从源头上创造条件。

（5）各个等级的交通网络是支撑各功能区与中心区之间密切联系，保障城市成为有机体系的重要支撑条件，因此，交通干线应连接中心区与各次级中心区，各次级中心区也应相互通达，同时，交通方式应多样化、立体化、便捷、网络化的快速交通干线将对居住—就业空间错位起到有效的缓解作用。

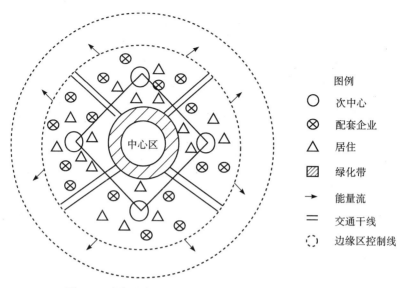

图 7-1　城市边缘区"非显性功能区划"空间重组模式

图例

○　　次中心

⊗　　配套企业

△　　居住

▨　　绿化带

→　　能量流

＝　　交通干线

⊙　　边缘区控制线

二、"非显性功能区划"重组模式分析

(一) 功能区划参考依据

根据都市边缘区实际情况划定的功能区，在空间上可能会表现出一定的复杂性，如有的功能区中地势平坦、自然条件约束性小、发展环境好，而有的功能区生态脆弱、不宜大规模发展产业，存在着功能区空间上的非均质性，因此，为保障各个功能区都能发挥出最大的土地利用效益，要对其规定一个评价标准，评价标准要从经济、社会和生态环境三个方面进行综合考虑，即进行综合效益分析，主要评价因子如表 7-1 所示。至于评价标准如何选定，可以广泛借鉴相似区域的实际情况，由政府和社区居民共同参与制定。

表 7-1　功能区土地综合效益评价因子

指标	指标因子
经济效益指标	①地均 GDP，指单位面积上每年的总经济产值；②单位建成区 GDP，指建成区内单位面积每年的总经济产值；③单位土地固定资产投资，反映社会固定资产可再生性；④地均工业总产值，反映工业化水平
社会效益指标	①地均人口负荷，指区域内单位土地面积承载的人口总数；②建成区单位面积人口负荷，指区域内单位面积建成区所承载的人口数；③人均住房面积，指每人平均居住面积的大小；④人均可支配收入，指每年每人可支配的金额量；⑤恩格尔系数，指食品消费占总消费的比例；⑥百人电话数，每百人平均拥有电话数，包括固定电话和手机；⑦万人拥有公共交通车数量以及每平方公里的快速交通轨道里程数，反映交通条件；⑧万人专科以上学历人数，反映文化水平以及人口素质；⑨万人平均病床数，反映医疗条件

续表

指标	指标因子
生态环境效益	①公共绿地面积比重，绿地面积（向公众开放的公园及水域）占总土地面积的比重；②建成区绿地覆盖率，指建成区内绿地面积比重；③自然保护区覆盖率，自然保护区面积占总土地面积的比重；④森林覆盖率，森林面积占总土地面积的比重；⑤建成区单位面积工业废水、废气、废渣的排放量；⑥工业废气处理率、工业废水达标率、工业废渣综合利用率

北京目前制定的《北京十一个新城规划（2005—2020）》，对 11 个新城的产业、交通、医疗、教育等配套政策各方面做出了全新规划，可以看做是功能区划的一种雏形，但这种功能区划是建立在行政区划基础上的。本研究所划定的功能区应在参考以上提出的土地综合效益评价因子基础上进行重新划分。

（二）空间紧凑化

美国为了应对城市郊区化出现的各种问题提出了"紧凑城市"的理念，其理念包括：减少出行距离、降低出行次数、避免单一的土地用途，减弱对小汽车的依赖、发展公共交通；沿公共汽车线路将开发项目线性集中，改善服务水平；便于步行和自行车出行（方创琳和祁巍锋，2007）。在这里，城市边缘区作为一个即将大规模开发的区域，更应加强空间紧凑化的力度。空间紧凑化是为了在城市边缘区形成合适的土地使用强度、合适的聚集规模和合适的人口密度，避免粗放式的土地开发所采取的一种发展战略。此处的空间紧凑化主要吸收"紧凑型城市"的核心理念，即采取混合使用和密集开发的策略，使人们居住得更靠近工作地点，健全日常生活所必需的服务设施。

香港是我国紧凑城市的典型案例，它通过划分不同的密度分区及确定各密度分区的开发强度来控制城市建设，通过提高建筑密度和容积率最大限度地利用城市建设用地，以此换取在城市周边保留大量的自然生态空间。它不仅保证了城市高密度的开发，而且满足了生态环境的需求。具体做法是根据都会区、新市镇、乡郊地区三大区域的接受环境水平、大容量公交体系和城市景观等基本原则，划分为三大不同的密度分区，用以指导住宅发展，如表7-2所示。美国、日本、新加坡也分别采用"城市密度分区"的方法对各个层次的建筑密度、容积率等微观指标作了规定，收效甚大。建于国内外紧凑城市发展的先进经验，北京城市边缘区在今后的发展中也应向"空间紧凑"发展，必须要根据当前的实际情况确定适当的容积率，以提高土地的集约化程度。

表 7-2　香港住宅发展密度分区的容积率

	都会区	新市镇	乡郊地区
住宅发展密度第一区	8.0～10.0（已建地区）；6.5（新发展区）	8.0	3.6，乡郊市镇商业中心
住宅发展密度第二区	5.0	5.0	2.1，乡郊市镇范围内商业中心以外的地区，以及有中等交通运输设施服务的地区
住宅发展密度第二区	3.0	3.0	0.75，乡郊市镇外围或其他乡郊发展区，或远离现有民居但有足够基础设施的地点

资料来源：根据《香港规划标准与准则》汇编整理。

在具体操作中，可依靠城市边缘区的部分节点如公交站点和商业中心区进行高密度开发。第一，注重公共交通设施对于发展密度的影响，高密度的住宅发展应当尽可能位于地铁车站及主要公共交通交汇点的周边，以降低对地面交通的压力和依赖程度。第二，应强调设施的集聚性。通过创造高密度的、功能混合的、有公共交通联系的节点来鼓励步行和公共交通，将商业设施集中在这些节点内（王玲慧，2008），同时，尽可能地将每个建筑基地的占地面积、建筑后退、停车需求和街道尺度降低到最低程度。第三，应在交通政策方面鼓励通过交通与土地开发的整合，鼓励紧凑的、高密度的和混合式的土地开发，以及提供多交通模式选择来减少对小汽车的交通需求，降低人均车公里数。第四，提倡垂直综合、节约土地和基础设施，方便生活。建议依托城市边缘区地铁站形成较高密度的综合单元，增加城市边缘区的土地使用强度与人口密度[①]。

在北京城市边缘区的继续建设中，还应从总体上制定每一块土地的用途，然后根据其用途，规定土地的容积率、建筑密度、垂直高度等反映空间紧凑程度的各项指标。

（三）设置增长边界

城市增长边界（urban growth boundary，UGB）就是城市土地和农村土地的分界线，其概念最早是由美国的塞勒姆市提出的。UGB 对于蔓延的控制则是通过划定允许城市发展的界限，划出若干"拟发展区"供开发公司发展，各种新开发区之间用永久性绿带隔离，并以公共交通将它们连接，然后根据需要选择不同的开发密度，并赋予边界一定的灵活性，在必要的时候可允许调整（张庭伟，1999）。UGB 管理模式的基本功能就是协调（co-ordination），即对一些超越地方范畴的问题进行区域性协调并提出解决措施。UGB 不是限

---

① 根据日本和香港的经验，地铁站点周围的商业容积率为 8.0～15.0，居住用地容积率为 5.0～9.0，香港则高达 1.6～10.0，纽约商业集中地平均为 15.0～18.0，普通商业地也在 10.0 左右。

制发展，只是对发展的过程和地点进行管理，是一种多目标的管理模式。

为了控制城市的无序蔓延以及土地使用的破碎化，城市边缘区的发展也应进行增长边界的控制。其实，从 20 世纪 30 年代开始，西方发达国家大城市为了限定城市蔓延，控制城市无序扩张，就开始在城区边缘围绕城市建成区设置绿化隔离带或绿化控制带（表 7-3），其目标是控制城市无序扩展，形成合理的城市空间结构。

表 7-3　国外典型大城市的边缘隔离带

城市	绿化带规模					绿化系统环绕城市扩展范围/平方公里
	内径/公里	外径/公里	绿带长度/公里	绿带宽度/公里	绿带面积/平方公里	
巴黎	30～45	约 90	风景保护区宽度10～25/公里	约 130	风景保护区面积 3000	约 800
伦敦	40～50	60～75	7～15	200	5450	约 1400
鹿特丹	—	—	—	—	—	约 1800
柏林	20～25	40～50	5～10	约 160	约 500	约 600
莫斯科	28～38	无明显的界限	无明显界限约 10公里	100～120	—	没有明显界限，超过 1000

资料来源：欧阳志云和李伟峰，2004.

国内许多城市也意识到了城市增长边界的重要性，提出了"生态屏障"、"经济屏障"的概念。但城市增长边界并不等同于"绿带隔离"、"经济屏障"。城市增长边界需要综合考虑当地的经济发展现状、区域生态格局以及重要的自然资源状况，并在深入分析的基础上参照未来的发展目标来联合划定。如广州在控制土地利用方面，由红线、黄线、绿线、蓝线、黑线和紫线构成的"六线控制体系"结构。其中"红线"控制主干道及以上级别道路用地边界；"黄线"控制城市建设区边界；"绿线"控制生态建设区边界；"蓝线"控制河流水系、滨水地区边界；"紫线"控制人文景观保护区、历史街区、文物保护单位边界；"黑线"控制主要市政公用设施以及走廊用地边界（庄悦群，2005）。

当然，UGB 的范围不是静态的，它可以随着社会的不断发展而趋于完善。故城市增长边界首先应该从法律上给予充分的肯定，使其具有不可逾越的刚性，其次要为之留有一定的弹性。当然这个弹性的最终决定权不应该完全放任给市场机制，而应由政府、企业和公众三者协调商定。可以说，增长边界的确定应该是政府、企业、公众三方相互博弈从一个均衡转到另外一个均衡的过程，也是合理协调三者利益关系的过程（吕斌和张忠国，2005）。

因此，北京城市边缘区的增长边界也应在综合考虑经济、生态、城市化的发展、土地利用效益以及城市特色等后制定一个综合的区域边界线。目前，北京城市边缘区比较成型的绿化隔离带有西北部四季青乡的锦绣大地观光园、西南部花乡花卉种植园、东北部来广营乡的朝来农艺园等（齐童等，2005）。鉴于此，北京近期应严格控制在六环线之内，在五环与六环之间沿环线设置足够宽的生态型绿化带。绿化带以外呈点式发展，建成城镇体系，绿化带内至外环线之间的城市边缘区，呈多中心发展态势，可结合实际需要设立若干个边缘地区中心，以组织和统领横向铺展的边缘地区。

（四）培育区域增长极

单核圈层式发展模式是导致城市"摊大饼式"扩张的根本原因，也是居住-就业空间错位形成的直接动因。因此，城市边缘区功能完备、配套齐全的"反磁力中心"的培植就成了解决这一问题的关键，即从最初的单中心发展模式走向多中心发展模式。这些增长极主要是边缘区外围的城镇、新城、新镇、开发区、大学城、配套商品房基地等，它们可以充分吸聚、组织、协调周边地区的各种资源，从而更好地推动地区的全面成长，本身也会成为城市扩散进程中新的集聚中心和边缘经济增长极。

最早提出新城发展概念的伦敦，其新城建设强调自给自足，每一社区自我平衡居住和就业。伦敦周围的 8 座新城并非像北京目前的回龙观、天通苑那样的"卧城"，而是一个具有综合职能的城市，其就业、生活居住等方面能自成体系，真正起到了缓解中心区压力的作用，也避免了空间错位的形成。香港也进行了新城的建设，目前，香港的城市布局已呈现多中心发展态势。当然，这些边缘区的增长极，是地区的社会经济独立体，与中心城进行了适当的功能分工，可推动城市逐渐从单一核心转变为多核心的空间结构。

北京城市边缘区应竭力发展具有综合功能（如提供完善的生活服务和文化娱乐设施等）的新城，以期与中心区进行合理的功能分工，而并非建立职能单一的卫星城。新城的建设有三个方面的作用：一是可以将周边村镇的剩余劳动力吸聚于次中心，既能完成周边地区的城市化，也阻止了城市化释放出的劳动力全部涌向中心区的弊病。二是可以通过齐全的功能配套，疏散中心区过于集聚的人口和产业，达到与中心区功能互补的效果。三是防止了中心区继续"摊大饼式"的无序蔓延，随着新城的建设最终由单中心走向多中心发展模式。北京市已规划了 11 个新城，分别是通州、顺义、亦庄、昌平、大兴、房山、怀柔、门头沟、密云、平谷、延庆。这些新城大部分不在目前城市边缘区界定范围之内，所以将来建设的重点应放在边缘区之内的新城，如亦庄、通州、昌平、顺义等。这一方面可以发挥距离中心区较近的区位优势；另一方面，这些地区已有一定的发展基础，配套设施齐备，易于吸纳人口和产业的集聚，更容易与中心区形成功能互补。

（五）功能（居住-就业等）复合发展

城市边缘区的土地利用应尽可能进行混合利用，特别是将居住与就业功能混合布局。随着大都市城市化水平的大幅度提升，第三产业特别是生产性服务产业已经成为推动大都市发展的主体力量，而第三产业一般污染小、占地面积少、布局形式灵活，并且随着信息化水平的提升，公司可以通过互联网与外界进行有效沟通，传统的区位条件、交通条件不再成为公司企业首选的考虑要素，也为就业地与居住空间的邻近提供了可能。此外，由于技术发展使工业生产环境得以改善，工业对居住区的影响越来越小，柔性化生产组织中采取小型化、市场化、非标准化的工业生产完全可以融合在居住区内，从而使传统居住区中居住与城市其他职能的土地混合利用程度加大，工作与居住环境的联系更为密切（吕晨，2007），城市功能分区用地从清晰日渐走向模糊。可以预言，产业将通过信息化、分散化与居住环境融合，实现商务、办公、工业生产与居住生活的土地使用较好兼容的局面。

目前很多世界发达地区城市化趋势主要表现为城市化的相对停滞，同时逆城市化进入了新的阶段，位于郊区的社区不仅是传统的居住中心，而且已演变为商业中心、就业中心，有人称它为城市发展的新形式，这些社区具备了典型的城市功能：居住、就业、交通和游憩等（王颖，1999）。多功能社区已初露端倪。从这一规律来看，我国大都市边缘区土地混合利用也是一种必然趋势。

同时，城市边缘区面临的居住空间分异问题，也可以在这种功能复合中得到解决。在居住区中，可以采取"大混住，小聚居"的形式，即在一个大的社区范围内形成数个小规模的不同阶层居住的同质社区，保持局部的同质与整体的异质，从而使各个阶层的人混居于一个大的城市公共空间之中，功能互补，互惠共生。同时，应在不影响居民住房功能与私密性空间的前提下，在社区内创造多样化的交往空间，如美化社区环境、完善社区设施配置，提供社区居民共同使用的公共活动空间，吸引各层次居民共同参与社区活动等，在社区内创造公共、半公共、半私密的多样化、多层次交往空间，使阶层间形成有效交流。

在复合发展的过程中，一定要注重各要素之间的协同，以便维持边缘区结构机能的均衡发展，如公益性项目与经营性项目的协同、居住与就业的协同等。表7-4模拟了居住、就业与配套设施之间的比例关系，其中过程2则反映了居住、就业与社区服务的不匹配性，最终结果肯定会导致城市边缘系统的紊乱，继而引发更大强度的城市病，所以在城市边缘区各要素的培植过程中要注重协同发展。

表 7-4　边缘区各生长要素匹配模拟关系　　　　　　（单位：%）

模拟过程	过程	居住	就业	配套	备注
全部完成		50	30	20	预期规划目标
过程 1	第一阶段	12.5	7.5	5	按预定计划进行，各方面齐头并进，有序进行
	第二阶段	25	15	10	
	第三阶段	50	30	20	
过程 2	第一阶段	12.5	0	0	就业岗位供应和社区服务等现代产业发展明显滞后，软、硬件建设与居住增长不相匹配
	第二阶段	25	0	0	
	第三阶段	50	15	10	
	第四阶段	50	30	20	

资料来源：王玲慧，2008.

总之，城市边缘区在未来的发展中应当采用功能复合的土地利用模式。一方面，功能复合的土地利用模式既能有效适应当前大城市发展的必然趋势；另一方面，多功能的土地利用模式能够有效解决大都市面积过大、社区功能单一所带来的居住与就业空间错位以及居住空间分异等种种弊病。

（六）加强域外联系

对于一个大都市边缘地区而言，应该在一定程度上保持其功能的相对完善以及一定的相对独立性，否则边缘区就会失去疏散意义又会被中心城市的扩张蔓延蚕食掉，同时还应与外围区域（主要指中心区与边缘区周边地区）之间建立良好的有机联系，否则边缘区就很难成长为城市的有机组成部分。因此，两者都需要兼顾，在这里重点强调其对外的联系性。

边缘区是城市系统的一个子系统，若单纯强调中心区对边缘区的辐射带动作用，边缘区将永远不会挣脱中心区这一母体，也就不能成长为一个独立综合体，也就不能达到疏散城市中心区功能的目的。这种情况主要表现在两个方面：一是边缘地区往往将配套服务业寄托于城市中心，其内部较少设置公共设施，特别是缺少较大规模的城市公共设施；二是当城市中心的服务半径和交通通勤半径过大时（特别是交通设施、交通组织和交通管理不完善的情况下），单靠城市中心的能量辐射往往使边缘地区处于城市中心能量辐射的边缘，其作用则无异于强弩之末。所以，边缘区仅仅依靠中心区这一母体，既会抑制边缘地区自身的功能配置和优化完善，也会抑制与其他外部环境之间的能量交换。

同时，边缘区也是区域系统的重要组成部分，因此，也应加强边缘区与周边广大农村腹地以及毗邻城市的物质和能量的交换，保证其是一个"耗散结构"。除了正常的物质、能量、信息、人口以及技术与外部进行正常的交流外，还应在区域层面上建立一个开放结构。就道路系统而言，城市边缘区的道路应尽可能地改变尽端服务的体制，应主动对接城市外部的道路交通，最终形成道路交通的网络化，直至城乡一体化、区域一体化的实现。

北京城市边缘区也不应该因绿化隔离带的存在而发展成为一个封闭的系统，一定要在保持自己功能完善、配套设施齐全的基础上，积极主动地与中心区建立各种合作关系，不断通过互联网与中心区进行信息的交换，通过快速有轨交通与中心区进行物质和能量的交换。不仅如此，北京城市边缘区还应建立起良好的对外开放系统，与周边的河北、天津等毗邻省市进行各种物质与信息的有效交流。

三、模式的特点和评价

本书提出的城市边缘区空间重组模式是在充分吸收西方城市空间组织的集中主义与分散主义两大对立思想的优点，针对目前北京城市"摊大饼"式圈层蔓延现状基础上提出的。其主要的理论基础为功能分区理论、增长极理论、轴线理论、精明增长理论和新城市主义理论等，其参考的实践依据是英国的卫星城模式、日本的多中心模式、美国的新城模式以及法国的带型发展模式。该模式与北京大都市过去提出的单核集中发展模式、卫星城模式以及"两轴-两带-多中心"模式均有相似的地方，即融合了它们的优点，但却与这些模式又有本质上的区别，因为该模式是在功能区划基础上建立的，与先前仅从空间布局上构建分散组团有明显区别。与这些模式相比，主要异同点有如下几点。

1. 与圈层单核发展模式的对比

圈层发展模式有利于发挥城市的集聚规模效益，但容易引发各种城市病，如交通拥挤、功能过于集中、"摊大饼"式蔓延等。因此，很多大城市正试图摆脱这种发展模式。本研究设计的边缘区发展重组模式正是在考虑北京单核集中发展模式弊病的基础上提出的，通过设置具有"强功能"与"弱功能"相结合的若干个功能区以分散中心区过于拥挤的城市功能，并通过制定一系列限制城市扩张措施，如设置增长边界、提高土地集约利用率等指标，最终打破北京大都市单核扩张的路径依赖。

2. 与卫星城发展模式的对比

卫星城发展模式是为解决北京单核发展所引发的城市问题，最早在北京城市总体规划中所提出的一种发展模式。然而，卫星城最终没有起到疏解中心区城市职能过于拥挤的弊病，有的卫星城已与中心区联为一体，卫星城模式以失败而告终。探究卫星城模式失败的原因可以归纳为以下三点：一是卫星城本身产业发展和城市服务功能不相匹配，卫星城各项服务设施水平尚不足以吸引市区更多的功能外迁；二是卫星城就业增长少，基础设施以及公共服务设施不健全，不足以有效缓解市区的人口压力；三是卫星城与市区、卫星城之间的外部交通条件虽有较大改善，但快速、大容量、低成本的公共交通系统尚未建立，难以提高卫星城对市区人口外迁的吸引力。本研究设计的模式正是注意到卫星城发展模式的此类弊病，从交通基础设施、公共服务设施以及产业发展等层面上对划分的功能区加以配套，以求功能综合完备，达到新城建设的目标，真正建设成"反磁力中心"。

3. 与"两轴-两带-多中心"模式的对比

"两轴-两带-多中心"是最新修编的《北京城市总体规划（2004—2020）》提出的北京城市战略发展格局，"两轴"是指沿长安街的东西轴和以北京传统中轴线为核心的南北轴，"两带"是指东部发展带和西部发展带，"多中心"则是指在市域范围内建设不同的功能区。该模式的战略出发点也是为了改变目前北京城市单核圈层式扩张的局面，试图将中心区城市职能向外分散，建立"轴线＋新城"分散发展的模式。本书提出的城市边缘区空间组织模式，从某种程度上来说，也借鉴了这种分散的思想，即强调从功能区层面上对边缘区进行划分，意图在边缘区建立"反磁力"中心，注重区划后对其综合职能的培育，达到疏散中心区功能的目的，进而实现城市系统的整体有序发展。但该模式与"两轴-两带-多中心"模式仍存在很大不同，主要表现在：第一，本研究是从城市系统整体角度出发，针对城市边缘区这一特殊地理单元提出的空间组织模式；第二，该模式充分考虑到信息化时代的到来、虚拟空间的出现和柔性产业的蓬勃发展，从全球一体化、区域一体化的角度进行了构建；第三，该模式更加注重可操作性，从容积率、绿化隔离带、土地利用指标、公共交通建设等各个方面来保证模式的实施。

第三节　模式的实施保障措施

一、构建新的行政区划管理体制

由于长期以来实行的城乡二元结构制度，虽几经改革，但目前我国城乡制度仍存在着巨大差异。在城乡交接地带的边缘区城乡管理制度泾渭分明，城市部门和农村部门的管理权限在此交接、转换，城市边缘区也因此成为各自管理的薄弱区。行政管理区划界线与城市规划建设管理范围的界线不尽相同，造成管理工作上的交叉、重叠和混乱。城市边缘区内农业用地与非农业用地相互交错、重叠和转换，致使土地利用及管理工作或者政出多门、相互扯皮、相互争利，形成重复管理；或者互相推诿，职责不清，造成管理上的真空。另外，城乡二元分离政策重在考虑城市和城市居民的利益，城市边缘区农村处于为城市"补血"的位置，不平等的政治、经济地位造成了城市、区域政策执行困难。

为了保证模式中功能区的顺利发展，城市边缘区应打破传统的行政区划，从功能角度出发进行新的区划，这种区划必须尽量保持当前行政区划完整的基础上进行重构，新的功能区应成为城市中一个独立的单元而存在，既将原先的农村部门与城市部门全部划入功能区中，这样既可以避免两大部门的冲突，又可以理顺管理体制。当划分出来的功能区划出现发展问题时，可以直接针对不同分区提出解决措施，也有利于督促城市边缘区各功能区，更好地利用土地以及处理各种经济社会问题。同时，各功能区要依照《城乡规划法》重新对功能区内的土地在《城市总体规划》的约束下进行新的规划。规划指标应尽可能详细，包括容积率、土地密度等。

二、引导城市有序发展

边缘区是城市快速扩张的前沿阵地，若不进行有序控制，则会直接导致建设用地的无序蔓延、粗放式的土地利用以及土地的破碎化。因此，城市边缘区作为城市扩展的敏感区域，一定要在土地利用上加以规范。政府将在这一环节中起到重要作用，其主要作用可概括为使住房供应和服务供应、就业岗位供应保持平衡，在住房供应大于服务和就业岗位供应时控制住房建设、刺激公共设施建设和就业岗位分布，反之则加大住房建设速度。总之，要保持城市边缘区适当的发展速度。

就具体做法而言，可以采用梯度发展的模式，既先重点发展功能区的中心城镇，使其功能尽量综合、配套齐全，最终打造成具有很强吸引力的"反磁力中心"，然后再向内缘和外缘梯度发展，如图 7-2 所示。同时要制定一系列的城市边缘区土地利用要求，应对其土地实行建蔽率[①]和最低容积率限制，同时建立一套科学的城市土地利用评价指标体系，评价其土地利用是处于低度利用状态还是处于集约利用状态，如处于低度利用状态则不允许其向外围

---

① 建蔽率指建筑物在基地上的最大投影面积与基地面积的比率。

梯度扩张，必须要提高其土地利用率。

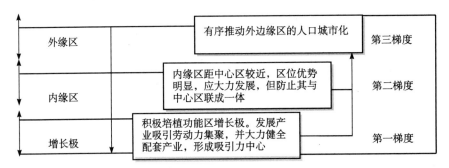

图 7-2　城市边缘区功能区划梯度推移

三、优先发展交通网络

城市交通归根到底是在城市区域里实现人流、物流、车流和部分信息载体的空间位移的基本手段（何玉宏，2006）。它是城市经济结构中重要的组成部分，与人们的生活休戚相关，并关系到社会的生产、交换、消费功能，是实现城市现代化的基础和城市发展的重要前提。为保障边缘区系统的开放性以及各种"流体"（资金流、信息流、人流、物流等）与中心区以及外围区域的顺利交换，必须要优先发展交通。

公共交通是以大多数交通使用者为对象，采用大规模的交通手段，以其运输的大规模高效率性和低成本性，奠定了其在城市交通结构体系中的重要地位，是城市交通的骨干和支柱。为了提高道路面积的利用率，缓解城市交通紧张状况，合理有效利用城市交通资源，大力发展城市公共交通势在必行。因此，北京城市边缘区在进行城市交通规划时，应当着力提高公共交通设施在城市交通结构中的比重，这样可以缓解由于私家车增速过快所造成的大城市交通压力。北京更应优先发展公共交通，一方面，北京在全国是汽车拥有量最高的城市，并且增加速度也是惊人的。另一方面，北京作为我国的首都，其政府机关和驻京单位，如中央政府机关、地方政府的驻京办事处、外国使馆等，公务用车占很大比重，这两方面直接加剧了北京道路交通的拥堵程度。因此，一定要大力实施公共交通优先发展战略。

轨道交通是公共交通中一项非常重要的大运量交通工具，轨道交通体系的建设已成为实现大城市形成多中心结构的关键。快速轨道交通相对于公共汽车、私人汽车、自行车等大众交通工具而言，具有运量大、低污染、低噪声、低能耗、高速度、低成本、占地少、舒适、全天候等得天独厚的优势，是最佳的通勤方式之一。伦敦在交通高峰期，近 80％ 进入伦敦中心地区的出行是通过轨道交通实现的，地铁客运量占全市公交总客运量的 45％，市郊铁路占公交比重的 12％。巴黎轨道交通承担巴黎公共交通 70％ 的运量。因此，北京城市边缘区也应遵循这种发展的规律，大力加强轨道交通的发展，一方面可以充分利用地下空间，节约地上日益紧张的土地资源，另一方面它对北京多中心的发展模式将会起到加速推进作用。

公共交通（包括站点与沿线）的建设还会从土地利用方式上对交通出行量产生深刻影响。在公共交通站点或沿线开发的居住、商业或混合式开发都会不同程度地降低机动车的出行量。如表 7-5 所示，依托公共交通系统进行的相应开发对降低机动交通生成的影响均大于单纯进行居住（5％）或商业（7％）开发对机动交通出行产生的影响。其中沿着公交线路进行的开发对交通的影响效果不明显，依托公交站点进行的点式开发效果比较明显，而其中又依托公交站点进行的混合开发对降低机动交通出行产生的效果最为明显，可以达到 15％～20％。

表 7-5　公共交通站点或沿线开发对机动车交通出行量的影响

土地利用方式	减少的机动交通出行量/％	土地利用方式	减少的机动交通出行量/％
在公交站点周围进行居住开发	10	在公交站点周围进行混合式居住开发	15
在公交站点周围进行商业开发	15	在公交站点周围进行混合式商业开发	20
沿着公交线路进行居住开发	5	沿着公交线路进行混合式居住开发	7
沿着公交线路进行商业开发	7	沿着公交线路进行混合式商业开发	10
混合式居住开发	.5	混合式商业开发	7

资料来源：Litman，2005.

四、增强城乡规划的法律约束性

2008 年 1 月 1 日实行的我国《城乡规划法》取代了过去的《城市规划法》，这标志着我国城乡进入了一体化发展的新阶段，也就是说不仅要规划城市，乡村也在规划范围之内。城市边缘区既有乡村景观又有城市景观，因此，《城乡规划法》的实施无疑为指导城市边缘区的发展提供了有利的法律依据。但是，因为《城乡规划法》是以行政建制进行编制的，所以对于城市边缘区来说，一定要注意村镇规划与城市规划的衔接，做好城乡统筹。

为保障模式的顺利实施，城乡规划法必须要注重落实。城市边缘区的土地是最容易被侵占、用地性质最容易被更改的敏感地段,过去很多地方政府在经济利益的驱动下,擅自将原先规划的工业用地改为住房建设用地,减少了人口的就业机会。因此,必须从法律上保证城乡规划法的法律效力。首先,在边缘区征用土地时,要依据事先编制的各个层级的城市规划,做到规划先行,防止无序用地、任意用地。其次,要严格按照《城乡规划法》的各项指标逐一落实,并坚持集约用地的原则,在未达到标准之前不能擅自"全面开花"。最后,要让群众了解本地城乡规划的具体安排,同时要发动群众以及社会各界进行舆论监督,对于群众举报投诉的违反规划建设行为,城乡规划管理部门应认真及时处理。

五、鼓励城市边缘区的内部填充

当前,城市边缘区无序蔓延、用地破碎,将会在很大程度上影响城市功能的复合发展以及紧凑化的土地利用,因此,必须进行新的规整,对城市边缘区进行适时的内部填充将是一个有效办法,如可以有效降低车辆行驶里程等。内部填充是城市发展到一定阶段的开发建设行为,符合城市发展的内在规律。目前,美国许多城市的发展重心已经逐步由向外蔓延转移到内部填充了,并且已经获得良好的社会环境效益,如表7-6所示。首先,在开发建设新区之前,应鼓励在现有城区中或邻近现有城区的地方发展,充分利用现有的市政设施和土地空间资源,并设法开发和重新利用废气的土地和建筑。其次,要着力调整公共投资,禁止将新增投资放到增长边界之外。再次,通过开发强度的控制,保证城市空间的良好形态,鼓励注重发展质量的紧凑开发,允许并且鼓励更高密度的土地利用,尤其是围绕公交站点和商业中心,将每个建筑基地的占地面积、建筑后退、停车需求和街道尺度降低到最低程度。最后,将边远地区的开发集中转换到中心地带,通过高质量的设计解决高密度开发带来的问题(王玲慧,2008)。

表7-6 填充式城市开发对车辆行驶里程(VMT)的影响

城市	建设行为	VMT减少量/%
亚特兰大	130英亩(1英亩=6.07亩)的宗地混合用途项目	15~52
巴尔的摩	400个住宅单元、800个工作岗位的水滨填充项目	55
达拉斯	位于达拉斯区域公交快线车站0.1英里(1英里≈1.609公里)以外的400个住宅单元、1500个工作岗位的开发项目	38
蒙哥马利县	邻近主要公交站站点的填充开发	42
西棕榈滩	小汽车导向的填充开发	39

资料来源:http://www.ccap.org/.pdf/state Actions.pdf.

主 要 参 考 文 献

方创琳，祁巍锋．2007．紧凑城市理念与测度研究进展及思考．城市规划学刊，(4)：65-73.

何玉宏．2006．社会学视野下的城市交通问题．南京：南京出版社．

吕斌，张忠国．2005．美国城市成长管理政策研究及其借鉴．城市规划，29(3)：44-48，54.

吕晨，曹荣林．2007．生产组织方式对城市空间结构演进的影响．南京工业大学学报（社会科学版），6(1)：80-84.

欧阳志云，李伟峰．2004．大城市绿化控制带的结构与生态功能．城市规划，28(4)：41-45.

齐童，白振平，郑怀文．2005．北京市城乡结合部功能分析．城市问题，(2)：26-29.

王玲慧．2008．大城市边缘地区空间整合与社区发展．北京：中国建筑工业出版社．

王颖．1999．信息网络革命影响下的城市：城市功能的变迁与城市结构的重构．城市规划，23(8)：24-27.

张庭伟．1999．控制城市用地蔓延：一个全球的问题．城市规划，28(3)：44-48，63.

庄悦群．2005．美国城市增长管理实践及其对广州城市建设的启示．探求，(2)：62-67.

Litman T 2005. Land Use Impact on Transport. Victoria Transport Policy Institute.

附录 1
行政区划调整

海淀区：1990~2000 年，东升路街道撤，变为学院路；

2005 年双榆树街道撤销并入中关村街道，海淀乡改为万柳地区；

新加曙光街道，并入四季青镇；

2000 年后聂各庄乡、北安河乡、苏家坨乡并入苏家坨镇；

2000 年后东北旺乡、永丰乡并入西北旺镇。

朝阳区：1990~2000 年，望京地区出自来广营乡（大部分）和将台乡；

楼梓庄、黄港、南皋三个乡将撤销分别并入金盏、孙河、崔各庄三个乡；

撤销管庄街道办事处，其所辖区域分别划入周边的管庄地区办事处、三间房地区；

对洼里地区办事处、大屯地区办事处和亚运村街道办事处的行政区划进行部分调整，调整后的洼里地区办事处（乡）正式更名为奥运村地区办事处（乡）。

丰台区：2002 年，老庄子乡和宛平地区合并为宛平城地区。

石景山区：1990 年的北辛安街道并到古城街道；

2001 年左右八宝山街道划出部分归建鲁谷社区。

昌平区：流村镇、高崖口乡、老峪沟乡合并为流村镇；长陵镇、黑山寨乡合并为长陵镇；

马池口镇、亭子庄乡、土楼乡部分区域合并为马池口镇；

南口镇、道南镇、桃洼乡、原土楼乡东李庄、西李庄和响潭村划归南口镇；

兴寿镇、上苑乡、下庄乡合并为兴寿镇；小汤山镇、大东流乡合并为小汤山镇；

北七家镇、平西府镇、燕丹乡合并为北七家镇；东小口镇、霍营乡合并为东小口镇；

沙河镇、七里渠乡、巩华镇合并为沙河镇；回龙观镇、史各庄乡合并为回龙观镇。

大兴区：①采育镇、大皮营乡、凤河营乡合并为采育镇；长子营镇、朱庄乡合并为长子营镇；

青云店镇、垡上乡合并为青云店镇；庞各庄镇、定福庄乡合并为庞各庄镇；

榆垡镇、南各庄合并为榆垡镇；礼贤镇、大辛庄乡合并为礼贤镇；

魏善庄镇、半壁店乡合并为魏善庄镇；黄村、芦城乡、孙村乡合并为黄村镇；

亦庄镇、鹿圈乡合并为亦庄镇；西红门镇、金星乡合并为西红门镇；瀛海镇、太和乡合并为瀛海镇。

②将2004年的兴丰街道、清源街道、林校路街道划归回黄村镇。

通州区：①城关镇变为永顺镇；

通州镇分为四个街道：新华、中仓、北苑、玉桥；

宋庄镇、徐辛庄镇合并为宋庄镇；胡各庄乡、侉子店乡合并为潞城镇；

台湖镇、次渠镇合并为台湖镇；西集镇、郎府乡合并为西集镇；

漷县镇、觅子店镇、草厂乡合并为漷县镇；张家湾镇、牛堡屯镇合并为张家湾镇；

于家务乡、渠头乡合并为于家务乡；小务乡并入永乐店镇。

②撤销大杜社镇并入马驹桥镇；撤销柴厂屯镇并入永乐店镇；撤销甘棠镇和胡各庄，合并成立潞城镇。

门头沟区：2000年8月，门头沟区原北岭办事处并入永定镇管辖；军响乡并入斋堂镇。

顺义区：①顺义区撤乡：李桥镇、沿河乡合并为李桥镇；木林镇、李各庄乡合并为木林镇；张镇、赵各庄乡合并为张镇；顺义镇划分为仁和镇、胜利街道、光明街道。

②2005年将石园街道并入仁和镇。

房山区：①大紫草坞乡改为阎村镇；房山街道改为城关街道。

②南尚乐镇改为大石窝镇；栗园街、向阳街道合并为向阳街道；长阳镇和葫芦垡乡合并为长阳镇；窦店镇、交通镇合并为窦店镇；琉璃河镇、东南召、窑上合并为琉璃河镇；青龙湖镇、陀里镇合并为青龙湖镇；

韩村河镇、岳各庄合并为韩村河镇；良乡镇、管道镇合并为良乡镇。

附录 2
调查问卷

北京城市居民调查问卷

尊敬的市民：

  您好！非常感谢您在百忙之中接受我们的访问。我们是北京师范大学地理学院的研究人员，本次调查希望了解您的居住与就业情况，希望得到您的大力配合，您的合作将为我们对北京市居住与就业空间错位进行全面评价和提出改善建议提供重要参考。感谢您对我们工作的关心和支持！

北京师范大学地理学院

请如实填写或在您认为合适的答案上打"√"。

1. 您的性别_____
   ①男；②女

2. 您的年龄（周岁）_____
   ①25 岁以下；②26～35 岁；③36～45 岁；④46～55 岁；⑤56～65 岁；⑥66 岁以上

3. 您的家庭构成_____
   ①单身；②两口之家；③三口之家；④四口之家；⑤五口之家

4. 您的户口所在地_____
   ①东城区；②西城区；③崇文区；④宣武区；⑤朝阳区；⑥海淀区；⑦石景山区；⑧丰台区；⑨其他区县；⑩外地

5. 您的文化程度_____
   ①硕士及以上；②大学本/专科；③高中/中专/技校；④初中或以下

6. 您所属的行业_____
   ①工业和建筑业；②交通运输、仓储及邮电通信业；③批发和零售贸易、餐饮业；④金融、保险、房地产行业；⑤卫生、体育和社会福利业；⑥教育、文艺及广播电影电视；⑦科研和综合技术服务；⑧国家机关、党政机关和社会团体；⑨其他

7. 您的月收入_____

①2000 元以下；②2000～3000 元；③3001～5000 元；④5001～7000 元；⑤7001 元～1 万元；⑥1 万～1.5 万元；⑦1.5 万元以上

8. 搬到本地之前，您住在＿＿＿＿区＿＿＿＿地；您是何时（＿＿＿＿年）搬迁到现在的住所；搬迁的原因是＿＿＿＿

①原居住地拆迁；②单位分房；③私人购房（包括分期付款）；④集资建房；⑤更换大面积住房；⑥改善居住小区自然和社会环境；⑦租住其他房子；⑧工作的原因（包括工作调动和缩短与工作地的距离）；⑨子女受教育的原因；⑩其他

9. 您现在的住房属于＿＿＿＿；住房的建筑面积大约是＿＿＿＿平方米

①商品房；②经济适用房；③已购公房；④未购公房；⑤租借私房；⑥拆迁房；⑦其他

10. 若您的房子是购买或租住的，您当时选购或租住小区住宅的时候考虑的主要因素有以下哪几种＿＿＿＿

①位置；②房价；③交通；④周围环境；⑤社区设施；⑥商业便利程度；⑦社会治安；⑧居住群体；⑨房屋质量；⑩其他

11. 您家里是否有小孩在上学或幼儿园＿＿＿＿

①有；②没有

若有，您的孩子在哪里上学/入托＿＿＿＿＿＿，小孩每天上学/入托需要的时间为＿＿＿＿＿＿，学费＿＿＿元/年。

您对社区里的如下设施或状况满意程度如何？请选择

	项目	非常满意	比较满意	一般	比较不满意	非常不满意	不了解
12.	出行交通状况						
13.	一般生活用品购物环境						
14.	耐用消费品购物环境						
15.	餐饮设施状况						
16.	医疗设施状况						
17.	休闲娱乐设施状况						
18.	儿童游乐设施状况						
19.	教育设施（中学及以下）						
20.	金融服务设施						
21.	停车场						

22. 您的工作单位位于＿＿＿＿区的＿＿＿＿街道（或乡、镇）。居住地与工作地的距离为＿＿＿＿

①5 公里以内；②5～10 公里；③10～20 公里；④20～40 公里；⑤40～60 公里；⑥大于 60 公里

23. 您是否每天从工作地回居住地＿＿＿＿①是；②不是

若不是则您一般＿＿＿＿天一回？

24. 您上下班的交通工具主要为_____
①步行；②自行车；③公交车；④地铁/轻轨；⑤私家车；⑥单位班车/配车；⑦出租车；⑧其他

25. 您每天上班和下班路上共需要的时间为_____
①半小时以内；②半小时至1小时；③1～2小时；④2～3小时；⑤3小时以上

26. 您每月上下班花费的交通费用是多少_____
①少于50元；②50～100元；③101～200元；④201～400元；⑤400元以上

27. 您目前上班行进方向总体上为_____
①向着城市中心；②向着城市郊区、外围；③向着远郊区县；④就在居住地附近；⑤其他

28. 您家庭每月的消费支出大概为_____
①少于1000元；②1001～1500元；③1501～2000元；④2001～2500元；⑤2501～3000元；⑥3000元以上

29. 在分别购置下列物品时，您选择购物的地点主要在哪里？请选择

项目	居住小区里的商店或便利店	小区附近的超市或市场	在距家有一定距离的中、大型商场	市中心的大型购物场所	其他地方或方式
购置日常生活用品					
购置服装、鞋类					
购置耐用消费品					
节假日购物					

30. 您觉得小区内的购物环境还有哪些可以改进的地方_____
①卫生状况；②治安管理；③商品价格；④购物氛围；⑤商铺布局；⑥周围交通状况；⑦停车场；⑧其他

31. 您对居住小区的商业开发有哪些建议_____
①增加大型购物中心；②增加超市、便利店；③引进专卖店；④引进餐饮店；⑤增加休闲娱乐设施；⑥增加集贸市场、菜场；⑦其他

32. 您未来是否打算搬出该居住区_____
①是；②否
离开该居住区的主要原因是_____
①改善住房；②工作交通不便；③孩子入学不便；④就医不便；⑤小区环境差；⑥物业管理差；⑦购物条件差；⑧金融服务差；⑨政府服务差；⑩其他

区　　街道（或乡、镇）　　小区　　填表时间：　　年　月　日